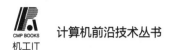

计算机前沿技术丛书

U0180401

ROS 2
机器人编程实战

基于现代C++和Python 3

徐海望　高佳丽　著

机械工业出版社
CHINA MACHINE PRESS

本书介绍了基于 ROS 2 编程所需的各方面知识，并通过结合基本概念、设计思想、工程实践、编程调试和应用技巧等多面一体进行阐述，使读者可以更加快速地掌握 ROS 2 机器人编程的核心思想。书中包含大量的代码和实战案例，同时还会讲述开源项目及其相关规范和注意事项，结合作者实际的工程经验、与时俱进的 ROS 2 设计思想和源码案例，读者可以学习到不拘泥于软件版本与软件环境的编程知识。此外，本书的最后一章还给出了 ROS 2 在实际项目中落地的应用策略和实用建议。书中所有源码都已按照 ROS 2 的相关规范进行开源，并与读者共同维护。

本书为读者提供了全部案例源代码下载和高清学习视频，读者可以直接扫描二维码观看。

本书适合机械、自动化、机器人、计算机、自动驾驶和人工智能等行业的从业者、学生和研究人员，以及 DIY 爱好者和极客等阅读学习。

图书在版编目（CIP）数据

ROS 2 机器人编程实战：基于现代 C++ 和 Python 3/徐海望，高佳丽著 . —北京：机械工业出版社，2022. 10 (2024. 8 重印)
（计算机前沿技术丛书）
ISBN 978-7-111-71550-4

Ⅰ.①R… Ⅱ.①徐…②高… Ⅲ.①机器人-操作系统-程序设计 Ⅳ.①TP242

中国版本图书馆 CIP 数据核字（2022）第 165683 号

机械工业出版社（北京市百万庄大街 22 号 邮政编码 100037）
策划编辑：李培培 责任编辑：李培培
责任校对：徐红语 责任印制：李 昂
北京捷迅佳彩印刷有限公司印刷
2024 年 8 月第 1 版第 6 次印刷
184mm×240mm · 21.25 印张 · 509 千字
标准书号：ISBN 978-7-111-71550-4
定价：119.00 元

电话服务 网络服务
客服电话：010-88361066 机 工 官 网：www.cmpbook.com
010-88379833 机 工 官 博：weibo.com/cmp1952
010-68326294 金 书 网：www.golden-book.com
封底无防伪标均为盗版 机工教育服务网：www.cmpedu.com

前 言
PREFACE

欢迎阅读本书！

本书将带领读者了解 ROS 2 的方方面面，帮助读者从 0 到 1 掌握 ROS 2 的编程知识。

本书编写目的

ROS 2 的悄然兴起，带来了许多令人兴奋的新功能，但与 ROS 相比，ROS 2 的相关学习资料却相对缺失，中文资料更是如此。我们成书的目的在于提供一本较为通用的 ROS 2 编程资料，结合基本概念、设计思想、工程实践、调试与应用技巧等多面一体进行阐述，让读者能够快速地掌握 ROS 2 设计与使用的核心方法，从而实现心中所想。初学者能通过阅读本书循序渐进地学习并掌握 ROS 2 的基本功能与应用；具备一定技术基础的开发者，也能通过阅读本书获得新的见解和启发，从而得到提升。

全书贯穿了"ROS 2 是持续发展的"这一概念，并对一些可能会发生变化的功能和实现进行了提醒。希望能够引导读者以发展的眼光来看待 ROS 2，并以发展的理念来学习并设计自己的项目。希望读者在实践学习的过程中，不要过度拘泥于软件的版本与环境，甚至不拘泥于现有的功能，这就是开源的魅力所在。本书还在讲解中贯穿介绍有关 ROS 开源项目的相关规范和注意事项，目的在于引导读者在参与开源项目的过程中，遵守基本的规则，共建良好的开源环境。

在尝试使用 ROS 2 的过程中，笔者寻找过诸多资源。期间也发现了很多优秀的英文资料，包括 ROS 2 的官方文档、ROS Discourse 论坛上热心开发者分享的资料，以及 GitHub 社区的项目 README 和 issue。虽然这些资料都提供了足够凝练且概括性的基础知识和基本使用技巧，但是这些资料都过于片面化或浅显化，零零散散不成体系，除非开发者能够以此为引，通过反复阅读源码掌握 ROS 2 的精髓并灵活应用；否则，单纯阅读文档或是通过某一个或几个 GitHub 的项目主页去了解 ROS 2 的一些基础功能的使用方法，无异于管中窥豹。由于 ROS 2 相关的 API 网站是直接通过 Doxygen 生成的，所以也并没有给出除注释之外的介绍和讲解，这就导致了如果某个函数接口没有注释且没有文档介绍，那么了解其中的含义的唯一途径便只有阅读源码了。所以本书也会夹杂着一些 ROS 2 源程序代码的内容，借此做更详细、更扎实的介绍，以便读者更好地学习和理解。

由于本书篇幅有限，所以这里并没有讲解基于 ROS 2 实现的任何一个大型应用框架，而是着重讲解 ROS 2 中的每一个关键基础及其细节，力求使本书在具备一定广度的同时也具备一定深度，而不是泛泛地将知识一带而过。在讲述知识的同时，书中也附有大量的源代码示例帮助读者理解相关的内容。希望读者在阅读此书时也同步进行编程练习，以加深理解。只有通过不断练习和理解，才能够真正掌握这些知识。

本书结构

本书共 8 章，前 5 章为基础内容，建议读者先按照顺序完成学习。第 6~8 章是扩展知识章节，相对独立，读者可挑选感兴趣的章节直接阅读。

第 1 章将带领读者从无到有构建和部署一个完整的 ROS 2。ROS 2 是一个包括上百个功能包的软件堆栈，所谓"安装 ROS 2"大部分指的是安装 ROS 2 的 Core、Base 或 Desktop 版本的集合，本章将会对这些内容进行详细区分和讲解。

第 2 章会从 ROS 2 最基础、最基本的单位（功能包和节点）开始，讲解 ROS 2 是如何实现功能的模块化抽象的。其中，功能包是 ROS 2 构建过程中的最小单位，节点是 ROS 2 运行过程中的最小单位。

第 3 章将着重介绍节点的各类体系化的扩展功能，包括日志系统、启动系统、参数系统、插件系统和组件系统等。正是由于这些扩展功能的存在，才使得 ROS 2 能够适用于各类丰富多样的应用场景中。

第 4 章和第 5 章介绍了 ROS 2 的基础通信和扩展通信的内容。所谓基础通信，指的是 ROS 2 中最基本的通信单位，即基于发布订阅模式的 topic 通信和基于主从式架构的 service 通信。所谓扩展通信，指的是基于基础通信开发的通信模式，如 action 和 tf2 等。

前 5 章每章的最后都会有实战的内容，读者可以根据当前章节讲述的内容进行实战拓展。

第 6 章是面向调试和测试的实战内容，其中会介绍 ROS 2 的一些调试方法和技巧，以及 ROS 2 中规范的自动化测试流程及其实现，包括基于 GDB 的调试、基于 rosbag2 的调试和 ROS 2 的自动化测试程序编写。

第 7 章是面向扩展功能的实战内容。 ROS 2 的扩展可谓千变万化，本章仅选择了具有代表性的三点：面向功能性的扩展——构建 ROS 2 的 vendor 功能包、面向接口规范化的扩展——使用通用传感器接口面向诊断功能的扩展——diagnostics。

第 8 章是面向 ROS 2 产品化的实战综述，汇集了作者对 ROS 2 在实际项目中落地的应用策略和实用建议。在 ROS 2 的许多公开示例和教程中，以及 ROS 2 的诸多扩展功能中，大部分都是面向原型机的设计和实现，这也使得许多工程师在 ROS 2 的落地过程屡屡碰壁，本章旨在帮助读者解决这个困扰。

使用方法和书中约定

　　建议读者准备一台最好是基于 x86-64 或者 ARM64 架构的计算机。基于这些计算机，读者便可以在其中尝试本书所讲述的所有功能，并且可以在不同架构、不同操作系统、不同版本操作系统，甚至不同版本编译器和解释器的操作系统的计算机上尝试。

　　除了学习本书外，ROS 官方的一系列网站和平台都是值得读者浏览和了解的，包括：

- 主页（ros.org）：该网页汇总了主要的 ROS 平台链接，相当于导航主页。
- 论坛（discourse.ros.org）：该网站基于开源框架 Discourse 搭建，是一个纯技术类论坛，所有 ROS 相关的发布、技术讨论和公开说明都会在论坛上进行。
- 问答平台（answers.ros.org）：该网站基于开源框架 Askbot 搭建，是一个问答社区，任何人都可以在这里发出有关 ROS 的提问，也可在这里回答任何人提出的问题。
- 文档（docs.ros.org）：该网站收集了 ROS 2 的所有重要文档，包括当下长期支持版本和开发版本，以及开发文档和 API 文档等。

　　希望读者在阅读本书的同时，深度探索 ROS 社区的每个部分，实际上，不少初学者，甚至经验丰富的工程师，都会忽略社区的重要性。由于 ROS 2 是开源软件，无论是更新大版本，还是修复小问题，都会通过社区的不同渠道进行发布和讨论。所以作为参与者加入社区，可以跟进 ROS 2 大大小小的改动。这样可以从根本上了解到 ROS 2 的方方面面，如新特性的从无到有，或某些功能的不足之处等。所以，如果只是一味地看书、读博客和参阅二手翻译的文章，是永远无法跟上时代最新步伐的。这与想了解领域内最新的研究成果需要通过阅读和发表论文，以及参与会议交流是异曲同工的。

本书对于代码有一些特别的约定

1. 在普通的脚本代码中

- 会使用注释后的"…"代表省略了不重要的部分，并代表此处应有其他代码或日志存在。在 shell 中，"#"开头为注释。
- 会使用"---"代表分割线，用于分隔不同指令执行后的执行结果。
- 以"$"开头的指令均执行自普通权限的用户，以"#"开头的指令均执行自超级用户（root）。

2. 在程序源代码中

会使用注释后的"…"代表省略了不重要的部分，并代表此处应有其他代码或日志存在。在 C

++中，以"//"开头为注释；在 Python 中，以"#"开头为注释。

前置知识

如果读者掌握了如下知识，则学习本书会事半功倍。

- C++ 编程基础：了解基本的面向对象编程和模板即可，最好能够了解清楚 C++ 各个版本（03、11、14 和 17 等）的不同之处。
- Python 3 的编程基础。
- 机器人学基础。如果没有系统学过，可以简单了解一些空间描述、坐标变换、正运动学和逆运动学相关的知识。
- Linux 系统操作基础。能够使用简单的指令，如 cd、ls、mkdir、cat、grep 和 find 等。
- 版本管理基础。了解如何使用 Git 工具管理软件的版本，如如何拉取、提交和合并。当然最好使用过 GitHub，并且了解开源项目运作的基本原理，如了解 issue 和 pull request 等基本概念。

最后

笔者在开发"铁蛋"（CYBERDOG）项目时与 ROS 2 结下了不解之缘，自此也深知开源对于人类科技发展的重要性。ROS 生态能有今天的盛况，完全得益于开源，我们希望未来持续为开源做出贡献，也希望广大读者能加入其中，为人类的未来添砖加瓦。

本书有大量的代码需要读者去尝试，并且已经将代码开源至 GitHub 的 homalozoa/ros2_for_beginners_code（这是对 GitHub 开源仓库的一种缩写，在第 1 章会有讲解），也欢迎读者来社区交流，为本书或本项目提出宝贵建议和意见。本书还提供了高清学习视频，读者可以直接扫描二维码观看。

徐海望　高佳丽

第3章 CHAPTER3

节点的体系化与扩展　/　87

第4章 CHAPTER4

ROS 2 的基础通信　/　148

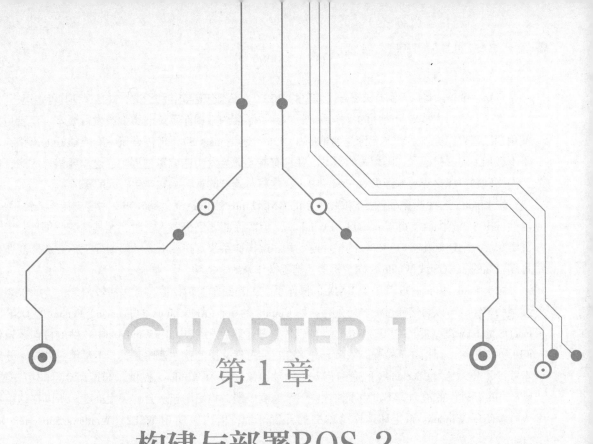

第 1 章

构建与部署ROS 2

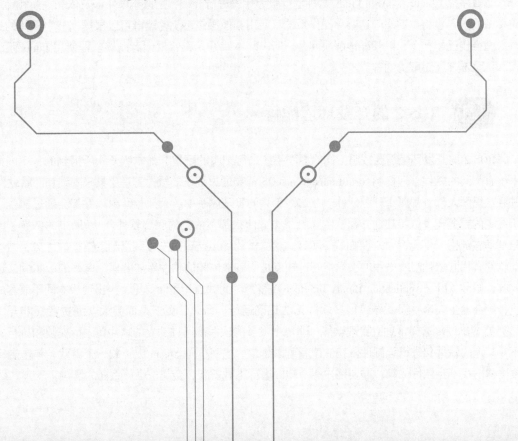

本章将带领读者从无到有部署一个完整的 ROS 2。部署包括安装和配置，并且保证其稳定运行。

本书并不约束读者所使用的操作系统版本，也不会约束操作系统的类型或发行版本。读者可以使用自己喜欢的操作系统（无论是 Windows、Linux 还是 macOS），但需要确保有足够好的网络，用于下载相关的源代码和访问相关的网站。并且有些下载会发生在编译过程中，这需要格外注意，因为网络问题可能会导致编译失败和编译中止，这将对读者的学习心态产生较大的影响。

像 Ubuntu 这种具备固定版本依赖关系的 GNU/Linux 操作系统，是 ROS 2 主要支持的系统平台，当然，ROS 2 还同时支持着 macOS 和 Windows。但实际部署到机器人上时，尤其是商业项目，因为需要深层次地定制化接口、外设的软件驱动和底层操作系统支持，所以一般情况下不会选择商业化程度较高的 macOS 或 Windows 作为机器人基础操作系统。

由于 Linux 和 macOS 都是类 UNIX 的操作系统，其操作逻辑相似，且用法较为统一，如果想安装某些软件，可以直接通过命令行处理，如 Ubuntu 的 apt、Arch Linux 的 pacman，Fedora 的 DNF 和 macOS 的 brew 等。相比之下，Windows 的软件管理逻辑就相形见绌，Windows 中软件的打包逻辑偏向于独立打包，互相并不做强制依赖，并不存在绝对意义上的软件管理工具。不过第三方软件开发者设计了一款名为 Chocolatey 的命令行安装软件，该软件为 Windows 提供了通过命令行即可安装、卸载和更新软件的能力。不过由于该软件下载速度极慢，故使用起来会有较大难度。所以在这里不太推荐使用 Windows 原生环境作为本书的开发环境，但可以使用 WSL2（Windows Subsystem for Linux 2）。

本章将以 Ubuntu 和 Arch Linux 两种发行版为代表进行介绍，所以本章中涉及依赖关系和环境配置相关的内容也将主要面向这两种操作系统。使用其他操作系统的读者可以根据本书中具体的描述寻找适合自己的指令，以精准地解决问题。所以从本章开始，希望读者能够全程使用 Linux 系统练习和测试本书所讲解的内容。

1.1 ROS 2 的开发环境配置

ROS 2 的开发环境需要按照不同的操作系统进行相应的配置，如本章开头所提到的，不同操作系统有不同的软件管理机制（如 Linux 和 macOS 都会通过统一的软件管理工具来安装和卸载软件），并且这里面大部分都属于开源软件。在这些工具的管理体系中，大部分开源软件都会通过操作系统所约定的或多或少依赖其他开源软件（除了少数什么都不依赖的底层软件外）。所谓的依赖，大部分是动态链接（即运行时需要加载 .so 库）。这样做的优点是可以充分利用动态链接的优势，减少不同软件有相同依赖时所占用的硬盘空间，缺点是所有被依赖的软件库需要保证良好的版本间二进制兼容，俗称 ABI（Application Binary Interface）兼容。而缺点也显而易见，当出现版本间不兼容的模块，则会发生兼容错误，导致很多软件无法正确运行。所以，更多是面向大众消费者（非开发人员）的 Windows 选择了独立管理软件，即每个发行的软件都通过独立的软件包进行安装和执行，并不对其他的软件包进行强制性依赖。读者可以想象，当我们从 Steam 上下载一个游戏，单击启动后桌面弹出找不到软件依赖，需要用户逐个软件进行下载安装，会是一个什么样的场景。

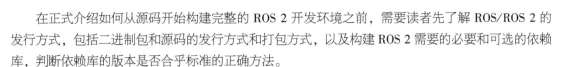

在正式介绍如何从源码开始构建完整的 ROS 2 开发环境之前，需要读者先了解 ROS/ROS 2 的发行方式，包括二进制包和源码的发行方式和打包方式，以及构建 ROS 2 需要的必要和可选的依赖库，判断依赖库的版本是否合乎标准的正确方法。

▶▶ 1.1.1　ROS 2 的发行方式

如前言中提及的内容，所有的 ROS 2 相关代码均托管于 GitHub 和 GitLab 这两个平台，包括基础的软件代码、文档、网站前后端源码，甚至打包和持续集成（DevOps）的工具链等。ROS 2 的发布体系也是基于 GitHub 的相关仓库进行运转的。

ROS 2 的相关软件的发行分为源码发行和二进制发行。源码发行是面向所有平台的，包括前面所述的三大类（Linux、macOS 和 Windows），并且原则上并不约束版本。而二进制发行是基于特定版本的，如 Foxy 版本的 ROS 2 默认是基于 Ubuntu Focal（20.04）；macOS Mojave（10.14）和 Windows 10（VS2019）作为第一级别（Tier 1）的平台进行发行，并基于 Debian Buster（10）和 OpenEmbedded 作为第三级别（Tier 3）的平台进行发行。其中，由于按照中央处理器（Central Processing Unit，CPU）体系结构的不同，分为 AMD64、ARM64 和 ARM32 三种不同的架构支持，开放生态的 Ubuntu 和 Debian 的发行是支持全部架构的，封闭生态的 macOS 和 Windows 则只能支持 AMD64 的平台，而完全面向嵌入式机器人应用领域的操作系统 OpenEmbedded 则只能支持 ARM64 和 ARM32，因为 x86 架构的高功耗很难在电量有限的移动机器人上长时间使用。

当然，上述例子仅是基于 Foxy 这一个版本而论，因为据不完全统计，Linux 的发行版超过 300 种，不可能让每一个使用 ROS 的人都下载和安装 Ubuntu 作为日常使用的操作系统，所以当 Galactic 首次发行（2021 年 5 月 23 日）时，二进制发行所支持的操作系统新增了红帽企业 Linux 操作系统（Red Hat Enterprise Linux，RHEL），其所对应的 CentOS 版本是 8。这就是开源社区的魅力，社区的开发人员和维护人员会不断根据使用者和开发者的需求进行改进。

> **专题 1-1　Tier 在 ROS 2 发行流程中的定义**
>
> 在 ROS 2 的发行流程中，Tier 1 的平台是社区开发人员首要支持的平台，所有的发行流程必须满足所有测试，包括单元测试集、持续集成与持续部署（Continuous Integration and Continuous Deployment，CI/CD）作业、夜间作业、打包作业和性能测试，通过后才可推进，在 Tier 1 的平台发生的任何错误都会影响发行新版本的进度和日期。发行新版本的前提是所有软件在 Tier 1 的平台构建和测试无误，并且保证用户使用这些平台基于源码构建和测试也能够正确无误，且提供二进制包的支持。
>
> 对于 Tier 2 的平台，上述所有测试会定期运行，但并不一定会提供二进制包，所以在 Tier 2 的平台上，一部分软件并不保证完全构建或测试正确无误。
>
> 而对于 Tier 3 的平台，ROS 的开发团队并不保证单元测试或其他测试的运行或支持，如果用户选择使用，可以基于最新的版本进行基于源码的构建，且 CI/CD 也并不会检查这一部分的支持情况。

以上的数据均是基于 ROS 改进建议（ROS Enhancement Proposals，REP）2000："ROS 2 Releases and Target Platforms"（后简称 REP 2000）进行整理。读者可登录 https://www.ros.org/reps/rep-2000.html 进行深入了解，其源码维护在 ros-infrastructure/rep 项目中。

新版本的发行日为每年的世界乌龟日（World Turtle Day），也就是 5 月 23 日，而版本更新的发行则不定期。所有的发布都会通过 ROS Discourse 开展，可以在 tag 中搜索 "release" 进行了解。新版本的发布都会伴随着半个月的主分支代码合入冻结，而对旧版本的同步更新则无需此步骤。

和所有的开源项目一样，ROS 2 的发行方式分为两种：源码发行和二进制发行。由于二进制版本是基于源码版本架构打包而成的，所以如果严格地在时间线上排序，源码会先发行，然后才是二进制版本。

1. 源码发行

基于源码发行的 ROS 2 是一个巨大的软件组合，而非单纯的一种软件。以 Galactic 版本为例，在该版本发行时，有超过 500 个项目同时打包发行。这些项目不仅仅包括 ROS 维护人员主要维护的所谓官方项目，还包括所有扩展性的，乃至产品类的项目。如作为单独产品售卖的 Turtlebot3，其相关的软件包也会随着 ROS 2 的版本发行同时发布。读者可以参考 http://repo.ros2.org/status_page 中的不同发行版中的 default 网页进行了解。

如前文所述，所有这些项目都会维护在 GitHub 或 GitLab，并且以独立项目运作。每个项目也会按照自己的规则进行版本号的升级和迭代，这些信息都会记录在项目的一些文件中。由于 GitHub 和 GitLab 都是基于 git 的软件版本管理平台，所以都具备分支的概念。一般情况，ROS 2 相关的项目都会按照主分支（main 或 master）和发行版本分支（如 galactic、foxy、galactic-devel 和 foxy-devel 等）进行管理。主分支一般作为主要的开发分支，所有的新增功能和问题修复都会在主分支完成。而发行版本分支是在某一个特定时间段从主分支创建的新分支，目的是冻结当时的 API（Application Programming Interface）和功能，并以这个版本发行这个项目。

当然，凡事没有绝对。大部分的 ROS 2 相关软件仓库都是像上述的方式进行管理的，但有一些除外。由于 ROS 2 引入了 DDS 的功能，并且在底层支持了多种不同的 DDS。DDS 并不是 ROS 2 的开发人员提出的新概念，所以 ROS 2 引入的这些不同的 DDS 也不会源于同一个组织。这些组织有着自己的发行逻辑和发行节奏，也有着自己的版本管理。如 eProsima 的 FastDDS 和 Eclipse 的 CycloneDDS，这些中间件的项目有着独立的版本，且不会体现在其项目的分支上。和大部分的开源项目相似，这些软件会通过主分支进行新功能的开发和问题修复，而无需拉去特定的发行版分支。自然，这些项目中也不会存在 ROS 2 相关的版本分支了。

所以，在实际的版本发行过程中，在对 DDS 依赖的版本管理上，ROS 2 会根据发行时的 DDS 实现方的版本进行适配和依赖。如 Eloquent 版本中，对 CycloneDDS 的版本屡次更新，最后一次更新是从 0.5 到 0.7，可以参考 ros2/ros2 项目中的#1023Pull Request 进行查看。

专题 1-2　main 分支和 master 分支

　　main 分支是 2020 年 10 月 1 日后 GitHub 引入的新分支，目的在于替换原来的 master 分支。不过在其之前建立的项目并没有被修改，所以如果读者在 GitHub 上搜索，还是可以找到很多拥有 master 分支的项目。GitLab 在 2021 年 3 月 10 日也跟进了该修改。

专题 1-3　GitHub 与 GitLab 的项目表述

　　无论是 GitHub 还是 GitLab，都会有类似"组织（Organization）"和"组（Group）"一类的用户管理方法，用于将一部分有合作需求的人和有特定权限需求的人划分在一起，便于共同操作某些项目。像本节所提到的"ros2/ros2"，即是表 1-1 中所提到的通过名为 ros2 的组织管理的名为 ros2 的仓库。后文中也会采用 xxx/xxx 项目的写法，一般都是表达在 GitHub 中维护的项目，如有 GitLab 或其他平台的项目，会特别指出。

　　访问这些项目的方法是加上前缀，如 GitHub 项目是 https://github.com/，GitLab 项目则是 https://gitlab.com/。以 ros2/ros2 项目举例，其网址为 https://github.com/ros2/ros2。

　　至于 pull request、issue 和 workflow 等表述，可以搜索开源的相关基础知识进行了解。

表 1-1　ROS 开源项目及其维护地址

组　织	网　址	主要维护内容
ros	https://github.com/ros	维护 ROS 的核心功能包
ros2	https://github.com/ros2	维护 ROS 2 的核心功能包
ament	https://github.com/ament	维护 ROS 2 的核心编译组件
ros-tooling	https://github.com/ros-tooling	维护 ROS 2 的工具类功能包
ros-tracing	https://gitlab.com/ros-tracing	维护 ROS 2 的调试类功能包
ros-visualization	https://github.com/ros-visualization	维护 ROS 和 ROS 2 相关的可视化功能包
ros-perception	https://github.com/ros-perception	维护 ROS 和 ROS 2 的感知类功能包
ros-planning	https://github.com/ros-planning	维护 ROS 和 ROS 2 的导航和规划类功能包
ros-drivers	https://github.com/ros-drivers	维护 ROS 和 ROS 2 的驱动类功能包
ros-controls	https://github.com/ros-controls	维护 ROS 和 ROS 2 的控制类功能包
ros-simulation	https://github.com/ros-simulation	维护 ROS 和 ROS 2 的仿真类功能包
ros-infrastructure	https://github.com/ros-infrastructure	维护 ROS 和 ROS 2 的社区基础设施的源码
ros-industrial	https://github.com/ros-industrial	维护 ROS 和 ROS 2 的工业相关功能包
osrf	https://github.com/osrf	Open Robotics，即维护 ROS 的官方组织

　　所有的 ROS 2 源码发行均通过 ros2/ros2 项目完成，该项目主要维护的是一个 repos 文件，其中包含发行 Desktop（桌面）版本的所有仓库的清单。和本节介绍的一样，该项目也是通过不同的版

本分支来同时维护多个不同的 ROS 2 发行版本的仓库清单。读者可以单击分支查看其当前和历史的维护分支，可以看到从 A～G（截至 2022 年初），即 ardent 版本到 galactic 版本的每个分支。值得注意的是，在分支中会将 "version" 和 "version-release" 分为不同的分支进行维护，读者可以将 "version" 替换为 "galactic" 或 "foxy" 进行查看了解。只包含版本的 "version" 分支（如 "galactic" 分支），其大部分项目在 repos 文件中的 "tag" 都是 "galactic"，也就是通过该 repos 下载的项目都是基于项目的 "galactic" 分支进行获取的。而版本 "version-release" 分支中的 repos，其清单中的 tag 都是一串发布的数字（项目中的发布 tag id）。也就是说，从前者获取的源码，即使 repos 没有发生改动，在不同时刻也可能会因为分支中的代码改动而发生变化，从后者获取的源码，只要 repos 没有发生变化（即 tag id 没有发生变化），则获取到的项目源码永远都是一致的。这就是二者的区别。

发行的流程如上所述，分为新版本发行和旧版本的同步（sync）。如果是新版本发行，则较为简单，直接冻结主分支（Rolling 版本）的功能合入，并创建新的版本分支，进行完整的构建和测试。如通过则可以进行源码的发布，进而进行二进制的打包；如未通过，则需要紧急合入一些 patch（用于修复），再重新执行前面的操作，直到成功。如果是旧版本的同步，则会较为烦琐，由于某些新功能在主分支可能并没有对较为陈旧的 API 进行兼容，尤其是对于维护时间较为长的 LTS 版本，这些新功能可能已经随着 Rolling 版本的发布或是短期版本的发布在一些新的版本编号中发行了，如果要对这部分新功能进行同步，则可能需要做较大的改动。一般维护人员会在 issue 中对此进行讨论，看是否有必要对这些新功能进行同步。伴随着同步的进行，一个新编号也会随之在每个项目的 git tag 中发布，这个 tag 号与二进制包的版本号有着直接的联系，这些编号也会写在项目文件的一些位置，如 package.xml。

2. 二进制发行

二进制发行是紧随着源码发行的，如前文所述，二进制发行的目标操作系统都是在 REP 2000 中约定好的。所以其构建过程中所需的依赖项的版本也是固定的，绝大部分以二进制发布的软件都是通过动态链接的方式调用依赖项的，所以版本的兼容性对于这些软件很重要。这也是不能够把面向 Ubuntu 20.04 发布的软件包直接安装到 Ubuntu 18.04 上使用的根本原因。同样，不同 CPU 架构的发行包也是不能够通用的，可以通过指令 "uname -m" 来查看所使用的设备的架构，如返回 "x86_64"，则代表设备能够使用 AMD64 的二进制包；如返回 "aarch64"，则代表设备能够使用 ARM64 的二进制包。

实际上，维护人员提供了两种不同的二进制发行方式：一是安装包，二是压缩包。安装包指的是类似 deb 和 RPM 这类可以通过包管理器进行快速安装的二进制包，在 deb 和 RPM 中会有对包本身的描述，包括功能类型、介绍、依赖项和大小等基本信息。压缩包指的是将 ros-version-desktop 安装包安装后，在目标路径下（/opt/ros/version/）的所有文件夹和文件之和。其中，version 可以替换为 foxy、galactic、rolling 等不同的关键字，并非是文件夹名为 version。

Linux 的 ROS 2 二进制安装包的打包是通过 ros-infrastructure/bloom 项目实现的，bloom 是基于 catkin 或 colcon 的自动化打包发布工具（catkin 是 ROS 时代的构建工具）。ROS 2 的安装包发行目前仅支持 deb 和 RPM 两种格式，所以 bloom 打包生成的二进制安装包的格式都是.deb 或.RPM 等，目标的 Linux 发行版也是 Debian 系和 RHEL 系的发行版，如 Ubuntu、Debian、Fedora 和 RHEL 等。有关 bloom 的内容会在 2.4 节中介绍。

除此之外，为了面向更多的 Linux 发行版，ros-infrastructure 组织还设计了 superflore，如其项目 README 所介绍的那样：flore（动词）是 bloom 的拉丁文单词，所以 superflore 可以理解成超级版本的 bloom。设计 superflore 的目的是为了兼容更多的 Linux 系统发行版。目前 superflore 支持了 Gentoo 和 OpenEmbedded 两种发行版。Gentoo 是一个基于 Portage 包管理系统的 Linux 发行版，其以模块化、可移植性和几乎无限制的兼容性著称，用户可以基于 Gentoo 定制适用于任意场景的 Linux 版本，如服务器后台、嵌入式平台或个人使用终端等。而后者 OpenEmbedded 则是纯粹面向嵌入式的 Linux 发行版，其与 Yocto 共同打造了基于 Bitbake 的嵌入式生态环境，并且提供了极其简洁且完善的嵌入式解决方案。

在 Linux 发行版上部署 ROS 2 的安装包可谓非常简单，由于绝大部分（除了 OpenEmbedded 和 Yocto 等）Linux 发行版都提供了完善的包管理器，也就是说在安装软件的过程中，包管理器会自动解析所有的依赖关系，并将缺少的软件一并安装。所以无论是 Ubuntu 还是 Fedora，在安装 ROS 2 的二进制包时都只需要输入几句包管理器的安装指令即可。相比基于源码编译安装，通过包管理器安装的方法会更有优势，并且具有更好的可维护性。

通过包管理器安装 ROS 2 的方法可以参考 docs.ros.org 上有关 via Debian Packages 和 via RPM Packages 等的介绍，其基本逻辑本节已介绍清楚，读者可以直接访问网站了解具体的每个步骤。

除了 Linux，ROS 2 还主要面向苹果的 macOS 和微软的 Windows 做了二进制包发行，不过无论是哪个操作系统，在部署二进制压缩包时都需要提前安装一些依赖软件，以确保 ROS 2 的相关功能能够正常。相较安装包，部署二进制的压缩包则会有诸多需要注意的事项。如前文所提到的，大部分开源软件都会统一依赖项，并且通过动态调用的方式减小文件的尺寸，这样带来的一个问题是，在发布软件时并未附带其动态调用的二进制库。如果没有预装合适的二进制库，则会导致部署的软件无法正常运行。

完整的压缩包部署流程可以参考 docs.ros.org 上提供的"Installing ROS 2 on platform"教程，读者需要将 platform 替换为 Windows、macOS、Ubuntu Linux 或 RHEL 等，以确保获取正确的平台安装介绍。具体的逻辑很简单，即首先安装需要预装的依赖软件，然后下载压缩包并解压到目标位置，最后部署环境变量，即可完成安装。除了二进制安装的教程外，也有源码安装的教程，前者的优点在于易于维护，通过较为完整的包管理器可以轻松地在新版本更新时及时更新到最新版本，并且部署效率极高。缺点是当某个版本有 Bug 时，无法快速修复；当该 ROS 2 发行版在该操作系统的发行版上停止维护时，也无法安装其他的新 ROS 2 发行版；在落地到实际机器人上时，并不是所有的功能包都需要安装到有限空间的嵌入式设备上，需要对其进行适当地裁剪。相比之下，通过源码安装 ROS 2 的方法可以弥补上述所有问题，但缺点也很明显，即效率低、难度大、不易于维护。不过，追本溯源是本书的宗旨之一，只有清楚地了解到 ROS 2 的完整构建原理，读者才能够厘清思路，选择合适的组件开发机器人。

▶▶ 1.1.2　解决依赖问题

细心的读者在访问 docs.ros.org 时可以发现，从源码构建和从二进制包安装 ROS 2 所安装的依赖项是有差异的。因为对于 ROS 2 的一些组件来说，运行时所需要的依赖软件和编译时是不同的，一部分软件在编译时会静态链接到库中。包含这些库的软件包，在通过二进制安装 ROS 2 时便不必单独安装。此外，某些安装包提供的是带有头文件和用于静态链接的.a 二进制库的"开发包"（如 Ubuntu 中以-dev 结尾的安装包），这些头文件在运行时是用不到的。

谈到解决依赖问题时，首先应该思考，为什么会有这些依赖?

实现软件功能的方法有很多种：其一是在一个软件中实现所有功能，即所有的代码都不参考其他人的实现，或调用其他人的实现，从无到有全部重写，俗称重新造轮子；其二是基于通用性强的功能直接使用开源的软件二次开发，在其基础上实现特定需求的功能，俗称不重复造轮子。相比后者，前者会耗费巨大的精力和时间，这些成本会随着软件规模的增加而成倍增加，所以极大部分的软件开发都会选择后者，这也是开源软件能够持续维持极高的热度和活跃度的原因之一。而后者则会产生依赖，了解过 C/C++编程的读者肯定会知道，如果在编译程序的过程中使用其他目录的库文件，是需要通过头文件或 cmake 等方式进行预处理的，并且在编译后会进行链接，如果缺少了链接的目标，则编译会失败（当然，如果是 Python 一类只需要解释器的语言，缺少依赖只会在解释运行的过程中体现）。

那么，这些依赖会通过哪些方式维护呢? 答案是软件包管理器。在不同的 Linux 发行版中有不同的软件包管理器，如 apt 是 Debian/Ubuntu 系列发行版的包管理器，yum 和 dnf 是 CentOS 和 Fedora 系列发行版的包管理器，pacman 则是 Arch Linux 系列的包管理器。在 macOS 的系统中，可以使用 Homebrew 作为包管理器，而在 Windows 中，可以使用 vpkg 作为包管理器，这些都能在一定程度上解决依赖的问题。

不过，使用软件包管理器不能解决所有问题。在 Linux 发行版中，除了滚动更新的操作系统外，其他操作系统都会按照特定的版本进行更新，如 Ubuntu 的 04 系列和 10 系列分别代表着长期支持版本和短期支持版本，这些不同的版本都会约定其特别使用的软件版本（如 Ubuntu 18.04 中默认使用的是 Python 3.6 版本，且其所有支持的 Python 库也都是 3.6 版本，而 Ubuntu 20.04 中默认使用的是 Python3.8 版本）。如果有些软件使用了 Python 3.8 的特性，而需要在 Ubuntu 18.04 上运行，则会有一系列依赖无法解决的问题。当然，这也是大部分 Linux 使用者经常遇到的问题。遇到此类问题通常的解决办法有三种：一是修改依赖软件的版本，如改变 Python 的版本或额外安装合适版本的 Python；二是通过源代码改变目标软件的依赖，使其能够兼容其他版本。通常在依赖关系复杂的系统里，前者的实施会异常艰难，甚至会导致很多不必要的麻烦和问题。而后者则需要修改目标软件的源代码，这对很多仅仅想使用该软件的人来说也很困难，但优点是一劳永逸；三是高低版本一起安装。安装各种版本的软件来解决依赖问题的方法可以参考 Nix 的包管理解决方案。如果单纯从上面三种方案来看，第三种是最快的解决方案，虽然会多占用一部分空间，但是却从根本上避开了所有的适配问题。第二种解决方案如果能回馈社区，则能够帮助到更多的人。第一种是最不可取的方法。

除了版本依赖问题，还有一些"软件根本不存在"的问题，如某些软件可能在新版本的发行版上是支持的，而在旧版本的发行版上不支持，或者说某些依赖的软件根本没有被包管理器所维护。如果遇到此类问题，最简单的方法是通过源码进行安装；或者自制一个可以通过包管理器安装的软件安装包，如 deb 或 RPM 文件，方便后续维护和更新，如 Arch Linux 的 AUR 包。

专题 1-4　Arch Linux 与 AUR 包

　　Arch Linux 是基于滚动更新的 Linux 发行版，其所有软件版本均不固定，会随着时间推移不断更新。其中，主要用于管理软件的方式有两种：一种是通过官方仓库（official Repository）进行管理，另一种是通过用户仓库（Arch Linux User Repository，AUR）进行管理。二者均是通过 Arch Build System 进行软件包的构建（基于源码），并且通过 pacman 进行日常管理（如安装和卸载）。区别在于，官方仓库所维护的软件构建由官方服务器完成，用户可以直接下载到二进制包进行安装；用户仓库则需要用户在个人终端自行编译构建，只能基于源码安装。一般来说，官方仓库会维护大部分通用的软件，像通用的内核（linux 或 linux-lts）和图形界面框架（gnome 或 kde）；而用户仓库则囊括一些满足特别需求的软件，如 GNOME 的某个主题、面向机器人的软件栈。所以，像 ROS 2 这类并不是十分通用的软件包，如果也想在 Arch Linux 中按照规范进行管理，则需要制作 AUR 包。

ROS 官方还提供了 rosdep 作为依赖的解决方案，可以处理绝大部分的 ROS 2 安装依赖问题。具体步骤如下。

代码 1-1　rosdep 示例

```
$ sudo rosdep init
$ rosdep update
```

rosdep 的原理是读取下载源码后的"package.xml"（package.xml 会在后面展开介绍），对其进行解析后，根据提前编辑好的映射关系，点对点地进行依赖软件的安装。如无法运行这句脚本，读者可以尝试通过 fastgit 等加速方式对 GitHub 的 raw 链接进行加速，以获取目标文件。对于 ROS 2 来说，下载的 rosdep list 是在 ros/rosdistro 项目下维护的，目录为 rosdep/sources.list.d/20-default.list。

代码 1-2　20-default.list

```
# os-specific listings first
yaml https://raw.githubusercontent.com/ros/rosdistro/master/rosdep/osx-homebrew.yaml osx

# generic
yaml https://raw.githubusercontent.com/ros/rosdistro/master/rosdep/base.yaml
yaml https://raw.githubusercontent.com/ros/rosdistro/master/rosdep/python.yaml
yaml https://raw.githubusercontent.com/ros/rosdistro/master/rosdep/ruby.yaml
```

可以看到，在其中主要分为 macOS 特定清单和 Linux 与 macOS 都可以使用的通用清单。读者可以下载并浏览每一个清单。其原理是通过检测当前的操作系统类型，再根据 YAML 所设计的映射关系，使用当前操作系统的包管理器进行安装，以达到解决冲突的目的。使用 rosdep 解决依赖问题的效率非常高，但如果遇到一些新增的依赖项，且不包含在任何一个 YAML 文件中时，则需要手动来解决依赖关系。

专题 1-5 获取操作系统类型的方法

在所有基于 systemd 的 Linux 发行版和 FreeBSD 中，都会使用/etc/os-release 文件作为发行版的信息存储。在没有做主动修改时，该文件保存的便是读者正在使用的操作系统的一些基本信息，如发行版的类型、版本型号、官方网址和反馈网址等。读者可以使用 "cat /etc /os-release" 查看该文件。在其中一部分的 Linux 操作系统中，如 Ubuntu，可以使用 LSB（Linux Standard Base）进行查看，命令是 "lsb_release-a"，该指令会输出 "/etc/lsb-release" 中的内容。相比后者，前者更具有普适性。

不过既然维护操作系统类型和版本的方式仅仅是一个文件，那么伪装成其他操作系统也变得容易起来。如果某些软件宣传仅支持某个系统，我们可以直接修改这些文件成为目标平台的样子，以 "骗过" 这些软件的检测程序。感兴趣的读者可以通过包管理器安装 "neofetch" 进行测试。

手动解决依赖关系的方式也不复杂。例如，在 Arch Linux 中，通过 AUR 来解决依赖是十分便捷的。由于 Arch Linux 的用户足够广泛，也足够热情，在 AUR 上，有热心的开发者维护了名为 "ros2-arch-deps" 的软件包，囊括了构建 ROS 2 所需要的所有依赖项。也就是说，只要安装了 "ros2-arch-deps"，即可完成 Desktop 版 ROS 2 的依赖项安装。而在 Ubuntu 中，由于 ROS 2 官方支持的就是 Ubuntu，倘若版本一致（如 Foxy 支持的是 Ubuntu 20.04），则缺少的库可以根据提示词直接搜索，并使用 apt 或 pip 进行安装。一般来说，如前文所提到的，Ubuntu 上缺少的库都可以通过 "lib 关键字-dev" 的方式进行组合，如 libacl-dev。总之，通过手动解决依赖的核心思想是："缺什么补什么，活用搜索引擎。"

▶▶ 1.1.3 从源码安装 ROS 2 的技巧

从源码安装的方法，在 ROS 2 官方文档系统中已经有了较为完整的步骤，读者可以通过 "Building ROS 2" 来锁定这些教程。这些教程会按照不同的平台做区分，如 macOS、Ubuntu、Fedora 和 Windows，建议读者根据自己的平台找到合适的文章进行阅读，并结合本节的内容进行操作。不过无论是平台，还是版本，从源码安装 ROS 2 都分为四个步骤，以 "Building ROS 2 on Ubuntu Linux" 举例。由于从源码安装 ROS 2 的方法在每个版本的 ROS 2 文档中都有非常详细的介绍，此处仅谈安装技巧。

1）配置环境：System requirements，System setup。

2）获取源代码：Get ROS 2 code。

3）安装依赖：Install dependencies using rosdep。

4）构建并安装：Build the code in the workspace。

配置环境包括配置编码环境和安装构建工具等操作，构建环境是使用"UTF-8"编码的。ROS 2 的构建工具是一个叫 colcon 的工具链，该工具链在 GitHub 的 colcon 组织的维护下，按照不同的功能分为不同的项目。由于这个工具链不如 bazel 那样流行，所以并没有被收集到 Ubuntu 或 Fedora 的官方仓库，需要额外添加下载源才能获取。

在"Then add the repository to your sources list."这句话下面是添加下载源的指令，这里需要注意的是，ROS 2 官方支持的仅有 ARM32、ARM64 和 AMD64 三种 CPU 架构，如果通过指令"dpkg --print-architecture"尝试的结果不在"amd64、arm64、armhf"三者中，则无法通过此方法安装。在添加源的指令中还有一句 URL，读者可以将其替换为距离自己最近的镜像源，以提高下载速度。更新源之后，便可以下载构建需要的基本软件包，如 cmake、git、colcon、vcstool、rosdep 和 flake8 等。其中，vcstool 便是通过 repos 管理本地版本仓库的工具，flake8 是用于 Python 测试的功能包。无论是基于源码还是二进制安装，这些包都是必装的。

获取源代码是通过 vcs 指令来完成的，前面已经介绍了 repos 发布的方式和其中的基本定义，读者可以根据需求选择合适的 repos 来完成源码的获取。

构建的指令需要注意，使用 colcon build 时，有"--symlink-install"和"--merge-install"两种构建方式。前者是默认的构建方式，即所有的功能包会独立存放，不会混在一个文件夹中，后者则是混合存放，所有相同类型的文件会放在一起。此外，设置"--install-base"的参数可以选择编译后最终产物的安装路径，也就是在 CMakelist.txt 的"install"指令中所有安装目标最终的归宿。举个例子，如果想混合安装所有的产物到"/opt/ros2/rolling"下，可以使用代码 1-3 进行尝试。当然前提是执行该指令的用户有写入该路径的权限，修改权限可以通过 chown 来完成。注意，"merge"与"symlink"不可以混合使用，写了"install-base"也不可以和没有写的混用。

代码 1-3　构建脚本

```
$ export DEST_DIR=/opt/ros2/rolling
$ sudo rm -rf $DEST_DIR && sudo mkdir -p $DEST_DIR
$ colcon build --merge-install --install-base $DEST_DIR
```

构建过程中，如果出现类似代码 1-4 中的日志输出，是表明内存不足，可以考虑增加交换分区（SWAP 分区）或增加内存条来解决问题。

代码 1-4　内存不足，GCC 崩溃

```
c++: internal compiler error: Killed (program cc1plus)
Please submit a full bug report,
with preprocessed source if appropriate.
See <file:///usr/share/doc/gcc-7/README.Bugs> for instructions.
```

构建的过程中，所有通过 CMake 或是编译期间编译所输出的日志都会被 colcon 工具认为是 stderr，但并不是真正的 error，所以不必担心。一旦出现构建错误，会出现 abort 字样，意为将中止当前构建的包且放弃继续构建其他功能包。

▶▶ 1.1.4 便于开发的环境配置

当构建成功后，目标目录会有 local_setup.sh 和 setup.sh，除了.sh 文件外，还有.bash 和.zsh，适用于不同使用习惯的用户。前者（local_setup）仅能遍历当前已经构建完毕的路径，并将可执行文件和链接文件加入环境变量；而后者则会将遍历所有与之相关的路径，它首先会遍历调用当前环境所依赖的"父"环境，而后调用本地环境的"local_setup"遍历当前环境。通过遍历，这些脚本可以获取到指定目录中的可执行文件、动态库、头文件和功能包的基本信息，这些信息都会保存在系统指定名称的环境变量中。获取环境变量的方式很简单，使用 source 命令即可，如 source/opt/ros2/rolling/setup.sh。

ROS 2 默认支持了三种 shell 格式，分别是 Sh shell（Sh）、Bash 和 Z shell（Zsh），对应.sh、.bash 和.zsh 三种扩展名。这三种由于语法上有些许不同，所以会分为三个单独的文件维护。但大部分语法是相同的，所以.bash 和.zsh 绝大部分内容是调用.sh 中的脚本。一般情况下，shell 会默认获取环境变量的配置文件，如 Bash 的"~/.bashrc"和 Zsh 的"~/.zshrc"。读者可以将代码 1-5 填入这些文件的最下方，以提高每次使用 ROS 2 的效率。

代码 1-5　ROS 2 环境变量配置

```
ros2_on(){
    export ROS_DOMAIN_ID=0
    source /opt/ros2/rolling/setup.sh
}
```

其中，ROS_DOMAIN_ID 用于设置 ROS 2 的通信域，这个在后面章节会有介绍。source 的内容可根据所使用的 shell 类型将 sh 修改为 bash 或 zsh。完成编写后保存退出，重新打开终端，在任意目录下运行 ros2_on 均可完成环境设置。setup.sh 的功能在 2.1.3 一节中会做详细介绍。验证配置是否更新的方法是检查当前环境是否具备如下变量。

- ROS_VERSION：默认值是 2，因为 ROS 的版本是 2，有一些 ROS 和 ROS 2 通用的软件包会读取环境变量中 ROS 的版本进行选择性构建（如 behaviortreeC++_v3）。
- ROS_PYTHON_VERSION：默认值是 3，因为 ROS 2 的所有 Python 脚本均是基于 Python 3 版本编写的。
- ROS_DISTRO：默认值与构建的 ROS 2 发行版有关，这里虽然写着 rolling，但是读者可以根据自己构建的版本进行修改，如 foxy 或 galactic。
- ROS_LOCALHOST_ONLY：默认值是 0，这个变量会配置 ROS 2 的消息在局域网中广播还是本地回环，1 代表本地回环，0 代表关闭此功能。

除了环境设置外，使用一个高效的开发工具也是十分重要的，本书推荐使用微软推出的 Visual Studio Code（简称 VS Code），VS Code 是一款由微软开发且跨平台的免费源代码编辑器。该软件支持语法高亮、代码自动补全（又称 IntelliSense）、代码重构功能，并且内置了命令行工具和 Git 版本的控制系统。由于大部分的 ROS 2 开发都基于 C++和 Python，构建工具大部分使用的是 CMake，VS Code 为这类项目提供了充分的配置扩展，具体的配置笔者参考社区的解决方案提供了一个精简版本，地址为 homalozoa/vscode_ros2_config，读者可以参考项目的 README 进行深入了解，此处不再赘述。

ROS 2 的开发
注意事项

1.2 ROS 2 的架构体系

如果按照 REP 2001："ROS 2 Variants" 的分类，ROS 2 可以分为三层，分别为 ros_core、ros_base 和 ros_desktop。本节为了表述得更清晰，将 ros_core 中核心部分与可选项拆分开，分为运行核心组件与通信中间件分别进行讲解；相比增加的部分，ros_base 与 ros_core 称为基础应用组件，单独讲解；将 ros_desktop 在 ros_base 基础上增加的组件作为可视化组件、示例组件和扩展组件单独介绍。再加上广大开发者提供的第三方扩展应用组件，便组成了 ROS 2 宏大的架构体系。

但需要注意的是，REP 2001 中给出的分类只包含其打包默认包含的部分，并不代表这一部分组件仅包含这几个软件。例如，核心组件中，实现 RCL 的方案并不仅有 Python（rclpy）和 C++（rclcpp），还有 C 语言（rclc），但由于 rclc 相关的功能包的 Quality Level 是 2，所以没有被默认包含，有关 Quality Level 可阅读 REP 2004 进行了解。

▶▶ 1.2.1 核心组件

核心组件分为 ament 相关、接口相关、插件相关、RCL 相关、启动相关、ros2cli 相关、中间件实现相关、多种通信中间件和安全相关组件。要想使用 ROS 2，只要具备核心体系，便可以构建和使用完整的 ROS 2 基础功能了。这包含 ROS 2 的大部分关键特性，如去中心化的通信、自发现的节点、更灵活的启动系统、生命周期节点和安全体系等。但这并不是最简化的运行环境，本章的最后一节将介绍如何构建最小化的 ROS 2 基础包。

代码 1-6 中展示了 Rolling 版本中 ROS 2 的核心组件包含的功能包内容。由于该数据取自于 REP 2001，所以数据未必会跟进最新的列表，最新的列表仍然需要通过 ros2/ros2 中的 repos 文件获取。

代码 1-6　ros_core 中的内容

```
- ros_core:
    packages: [ament_cmake, ament_cmake_auto, ament_cmake_gmock,
            ament_cmake_gtest, ament_cmake_pytest,
            ament_cmake_ros, ament_index_cpp,
            ament_index_python, ament_lint_auto,
            ament_lint_common, class_loader, common_interfaces,
            launch, launch_ros, launch_testing,
            launch_testing_ament_cmake, launch_testing_ros,
            launch_xml, launch_yaml, pluginlib, rcl_lifecycle,
            rclcpp, rclcpp_action, rclcpp_lifecycle, rclpy,
            ros2cli_common_extensions, ros2launch,
```

```
          ros_environment, rosidl_default_generators,
          rosidl_default_runtime, sros2, sros2_cmake]
And at least one of the following rmw_implementation:
- Fast-RTPS: [Fast-CDR, Fast-RTPS, rmw_fastrtps]
- CycloneDDS: [cyclonedds, rmw_cyclonedds]
- Connext: [rmw_connextdds]
```

在 Ubuntu 中，通过 apt 安装 ros_core 版本的方法如代码 1-7 所示。

代码 1-7　安装 Rolling 版本的 ros_core

```
$ sudo apt install ros-rolling-ros-core
```

1. ament 相关

ament 是一系列 ROS 2 的构建过程中使用工具的统一前缀，包括 ament_cmake、ament_index、ament_lint 和 ament_package 等。前面也提到过 colcon 工具链，ament 工具链和 colcon 工具链的区别是前者直接面向 ROS 2，与 ROS 的 catkin 工具是同级别、同类型的工具；而 colcon 是一个通用的构建系统，面向的可以是 ROS 项目或 ROS 2 项目，也可以是其他基于 CMake 的项目。从设计文档 "A universal build tool" 中可以了解到，曾经 ament 里的 ament_tools 是作为构建工具（build tools）存在的，后来被替换成了 colcon。

CMake 是 ament 最核心支持的构建工具，在 ament/ament_cmake 项目中提供了很多小的功能包，用于提供不同功能的 CMake 宏指令，这些功能最后会汇总在 ament_cmake 包中，随机打开一个 ROS 2 相关的包（除了 ament 相关外），在其项目的 CMakelist 里都可以找到 "find_package（ament_cmake REQUIRED）" 字样。通过 CMake 导入后，便可以使用其中所有的 CMake 宏指令，如 ament_export_dependencies 提供的是导出依赖的功能，ament_target_dependencies 提供的是链接依赖的功能。

通过关键词找到项目相关信息是一个非常有用的功能，ament_index 提供了这样的途径，它分别提供了 C++和 Python 的实现方法，通过该方法可以令程序在运行时通过环境变量找到目标功能包的 share 路径，进而访问所有功能包的文件。

构建的过程中，测试是非常有意义的环节，一个完备的测试可以准确测出程序的问题，也可以为程序的规范性提出有价值的参考。ament_lint 提供了一系列静态审查的工具，包括格式的审查、版权的审查、开源协议的审查和代码规范性的审查等，并同时支持了 C++和 Python 两个编程语言。如前文提到的 cpplint 和 cppcheck 都是静态审查 C++语言的工具；flake8 和 pep257 则是面向 Python 的静态审查方案。除此之外，其他各个工具在不同方面承担着自己的职责，如检查 XML 文件的 xmllint。读者可自行摸索。

构建过程的最后一项是组合功能包，ament_package 是用于完成收尾工作的，它会提供每个项目的 local_setup 脚本和 setup 脚本等文件，并通过 pkgconfig 等方法将不同项目连接起来。

2. 接口相关

ROS 2 延续了 ROS 的接口定义方式和生成模式，通过.msg、.srv 和.action 三种扩展名支持消息、服务和动作三种通信模式，并通过 ROS 2 定制的 IDL（Interface Definition and Language）生成器生成适合 C++使用的头文件和动态库，以及适合 Python 使用的 import 库。rosidl 开头的功能包都属于 IDL 生成器，不同的中间件会对生成器进行定制化设计，以确保消息的兼容。

除了接口自动生成，还有 ROS 2 提供的默认消息接口和通用的消息接口定义。由 ros2/rcl_interfaces 维护的一系列消息是 ROS 2 通信所必需的一部分消息，包括 action 消息定义、时间戳的消息和生命周期消息等，这些消息是 ROS 2 的基本功能构建所必需的消息。由 ros2/common_interfaces 维护的一系列消息是 ROS 2 开发中常用的消息类型，但不是必需的消息类型，如传感器的消息 sensor_msgs 和几何相关的消息 geometry_msgs 等。

3. 插件相关

ROS 2 继承了 ROS 优秀的功能：class loader 和 plugin library。这两个功能曾提供给 ROS 极大的灵活度，可以满足设计者通过抽象的方式对同一接口做不同实现，提供了 ROS 程序动态加载不同功能动态库的能力。如著名的 RViz 工具的插件机制便是基于此。ROS 2 通过兼容这两个库继承了这一优秀的功能，如 Nav2（导航库）便基于此对局部规划、全局规划和控制器等相同功能接口和不同算法实现了这一需求。

4. RCL 相关

RCL 全称 ROS Client Library，是用来支持若干个不同编程语言的实现。所有 ROS 2 相关的基础功能的抽象工作均在 RCL 层完成，如网络发现、日志等级、节点、通信机制、时间、事件和生命周期等，并提供了 C 语言的 API。无论使用哪种编程语言，都需要依赖 RCL 进行开发。这一层包括 rcl、rcl_action、rcl_lifecycle 和 rcl_yaml_param_parser 等。C++和 Python 是 ROS 2 主要支持的两种编程语言，二者均是在 RCL 的基础库之上实现了其语言特性的支持，实现了所有的 RCL 层给出的 API。很多开发者也围绕 RCL 开发了其他编程语言的支持包，如 RCLJava 支持 Java 语言的 ROS 2 编程功能，熟悉 Java 的开发人员便可以只使用 Java 进行 ROS 2 相关程序的开发。图 1-1 展示了 RCL 层在 ROS 2 中的结构关系。

在 ROS 2 默认的体系中，rclcpp 和 rclpy 本身和以二者开头的功能包都是用于实现和映射这两种语言 API 的。所以在核心功能里，这些包都是必须安装的。

5. 启动相关

和 ROS 相似，ROS 2 的节点启动也需要通过特定的脚本或指令。如果单节点启动需要通过 ros2 run，多节点同时启动需要提前编写 Python 脚本，并通过 ros2 launch 进行启动。和 ROS 的区别在于，ROS 2 不再使用 XML 进行启动配置，而是使用 Python 脚本，这一改动极大程度上增加了启动系统的灵活度和可扩展性。这些功能的基础来自于 launch 及以 launch 开头的功能包，这些功能包提供了一系列基础的启动 API 选项，包括环境变量的输入、参数的导入、功能包的信息获取和节点信息的查阅等。通过在 Python 脚本中 import 相关库便可轻松调用这些功能。

6. ros2cli 相关

所有 ROS 2 相关的操作都是通过指令 ros2 完成的，如枚举当前环境下运行的节点的指令是 ros2 node list。这些指令实际上都是通过 Python 实现的一系列脚本，这些脚本被统一管理在一个仓库中，即 ros2/ros2cli。这个仓库囊括了所有 ros2 指令的脚本，并按照不同的功能在不同的功能包中管理。如 ros2pkg 用于存放 ros2 pkg 指令的脚本，ros2topic 用于存放 ros2 topic 相关的指令脚本。

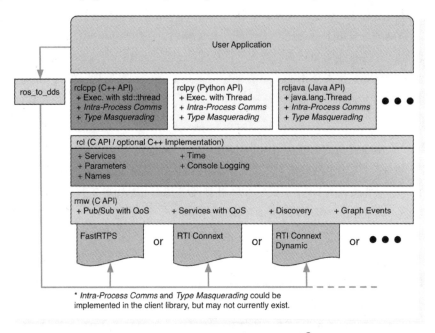

● 图 1-1　ROS 2 的中间件体系⊖

读者可以通过 ros2 --help 来枚举指令支持的命令行参数细节，以确定该类型功能包的数量和名称。当然，也可以使用 ros2 关键字--help 来进一步获取其介绍，善于使用--help 指令可以令工作效率大幅度提升。

7. 中间件实现相关

由于 ROS 2 的架构设计需要支持到不同的中间件实现（参考 "ROS 2 Middleware Interface" 设计文档），所以在中间件相关的这一层，开发人员对整个 RCL 需求的功能进行了整合，并对 DDS 的实现提供了一个抽象层。如 rmw 便是一些基础且通用的功能的抽象，如网络发现和带有服务质量的发布订阅等。如果想让某一个 DDS 中间件支持 ROS 2，需要按照这一抽象进行实现，并在运行前通过对环境变量 RMW_IMPLEMENTATION 进行赋值，如 rmw_fastrtps_cpp 表示的是 FastDDS（FastDDS 的曾用名是 FastRTPS）。功能包 rmw_implementation 的功能便是对上述的环境变量进行收集，并动态加载相应的 DDS 中间件，以调用和转发相关实现。

8. 多种通信中间件

ROS 2 默认使用 DDS 进行消息通信，包括基于传输控制协议（Transmission Control Protocol，

⊖　参见 Steven Macenski、Tully Foote、Brian Gerkey、Chris Lalancette 和 William Woodall 于 2022 年发表的论文 "Robot Operating System 2：Design，Architecture，and Uses in the Wild"。

TCP)、用户数据包协议（User Datagram Protocol，UDP）和共享内存（Shared Memory，SHM）等方式。实现方来自世界各地的公司和组织，包括著名的开源方案孵化组织 Eclipse，其孵化的项目 Cyclone DDS 和 iceoryx 是优秀的进程间通信中间件。

在 2020 年发布 Foxy 版本前，ROS 2 默认只支持 eProsima 提供的 FastRTPS（后改名为 FastDDS）和 RTI（Real-Time Innovations）提供的 Connext，2020 年开始，新增了对 Cyclone DDS 的支持。其中，Connext 是商用付费方案，使用需要向 RTI 公司获取许可，而 FastDDS 与 Cyclone DDS 是开源且免费的方案。

9. 安全相关组件

安全通信是 ROS 2 引入的新特性之一，也是 DDS 的一个规范，名为 DDS-Security，其定义了一套服务插件接口（Service Plugin Interfaces，SPI），这套 SPI 包含五个接口：身份验证、访问控制、加密、日志记录和数据标记。可以阅读"ROS 2 DDS-Security Integration"设计文档做进一步了解。

sros 为 DDS-Security 提供了一系列功能，包括身份和权限 CA（Certification Authority）的创建、安全相关文件（如证书和密钥等）的创建，以及发现 ROS 系统中所需权限和控制权限等。

▶▶ 1.2.2　机器人基础应用组件

基础应用组件除了包含核心组件外，还包含机器人学的常用组件，如参考系变换的功能包 geometry2、rosbag2 和 urdf 等。这些软件并不提供 ROS 2 的基础功能，而是和其他功能包一样，提供的是一些机器人通用，但不一定每一个机器人都会用得上的特定功能。这些组件并不会影响 ROS 2 本身的基础功能运作，只作为扩展功能为用户呈现。

在 Ubuntu 中，通过 apt 安装 ros_base（ros_base 中的内容见代码 1-8）版本的方法如代码 1-9 所示。

代码 1-8　ros_base 中的内容

```
- ros_base:
    extends: [ros_core]
    packages: [geometry2, kdl_parser, robot_state_publisher,
               rosbag2, urdf]
```

代码 1-9　安装 Rolling 版本的 ros_base

```
$ sudo apt install ros-rolling-ros-base
```

geometry2 是 geometry 的升级版本，在 ROS 的架构中便有引入。ROS 2 在其基础之上进行了重构，其中包含了一系列以 tf2 开头的功能包。geometry2 是一个用于跟踪机器人各个位置参考系的功能包。当然，坐标关系也可写入 URDF（Unified Robot Discription Format）文件中，ROS 2 和 ROS 相同，通过 urdf 功能包提供解析和编写 URDF 文件的能力。除了参考系外，URDF 还可以提供运动学和动力学的描述，KDL（Kinematics and Dynamics Library）便是运动学和动力学库的缩写，kdl_ parser 是提供 ROS 2 解析 KDL 文件的功能包，该功能也包含在机器人基础应用组件的范围内。功能包 robot_state_publisher 便是一个借助 URDF 和 geometry2 对机器人的各个位置状态进行融合、估计和更新的工具。有关坐标关系功能的使用会在 5.3 节中详细讲解。

专题 1-6   URDF 文件

URDF 为统一机器人描述格式。URDF 使用 XML 格式进行描述，可以描述机器人、传感器、连杆、关节和执行器等的基本信息，运动学和动力学参数。URDF 从问世起便被广泛应用于学术界和工业界。

专题 1-7   KDL 与 KDL parser

KDL 为运动学与动力学库。在机器人学中，一个机器人的运动学和动力学计算是十分关键的一环，良好的模型可帮助工程人员更好地完成控制算法的设计与实现，在实际的工程中，工程师们并不一定会将控制算法完全从头实现，而是会借助一些现有的算法库提高工程效率，快速完成算法和工程验证。KDL 便是这类库之一，KDL 由 The Orocos Project 维护，Orocos 是 Open Robot Control Software 的缩写。

KDL 中提供了一系列基础工具帮助完成运动学和动力学的基础计算，但与 ROS 中的机器人构型描述不同，KDL 库中使用了一种被称为 KDL 树的数据结构描述的机器人的构型，包括其各类参数。kdl_parser 便是将 ROS 中的 URDF 文件（XML 文件）转化为 KDL 可处理的数据结构，便于使用 KDL 完成计算。由于 KDL 提供了两种库，分别面向 C/C++和 Python 两类语言，所以 kdl_parser 也分别面向了 C/C++和 Python 进行实现。

---

rosbag2 是 ROS 的 rosbag 升级版，该功能基于 SQLite 提供了一套完整的持久数据记录能力。并具备了更加优良的特性，如精准的消息确定性、消息重定义的适应性、文件大小的扩展性、随机访问、定制范围访问和可变块大小，并且保证了向 ROS 的 rosbag 兼容。该功能在 6.2 节中有详细讲解。

▶▶ 1.2.3 可视化组件、示例组件和扩展组件

在许多通用的 ROS 学习资料中，通常会建议初学者直接安装 ros_desktop 版本，如对于 Rolling 版本的 ROS 2，其在 Ubuntu 环境下的安装指令应该如代码 1-10 所示。当然，如果安装其他版本，可如法炮制，将"rolling"关键字替换为其他版本。Desktop 版本的 ROS 包含了 ros_core 和 ros_base 两个组件包含的所有功能包，并且在其基础之上新增了可视化组件、示例组件和一系列扩展组件，如代码 1-11 所示。在实际的机器人中，由于空间和资源有限，这些功能包并不被推荐安装和部署。如果对于某个功能包有特别需求，可单独进行安装。

代码 1-10　安装 Rolling 版本的 ros_desktop

```
$ sudo apt install ros-rolling-desktop
```

代码 1-11　ros_desktop 中的内容

```
- desktop:
    extends: [ros_base]
    packages: [action_tutorials_cpp, action_tutorials_interfaces,
               action_tutorials_py, angles, composition,
               demo_nodes_cpp, demo_nodes_cpp_native,
               demo_nodes_py, depthimage_to_laserscan,
               dummy_map_server, dummy_robot_bringup,
               dummy_sensors,
               examples_rclcpp_minimal_action_client,
               examples_rclcpp_minimal_action_server,
               examples_rclcpp_minimal_client,
               examples_rclcpp_minimal_composition,
               examples_rclcpp_minimal_publisher,
               examples_rclcpp_minimal_service,
               examples_rclcpp_minimal_subscriber,
               examples_rclcpp_minimal_timer,
               examples_rclcpp_multithreaded_executor,
               examples_rclpy_executors,
               examples_rclpy_minimal_action_client,
               examples_rclpy_minimal_action_server,
               examples_rclpy_minimal_client,
               examples_rclpy_minimal_publisher,
               examples_rclpy_minimal_service,
               examples_rclpy_minimal_subscriber, image_tools,
               intra_process_demo, joy, lifecycle, logging_demo,
               pcl_conversions, pendulum_control, pendulum_msgs,
               quality_of_service_demo_cpp,
               quality_of_service_demo_py, rqt_common_plugins,
               rviz2, rviz_default_plugins, teleop_twist_joy,
               teleop_twist_keyboard, tlsf, tlsf_cpp,
               topic_monitor, turtlesim]
```

从命名上看，绝大部分的示例组件都以类似"demo"和"examples"的关键词开头，而这些功能包也恰恰都维护在相似名称的仓库中，比如"demo"相关的所有功能包都维护在 ros2/demos 中，"examples"相关的所有功能包都维护在 ros2/examples 中。这些功能包由于各自展示了某一个 ROS 2 的特性，所以均可作为独立的功能进行安装和运行。由于这些功能包的名称并没有经过统一规范化，所以有一些功能包从名字上观察并不能直接判定其仅仅是一个示例项目。例如，"lifecycle"是一个演示生命周期节点功能的示例程序，而与生命周期节点本身的实现并无关系，有关生命周期节点的内容会在 2.3.3 节中详细讲解；"pendulum"开头的两个功能包是演示 ROS 2 实时控制功能的示例；"pendulum"是倒立摆（倒立摆是一种经典的控制模型）的英文翻译，可被用于验证控制的带宽性能和实时性能。二者中以"msgs"结尾的是定义倒立摆接口的功能包，以"control"结尾的是实际的控制代码，其中使用了名为"TLSF"的库作为提高实时性能的内存分配器，为节点资源分配内存，进而提高整个程序的响应效率，有关消息的内存分配选项会在 4.1.4 节和 4.1.6 节中介绍。

ROS 2 的可视化组件，从命名和图形化界面设计上看，和 ROS 相同。在 ROS 2 中，其包含的可视化调试组件主要分为 RQt 和 RViz。RQt 是基于 Qt 框架设计的一系列工具，是 ROS Qt 的缩写，如 rqt_graph、rqt_plot、rqt_action 和 rqt_topic 等，这些工具可以直接查阅系统中正在工作的 ROS 2 状态和节点间的关系，能够较为简单和直接地给出目前工作环境的基本信息；RViz 则是 ROS Visualization 的缩写，是一个非常完善的调试和仿真工具，可以实时查阅任意主题、请求服务和动作（需要插件支持），也可以将其内容绘制在图形用户界面上，机器人的参考系和坐标关系也会在界面上做实时更新，RViz 广泛应用于移动机器人的定位和导航领域，也广泛应用于机械臂的操纵，是一个非常好的调试和仿真工具。

其他扩展类的组件，由于没有办法对其作详细的分类，并且对于桌面环境使用 ROS 2 十分重要，所以才被包含在 ros_desktop 中。例如，支持键盘和手柄遥操作的"teleop"组件、支持实时性功能的"tlsf"组件等。

实际上，前面介绍的三大类组件均包含在 ros2/ros2 的"ros2.repos"文件中，读者可再次访问该文件，并尝试顺藤摸瓜，基于 REP 2001 中的内容、本节的内容和该文件的内容共同分析和分类，将不同功能包及其归属的仓库项目筛选出，并依次访问其仓库页面，了解其组成结构。因为功能包并不等价于.repos 文件中的项目名称，许多功能包仅仅是仓库项目中包含的诸多功能包之一，所以从了解组件结构到解构每个仓库项目，也需要花一些工夫。

除了上述的内容外，不同的组织（如 ros-planning、ros-perception 和 ros-controls 等）还实现了诸多特定功能的组件（如导航包 nav2、控制包 ros2-controllers）等。这些与前文提到的 rclc 属于相同级别，即 Quality Level2，在 REP 2004："Package Quality Categories"中对各个功能包的层级有着严格的划分。Quality Level 2 的要求是，具备通用的功能但只会部署到某些特定的产品上（如只有移动机器人才需要导航功能）或未来会成为 Level 1 的功能包（如 rclc，作为 C 语言实现的 RCL 层中间件）。这些扩展功能包相比于前面讲的组件并没有那么重要，也不被包含在任何一种组合包（core、base 和 desktop）中，只有在特定场景中才会进行安装和部署。并且，很多功能包从设计上是面向学术研究和教学的，倾向于兼容性和模块化，从产品应用的角度上来未必合适，所以如果读者想将某些扩展功能包落地于实际的产品，应将其进行修改和优化后再做考虑。

安装和部署
ROS 2

1.3 ROS 2 的构建体系

无论是基于 ROS 2 本身的功能包，还是基于 ROS 2 开发的其他功能包，所有组件的构建方式都是完全统一的，这一方面保证了框架体系的一致性，又便于了解和维护，另一方面也提供了合适粒度的模块化拆分，有助于多人甚至多组织协作开发。构建流程中会使用到 vcstool 和 colcon 两个脚本工具，这两个工具会调用系统中的一系列指令完成构建工作，如 git、cmake、gcc、clang、flake8 和 pep257 等。

▶▶ 1.3.1 vcstool 的使用

确切地讲，vcstool 并不属于 ROS 2 构建体系的一环，只是在构建过程中借助 vcstool 完成了一部分路径的建立和功能包的下载，这个过程通过 repotool 等工具也可以完成。vcstool 与 vcstools 是两个不同的工具，前者作为新的工具替代了后者的功能，ROS 和 ROS 2 均可以使用该工具进行便利的多项目仓库管理。目前 vcstools 已经被归档，不再作为独立功能包发布新版本供用户使用。

vcstool 提供了下载、上传、导出、检查合法性和状态查看等各种功能，并均通过指令 vcs 实现。vcs 是 Version Control System 的首字母组合。vcstool 同时支持了 Git 和 SVN 两种版本管理软件的工具，可以通过修改 repos 来定义仓库使用的管理类型。当然，使用 vcstool 的前提是设备中已经安装了对 Git 和 SVN 支持的基础工具。vcstool 提供了 branch、custom、diff、export、import、log、pull、push、remotes、status 和 validate 等一系列指令。

repos 文件的格式与 YAML 文件格式一致，不过会有一些特别的约束字符，如代码 1-12 所示。如 repositories 是所有 repos 文件默认的开头，其中的每一个需要下载的仓库都具备四项内容：本地保存的目标路径、仓库版本管理软件类型、下载地址和版本号。目标路径指的是保存在 "<" 方向的文件夹中的子文件夹路径，vcstool 支持若干种版本管理软件，如 Git、Mercurial、Subversion 和 Bazaar 等，下载地址一般是以 https 或 ssh 开头的下载 URL，而版本号可以是 branch、tag 或 commit id。代码 1-12 给出了 repos 文件的示例，该文件是 ament 相关仓库的 repos 文件内容。

代码 1-12　ament 相关仓库的 repos

```
repositories:
  ament/ament_cmake:
    type: git
    url: https://github.com/ament/ament_cmake.git
    version: rolling
  ament/ament_index:
    type: git
    url: https://github.com/ament/ament_index.git
    version: rolling
  ament/ament_lint:
    type: git
    url: https://github.com/ament/ament_lint.git
    version: rolling
  ament/ament_package:
    type: git
    url: https://github.com/ament/ament_package.git
    version: rolling
  ament/google_benchmark_vendor:
    type: git
    url: https://github.com/ament/google_benchmark_vendor.git
    version: rolling
  ament/googletest:
    type: git
```

```
 url: https://github.com/ament/googletest.git
 version: rolling
ament/uncrustify_vendor:
 type: git
 url: https://github.com/ament/uncrustify_vendor.git
 version: rolling
```

import 指令通常用于首次下载，它可以完成子路径的建立和下载两个步骤，前提是需要具备足够的空间、目录的写入权限和描述仓库与路径关系的文件。脚本提供了一个例子，其中 "<" 表示了数据流的方向，因为是通过 repos 文件导入到目录中，所以是由文件指向目录。代码 1-13 中演示了如何下载 Rolling 版本的 ROS 2 代码。

下载的过程中，在命令行上会有 "."和 "E" 两种提示，前者是下载成功，后者是下载失败。首次下载时，如果持续返回的都是 "E"，则说明网络有问题，可以尝试更换到更好的网络再进行源码下载。

代码 1-13　获取 ROS 2 源码

```
$ wget https://raw.githubusercontent.com/ros2/ros2/rolling/ros2.repos
$ mkdir src
$ vcs import src < ros2.repos
$ vcs pull src < ros2.repos
```

当然，在首次下载前，可以使用 validate 进行检查，目的是查看是否存在当前的仓库和是否符合当前仓库状态。该步骤不会将代码下载到本地，只会进行检查。所以，在 ros2/ros2 项目的 CI 中，即在该项目.github 路径下 workflows 的 pr.yaml 文件中，最后一行便是检查每一个改动是否合规，以保证每个改动的正确性。在下载后，可以通过 status 查看当前文件夹内的所有仓库的版本状态，如代码 1-14 所示。

代码 1-14　validate 和 status

```
$ vcs validate --input ros2.repos
$ vcs status src
```

在首次下载后，如果想后续进行更新，可以使用 pull 进行，使用方式与 import 相似，仅需替换 import 为 pull 即可。如果设备中的账户具备提交代码的权限，也可以使用 push 进行操作，使用方法很简单，直接输入 "vcs push" 即可。

export 指令是为了导出 repos 文件设计的，且可以根据命令行参数控制导出时 version（版本号）的内容，默认是分支名，加上 "--exact" 代表导出特定的 commit id，加上 "--exact-with-tags" 代表导出 tag 或 commit id（如果没有 tag 的话），如代码 1-15 所示。

代码 1-15　export

```
$ vcs export src > ros2_export.repos
$ vcs export --exact src > ros2_export_exact.repos
$ vcs export --exact-with-tags src > ros_export_tag_exact.repos
```

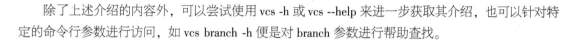

除了上述介绍的内容外，可以尝试使用 vcs -h 或 vcs --help 来进一步获取其介绍，也可以针对特定的命令行参数进行访问，如 vcs branch -h 便是对 branch 参数进行帮助查找。

▶▶ 1.3.2　colcon 工具链的简介

colcon 是 ROS 2 框架中新引入的构建管理工具，从效率上讲并不算高（相比 ninja 和 bazel 等），但从易用性考虑还是十分值得使用的。相比 bazel，colcon 的模块化做得更好，每个单独用 package.xml 描述的文件夹都是一个独立的项目。所有的编译前的预处理信息都是由该 XML 文件提供的。

1. package.xml 的文件配置

package.xml 是一个功能包的核心文件，这个文件包含了功能包的所有基础信息，包括描述规范、名称、版本、维护者、协议、构建方法和测试方法等。读者可以尝试直接生成一个功能包，以查看其详细内容，如代码 1-16 所示。

代码 1-16　创建名为 check_xml 的功能包

```
$ ros2 pkg create --build-type ament_cmake check_xml
---
going to create a new package
package name: check_xml
destination directory: /home/homalozoa/test/pkg_test
package format: 3
version: 0.0.0
description: TODO: Package description
maintainer: ['homalozoa <nx.tardis@gmail.com>']
licenses: ['TODO: License declaration']
build type: ament_cmake dependencies: []
creating folder ./check_xml
creating ./check_xml/package.xml
creating source and include folder
creating folder ./check_xml/src
creating folder ./check_xml/include/check_xml
creating ./check_xml/CMakeLists.txt
---
```

ros2 pkg 是一个创建功能包的通用命令，该功能来自于 ros2/ros2cli 仓库的 ros2pkg 功能包，在使用前需要确保 ROS 2 的运行环境已经配置完毕，如 1.1.4 小节中所描述的那样。在 2.1 节中会着重讲解 ros2 pkg 的用法。

在执行代码 1-16 中的脚本后，可以看到其生成的文件和目录情况，以及功能包的基本生成信息。代码块中是笔者的环境生成的基本信息，读者可以参考。生成后的 package.xml 文件如代码 1-17 所示。

代码 1-17　package.xml 基本信息

```
<?xml version="1.0"? >
<?xml-model href=" http://download. ros. org/schema/package _ format3. xsd" schematypens =
"http://www.w3.org/2001/XMLSchema"? >
```

```xml
<package format="3">
  <name>check_xml</name>
  <version>0.0.0</version>
  <description>TODO: Package description</description>
  <maintainer email="nx.tardis@gmail.com">homalozoa</maintainer>
  <license>TODO: License declaration</license>

  <buildtool_depend>ament_cmake</buildtool_depend>
  <test_depend>ament_lint_auto</test_depend>
  <test_depend>ament_lint_common</test_depend>
  <export>
    <build_type>ament_cmake</build_type>
  </export>
</package>
```

首先，在 package.xml 中描述了其使用的 XML 版本格式和 XML 描述文件。XML 从 1998 年发明至今已经具备多个版本，如 1.0、1.1 和 2.0 等，这里使用的是 1.0 版本。而 XML 描述文件指的是 XML Schema，即 XSD 文件，ROS 组织为 ROS 相关的功能包设计了一整套描述规范，从 1.0、2.0 到今天的 3.0，ROS 2 使用的规范是 3.0 版本的。从描述的 URL 中的 package_format3.xsd 中可以找到 package.xml 中每一条内容的规范，在自动化测试中便会根据该规范进行 XML 的内容审查。

接下来的一段描述基本信息的内容十分清晰：名称（name）、版本（version）、描述（description）、维护者（maintainer）和协议（license）。这些基本信息是必选项，缺少任意一项，在自动化测试中的 XML Lint 过程中都会报错。

有关依赖的约定会附有 "_depend" 扩展名，如构建依赖是 build_depend，构建工具依赖是 buildtool_depend，测试依赖是 test_depend，运行依赖则是 exec_depend，此外还有很多其他的依赖关系描述，详细内容可以参考 REP 140："Package Manifest Format Two Specification" 进行深入了解。

快速查阅所有项目间依赖关系的方法是通过 colcon 工具生成可视化的文档，继代码 1-13 获取后的代码，使用代码 1-18 可以生成 ament 工具链之间的依赖关系。不同颜色的箭头代表着不同的依赖，如#d2b48c（十六进制颜色代码）的颜色代表着测试依赖，读者可以用 VS Code 打开 ament_depends.dot 进行深入了解。

代码 1-18　ament 工具链的依赖关系

```
$ mkdir ament_graph
$ cp -r src/ament ament_graph
$ cd ament_graph
$ colcon graph --dot > ament_depends.dot
$ dot -Tpdf ament_depends.dot > graph.pdf
```

最后，在 export 项目中会定义构建类型，现阶段 colcon 支持的构建方式有 cmake、ament_cmake 和 ament_python 三种形式，cmake 是不使用任何 ROS 相关依赖的构建方式，如许多支持 ROS 或 ROS 2 的第三方库便是这种构建方式，ament 开头的分别是支持 C/C++和 Python 项目，使用这两种构建方式可以更加简单和高效地获取 ROS 相关的基础功能库，也可以使用所有通过 ament 工具链定义的功能。

在构建的过程中，colcon 会根据依赖关系按顺序对功能包进行编译和安装，由于所有的依赖关系都是从环境变量或是本地路径进行查找和访问的，所以构建需要满足功能包是唯一的条件，不允许路径中出现两个同名的功能包。另外，在构建的过程中，如果没有找到相应的功能包，colcon 并不会报错，而是会直接进行构建，这与 CMake 中的 find_package 的 REQUIRE 机制会有区别，需要区分对待。

2. colcon 的简介

colcon 是抽象于 ament 之上的，ament 工具链是专门服务于 ROS 2 相关功能包的，而 colcon 则可以服务于任意 C/C++和 Python 功能包，甚至 Java、Rust 和 Go 等任意编程语言项目。在 GitHub 的 colcon 组织维护着很多 colcon 相关的项目，分为核心项目（core）和扩展项目（extension），如 colcon-core 是 colcon 的核心项目，colcon-gradle 是支持 Java Gradle 项目的扩展项目。colcon 的工具链支持了 build、edit、graph、info 和 test 等接近 10 个命令参数，有着丰富的功能。

colcon 本身也是一个模块化极高的工具链，所有 colcon 的命令行参数都由相应的安装包提供，如 build 功能由 "colcon-core" 提供，edit 功能由 "colcon-ed" 提供，如果没有安装相应的功能包，则该功能不存在也不可用。所以，在尝试命令前，可以输入 "colcon -h" 查看是否支持需要的功能。

colcon 默认会跳过含有名为 "COLCON_IGNORE" 文件的目录，所以如果发现 colcon 指令运行不如预期，可以查看目录中是否含有该文件，如果希望 colcon 自动跳过操作某些目录，也可也通过 "touch" 指令添加该文件。

▶▶ 1.3.3　colcon 的构建、 测试和查阅

colcon 工具链包含了若干种不同的指令，其中查阅、构建和测试是最基本的功能，也是最常用的功能。

1. 查阅

colcon info 是一个查看功能包基本信息的指令，它来自于 "colcon-package-infomation" 扩展包。它可以列举出当前目录下的每一个功能包的基本信息，以及该功能包的有关依赖，也可以列举出特地的功能包。通过代码 1-19 中的脚本可以分别查看每个功能包、单一功能包、特定路径的单功能包和直到某个功能包四种写法的结果。

代码 1-19　colcon info 的使用

```
$ colcon info
$ concon info ament_cmake
$ colcon info --paths src/ros2/rcl/rcl_lifecycle
$ colcon info --base-paths src/ros2/rcl
$ colcon info --packages-up-to geometry2
```

其中，前两者是 colcon info 功能支持的。"--path"和"--base-path"是由 Discovery arguements（发现参数）功能所支持的，Discovery arguements 可以用于大部分指令中（如 build、test、list 和 graph 等），可以帮助指令快速找到哪些位置是否包含确定的功能包。如果输入多个参数，则最后的结果取并集。其支持的功能也不完全是同一个扩展包所提供，而是通过多个核心包和扩展包共同完成功能的扩建，如"--path"由"colcon-core"提供，"--base-paths"由"colcon-recursive-crawl"提供。

相似的，"--packages-up-to"参数是由 Package selection arguments（包选择参数）功能提供的，该功能可以帮助指令快速查找包和包集合，并且支持多个参数。如果输入多个参数，则最后的结果取并集。该参数是根据包之间依赖的拓扑关系，按顺序处理每个包。

无论是 Discovery 参数还是 Package selection 参数，都可以用于 colcon 的各类指令中，并非 info 独有。

colcon list 是由"colcon-package-information"提供的枚举功能包的指令，和 info 相似，它可以通过 Dicovery 和 Package selection 参数来增加约束，如代码 1-20 所示。其中，"-n"是"--names-only"的缩写，表示只显示包名；"-t"则是"--topological-order"的缩写，表示按照拓扑关系，以广度优先的方式显示。

代码 1-20　colcon list 的使用

```
$ colcon list
$ colcon list -n --base-paths src/ros2/rcl
$ colcon list -t --base-paths src/ros2/rcl
```

和 list 功能一样，colcon graph 的功能也由"colcon-package-information"提供，如代码 1-21 所示。graph 的功能是为功能包之间的依赖关系提供一个可视化的表示。参数"--density"提供了图的密度的计算结果；"--legend"提供了图的说明；"--dot"会提供 dot 格式的输出结果，这在代码 1-18 中已经体现过。

代码 1-21　colcon graph 的使用

```
$ colcon graph
$ colcon graph --density --base-paths src/ament
$ colcon graph --lengend --density --base-paths src/ament
$ colcon graph --dot --base-paths src/ament
```

除了上述的几个指令外，还有 edit、metadata 和 mixin 等各类指令等，在 colcon 工具链的文档网站中，对这些功能有着详细的介绍，读者可以参看文档进行深度了解。也建议读者多尝试这些命令，以加深对 colcon 工具的理解和熟练程度。也可以阅读 1.3.3 小节学习基本的常用功能。网址是 colcon.readthedocs.io。

2. 构建

colcon 最常用的两个方法是构建（build）和测试（test）。

colcon build 会通过目录下每一个功能包中的 package.xml 所共同描述的依赖拓扑关系，依次完成构建。但是该流程并不是强制性的，如 1.3.2 小节中所述，如果依赖拓扑关系中存在环境中并没有的依赖项目，不会强制终止，也不会输出错误或警告，会继续编译构建。

colcon build 的方式可以分为 symlink 和 merge 两种构建，前者会将每个功能包独立安装在不同路径，后者会将所有功能包的同类型文件放在一起。需要注意的是，colcon build 默认使用的是 "--symlink-install" 的参数，并且二者不可以混合使用。可以注意到，在代码 1-22 中每行指令执行后都需要清除生成的文件以确保下一句能够运行。另外，在构建过程中，通过 "--install-base" 指令可以直接指定安装的路径，十分便于部署。

构建指令所支持的参数要比其他参数多得多，如 "--parallel" 表示最高可并行构架多少个功能包，"--event-handlers" 表示事件处理的方式，"console_cohesion" 代表完成后输出到终端，"+" 代表启用，"-" 代表不启用，默认是不启用的。

除此之外，colcon build 的参数中也支持输入 CMake 的参数，如通过 "--cmake-args" 输入 CMake 的 "-D" 参数，可以灵活地配置 CMakelists.txt 中约束的各种选项。

代码 1-22 colcon build 的使用

```
$ colcon build
$ rm -rf build log install
$ colcon build --merge-install --packages-up-to ament_cmake
$ rm -rf build log install
$ colcon build --parallel 20 --event-handlers console_cohesion+
$ rm -rf build log install
$ colcon build --symlink-install --install-base fakebase --packeges-up-to ament_cmake
```

3. 测试

colcon test 是与 colcon build 相辅相成的指令，而且 test 必须在 build 之后运行。所以测试的指令参数中，安装方式应与构建的一致，否则将无法测试成功（即 symlink 或 merge 必须保持一致）。

和构建指令一样，在测试指令中可以输入参数控制终端输出的内容，如 "--return-code-on-test-failure" 便是约定在失败时输出非 0 结果，以确保 CI 检查器可以捕捉到失败结果，如代码 1-23 所示。

代码 1-23 colcon test 的使用

```
$ colcon build --merge-install --packages-up-to rcl_lifecycle
$ colcon test --merge-install --packeges-up-to rcl_lifecycle
$ colcon test --merge-install --packeges-up-to rcl_lifecycle --return-code-on-test-failure
```

此外，还可以通过 "--ctest-args" 和 "--pytest-args" 来控制 CMake 和 Python 的测试参数。

1.4 实战：定制特定功能的 ROS 2 软件堆栈

许多应用中并不需要将完整的 ROS 2 功能部署到目标设备上，只需要按照功能需求对模块进行选择即可。根据 REP 2004，ROS 2 的功能包主要按照包的质量分为 5 个等级，从要求严格的等级 1

到要求宽松的等级 5。质量等级管理条例包含了版本的策略要求、包开发的流程控制、文档的要求、测试的要求、依赖的要求、平台支持的要求和安全的要求等，对于不同等级有不同要求。质量最高的等级 1 功能包，可以满足于实际产品系统中的使用需求，如 rclcpp、urdf 和 tf2 等；质量等级 2 的功能包仅次于等级 1，它们一般是面向某些特别或特定的功能，如 Nav2 和 rosbag2 等；等级 3 的功能包是一些工具类的功能包，如 ros2cli、rviz 和 rqt 等；等级 4 是一些示例、教程和实验性的功能包，如 demo_nodes_cpp 和 lifecycle 等；等级 5 的功能包则是默认的功能包，对其要求仅有一条，即必须声明所使用的协议。更详细的内容读者可参考 REP 2004 的文档进行了解。

如本章所介绍的，并不是所有的 ROS 2 功能包都会在 ros2/ros2 中维护，也并不是所有在 ros2/ros2 中维护的功能包都能在 Ubuntu 的源中找到可安装的二进制包。在 ros2/ros2 中维护的是 ROS 2 的桌面版本包含的所有功能包信息，即对应 1.2.3 小节介绍的安装指令所安装的内容，这与质量等级没有绝对的关联性。也就是说，并不是所有质量等级高的都会被列入 ros2/ros2 中，也并不是质量等级低的功能包就没有资格被列入 ros2/ros2 中。简单说就是 ros2/ros2 中维护的是一个可以完整运行 ROS 2 基本功能的集合，它可以帮助所有人快速使用到 ROS 2 的所有基础功能。其中包括了基本的功能包建设、通信、可视化工具、调试工具和扩展接口等。涉及特定领域的功能包，都不会被默认包含在内，如导航框架 Nav2（又名 Navigation2）、机械臂框架 MoveIt2 等，以及任何有关特定公司产品的功能包，如激光雷达 Ouster 公司提供的 ros2_ouster_drivers、Velodyne 公司提供的驱动项目 velodyne 等。这些不被包含在 ros2/ros2 中的功能包，有一部分会被维护成独立的安装包，并被定时更新和发布。在 ros/rosdistro 中维护着完整的目录结构和描述文件，目录结构用于区分不同的发行版本，描述文件用于存放不同功能包的地址、功能包名称、版本号和这些功能包会发行的平台。ros/rosdistro 是面向 ROS 和 ROS 2 的项目，它维护了所有 ROS 和 ROS 2 的发行版本中通过不同平台发行二进制包的列表。在其根目录有着非常清晰的结构，即每个 ROS 和 ROS 2 的发行版都可在其中找到确定的文件夹，并在文件夹中找到名为"distribution"的 YAML 文件，如代码 1-24 所示。ros/rosdistro 中的规范约定在 REP 143 中，感兴趣的读者可以阅读该文章。

代码 1-24　ros/rosdistro 的目录结构

```
$ git clone https://github.com/ros/rosdistro.git
---
Cloning into 'rosdistro'...
remote: Enumerating objects: 170864, done.
remote: Total 170864 (delta 0), reused 0 (delta 0), pack-reused 170864
Receiving objects: 100% (170864/170864), 105.98 MiB |2.88 MiB/s, done.
Resolving deltas: 100% (102381/102381), done.
---
$ ls rosdistro/
---
CONTRIBUTING.md ardent doc       groovy              indigo   melodic         rolling scripts
LICENSE         bouncy eloquent  hydro               jade     migration-tools ros.asc test
README.md       crystal foxy     index-v4.yaml kineticnoetic   ros.key
REVIEW_GUIDELINES.md dashing galactic index.yaml lunar releases rosdep
```

```
---
$ ls rosdistro/foxy
---
distribution.yaml
---
```

所以说，如果有开发者希望将新的功能包加入到 ROS 2 的二进制发行过程中，可以在这个项目提 PR，以确保下一次 ROS 2 发布时，会同时将该功能包列入源中。一般在每个更新发布时，都会有新增的功能包，在 ROS Discourse 网站上，有个名为 "Packaging and Release Management" 的版块，在该版块内有面向每个新版本发行（包括新的发行版发行和已发行的发行版更新）的完整公告流程：如以 "Preparing for" 开头的帖子会确定将在哪一天暂停 ros/rosdistro 的 PR，以确定新版本功能包的确切数量和确切版本；以 "New packages for" 开头的帖子公告该版本中新增的功能包。读者可直接访问 ROS Discourse 了解具体细节。

除了二进制发行外，本章还介绍了源码发行，有一些 ROS 2 的第三方开发者并没有选择将其功能包递交到 ros/rosdistro 中，所以其功能包只能通过源码发行。任何人想使用该类型的功能包，都只能通过源码构建并安装才能使用。和未集成到 ros/rosdistro 中的功能包使用方式一样，如果需要在非二进制支持的平台中使用 ROS 2 相关的功能包，也只能通过源码构建并安装才能够使用。

回到本节的标题，所谓软件堆栈，是一个直译名，堆栈是计算机中的一个数据结构定义，实际的含义就是不同层级的软件集合，定制特定功能的 ROS 2 软件堆栈为的是面向某一特定功能对 ROS 2 的功能包进行适当地组合或裁剪，如果选定的功能实现在 ros2/ros2 的列表中，则直接裁剪其中的 "ros2.repos" 即可，如果选定的功能在其他地址或其他仓库，则需要新建一个 .repos 文件，并在其中维护一个新的功能包列表。一个特定的功能可以是运行某个指令，如运行 ros2doctor，也可以是运行某个特别的功能，如运行 tf2。

下面以构建一个仅能支持运行 ros2doctor 的例子来说明如何定制特定功能的 ROS 2 软件堆栈。ROS 2 默认的最小软件堆栈 ros_core 实际上包括了 ROS 2 的构建工具软件和运行软件，所谓构建工具软件，是指一系列以 ament 开头的功能包，在 1.2 节中已经对其进行了介绍。构建工具软件的作用在于帮助开发者在构建过程中快速和方便地调用特定的工具，以确保开发者不会浪费过多的时间在配置环境、配置工具和配置功能包间依赖关系上，而只需关注构建和开发本身。

ros2doctor 来自于 ros2/ros2cli 项目，该项目维护了大部分 ROS 2 常用的命令行功能包，包括 ros2pkg、ros2node、ros2topic 和 ros2action 等，ros2doctor 也是这些功能包之一。构建 ros2doctor 需要许多其他功能包的依赖，这里提到的依赖指的是该功能包本身列出的依赖及其迭代依赖。读者可以下载 ros2/ros2，并且切换到任意分支，通过 colcon graph 查看依赖关系。当然，也可直接通过 colcon build 构建出其最小堆栈。如代码 1-25 所示，需要注意的是，此处不应提前用 source 指令更新任何 ROS 2 的脚本文件。

代码 1-25　构建 ros2doctor

```
$ colcon build --packages-up-to ros2doctor
```

如顺利构建完毕，则可通过"ls"指令查看 install 目录下的内容，如果中途构建失败，可根据本章讲述的方法针对特定问题进行解决。目录内的文件除通用的几个文件外，都是 ros2doctor 直接或间接依赖的功能包的名字，其中不乏包括运行软件和构建工具软件。这里举例使用的是 ros2/ros2 项目的 foxy 分支，在其分支内的 ros2/ros2cli 项目的分支也是 foxy，并截至在其分支的 0.9.11 版本。

测试 ros2doctor 的方法很简单，直接运行该指令即可，如代码 1-26 所示，但是由于其具有一些 bug，它会返回一些错误，如找不到一些 ROS 的环境变量等，这是因为缺少 ros_environment 功能包的支持。

代码 1-26　测试有问题的 ros2doctor

```
$ ros2 doctor
---
/home/homalozoa/ros2/install/ros2doctor/lib/python3.8/site-packages/ros2doctor/api/package.
py: 40: UserWarning:
    ERROR: ROS_DISTRO is not set.
/home/homalozoa/ros2/install/ros2doctor/lib/python3.8/site-packages/ros2doctor/api/package.
py: 150: UserWarning:
    ERROR: distro packages info is not found.
/home/homalozoa/ros2/install/ros2doctor/lib/python3.8/site-packages/ros2doctor/api/platform.
py: 37: UserWarning:
    ERROR: ROS_DISTRO is not set.
/home/homalozoa/ros2/install/ros2doctor/lib/python3.8/site-packages/ros2doctor/api/platform.
py: 69: UserWarning:
    ERROR: Missing rosdistro info.Unable to check platform.

2/4 check(s) failed

Failed modules: platform package
---
```

在 0.9.11 版本中，ros2/ros2cli 的 ros2doctor 功能包的 package.xml 中并不存在生成 ROS 环境变量的功能包 ros_environment，故会报此错误。该问题曾在 #538 提交中修复，但在向后移植（backport）的过程中并未移植该改动，故导致该问题。解决该问题的办法很简单，要么直接运行构建 ros_environment 功能包的脚本（如代码 1-27 所示），要么将该功能包的名称添加至 ros2doctor 的 XML 文件中（如代码 1-28 所示），再重新构建 ros2doctor。当然，最好的办法是提醒该项目的维护人员及时修复该问题，毕竟 Foxy 版本的维护周期还会持续一段时间（Foxy 版本的 ROS 2 会维护至 2023 年）。

代码 1-27　直接构建 ros_environment

```
$ colcon build --packages-up-to ros_environment
```

代码 1-28　添加至 ros2doctor 的 package.xml

```
<exec_depend>ros_environment</exec_depend>
```

如果一切顺利，那么运行 ros2doctor 输出报告的结果应如代码 1-29 所示。这里给的例子使用的操作系统是 WSL 2 的 Ubuntu 20.04，所以内核平台会有 "WSL2" 字样。ros2doctor 输出的内容因人而异，如果不同，读者也不必诧异。

代码 1-29　输出 ros2doctor 的报告

```
$ ros2 doctor
---
All 4 checks passed
---
$ ros2 doctor --report
---
  NETWORK CONFIGURATION
ether           : 3e:cc:52:be:c9:df
device          : bond0
flags           : 5122<BROADCAST,MASTER,MULTICAST>
mtu             : 1500
ether           : 46:59:a0:be:fd:8d
device          : dummy0
flags           : 130<BROADCAST,NOARP>
mtu             : 1500
inet            : 172.21.145.127
inet4           : ['172.21.145.127']
ether           : 00:15:5d:1e:38: f3
inet6           : [' fe80::215:5dff:fe1e:38f 3']
netmask         : 255.255.240.0
device          : eth0
flags           : 4163<UP,BROADCAST,RUNNING,MULTICAST>
mtu             : 1500 broadcast: 172.21.159.255
inet            : 127.0.0.1 inet4: ['127.0.0.1']
inet6           : ['::1'] netmask: 255.0.0.0 device: lo
flags           : 73<UP,LOOPBACK,RUNNING>
mtu             : 65536
device          : sit 0
flags           : 128<NOARP>
mtu             : 1480 device: tunl0
flags           : 128<NOARP>
mtu             : 1480
  PACKAGE VERSIONS
ros_environment                     : required=2.5.0, local=2.5.0
test_msgs                           : required=1.0.0, local=1.0.0
ros_testing                         : required=0.2.1, local=0.2.1
ros2test                            : required=0.2.1, local=0.2.1
ros2doctor                          : required=0.9.11, local=0.9.11
ros2cli                             : required=0.9.11, local=0.9.11
launch_testing_ros                  : required=0.11.6, local=0.11.6
launch_ros                          : required=0.11.6, local=0.11.6
rclpy                               : required=1.0.8, local=1.0.8
```

```
rcl_action                                : required=1.1.13, local=1.1.13
action_msgs                               : required=1.0.0, local=1.0.0
unique_identifier_msgs                    : required=2.1.3, local=2.1.3
ament_lint_common                         : required=0.9.6, local=0.9.6
ament_cmake_uncrustify                    : required=0.9.6, local=0.9.6
ament_uncrustify                          : required=0.9.6, local=0.9.6
uncrustify_vendor                         : required=1.4.0, local=1.4.0
rcl                                       : required=1.1.13, local=1.1.13
tracetools                                : required=1.0.5, local=1.0.5
test_interface_files                      : required=0.8.1, local=0.8.1
std_msgs                                  : required=2.0.5, local=2.0.5
rcl_logging_spdlog                        : required=1.1.0, local=1.1.0
spdlog_vendor                             : required=1.1.3, local=1.1.3
rosgraph_msgs                             : required=1.0.0, local=1.0.0
rmw_implementation                        : required=1.0.3, local=1.0.3
rmw_fastrtps_dynamic_cpp                  : required=1.3.0, local=1.3.0
rmw_fastrtps_cpp                          : required=1.3.0, local=1.3.0
rmw_fastrtps_shared_cpp                   : required=1.3.0, local=1.3.0
rmw_cyclonedds_cpp                        : required=0.7.8, local=0.7.8
rmw_dds_common                            : required=1.0.3, local=1.0.3
composition_interfaces                    : required=1.0.0, local=1.0.0
rcl_interfaces                            : required=1.0.0, local=1.0.0
lifecycle_msgs                            : required=1.0.0, local=1.0.0
builtin_interfaces                        : required=1.0.0, local=1.0.0
rosidl_default_runtime                    : required=1.0.1, local=1.0.1
rosidl_default_generators                 : required=1.0.1, local=1.0.1
rosidl_generator_py                       : required=0.9.5, local=0.9.5
rpyutils                                  : required=0.2.0, local=0.2.0
rosidl_typesupport_cpp                    : required=1.0.2, local=1.0.2
rosidl_typesupport_introspection_cpp      : required=1.2.1, local=1.2.1
rosidl_typesupport_c                      : required=1.0.2, local=1.0.2
rosidl_typesupport_introspection_c        : required=1.2.1, local=1.2.1
rosidl_typesupport_fastrtps_c             : required=1.0.4, local=1.0.4
rosidl_typesupport_fastrtps_cpp           : required=1.0.4, local=1.0.4
rmw_connext_cpp                           : required=1.0.3, local=1.0.3
rosidl_typesupport_connext_c              : required=1.0.3, local=1.0.3
rosidl_typesupport_connext_cpp            : required=1.0.3, local=1.0.3
rmw                                       : required=1.0.3, local=1.0.3
rosidl_runtime_c                          : required=1.2.1, local=1.2.1
rosidl_generator_cpp                      : required=1.2.1, local=1.2.1
rosidl_generator_c                        : required=1.2.1, local=1.2.1
rosidl_typesupport_interface              : required=1.2.1, local=1.2.1
rosidl_runtime_cpp                        : required=1.2.1, local=1.2.1
rosidl_generator_dds_idl                  : required=0.7.1, local=0.7.1
rosidl_cmake                              : required=1.2.1, local=1.2.1
rosidl_parser                             : required=1.2.1, local=1.2.1
rosidl_adapter                            : required=1.2.1, local=1.2.1
rmw_implementation_cmake                  : required=1.0.3, local=1.0.3
rmw_connext_shared_cpp                    : required=1.0.3, local=1.0.3
```

```
rcpputils                               : required=1.3.2, local=1.3.2
rcl_logging_noop                        : required=1.1.0, local=1.1.0
rcl_logging_log4cxx                     : required=1.1.0, local=1.1.0
rcutils                                 : required=1.1.3, local=1.1.3
rcl_yaml_param_parser                   : required=1.1.13, local=1.1.13
launch_testing_ament_cmake              : required=0.10.8, local=0.10.8
python_cmake_module                     : required=0.8.1, local=0.8.1
performance_test_fixture                : required=0.0.8, local=0.0.8
launch_testing                          : required=0.10.8, local=0.10.8
launch                                  : required=0.10.8, local=0.10.8
osrf_pycommon                           : required=0.1.11, local=0.1.11
mimick_vendor                           : required=0.2.6, local=0.2.8
libyaml_vendor                          : required=1.0.4, local=1.0.4
ament_cmake_ros                         : required=0.9.2, local=0.9.2
ament_cmake_gmock                       : required=0.9.9, local=0.9.9
ament_cmake_gtest                       : required=0.9.9, local=0.9.9
ament_cmake_google_benchmark            : required=0.9.9, local=0.9.9
fastrtps_cmake_module                   : required=1.0.4, local=1.0.4
domain_coordinator                      : required=0.9.2, local=0.9.2
connext_cmake_module                    : required=1.0.3, local=1.0.3
ament_cmake_xmllint                     : required=0.9.6, local=0.9.6
ament_xmllint                           : required=0.9.6, local=0.9.6
ament_cmake_pep257                      : required=0.9.6, local=0.9.6
ament_pep257                            : required=0.9.6, local=0.9.6
ament_lint_auto                         : required=0.9.6, local=0.9.6
ament_cmake                             : required=0.9.9, local=0.9.9
ament_cmake_version                     : required=0.9.9, local=0.9.9
ament_cmake_pytest                      : required=0.9.9, local=0.9.9
ament_cmake_lint_cmake                  : required=0.9.6, local=0.9.6
ament_cmake_flake8                      : required=0.9.6, local=0.9.6
ament_cmake_cpplint                     : required=0.9.6, local=0.9.6
ament_cmake_cppcheck                    : required=0.9.6, local=0.9.6
ament_cmake_copyright                   : required=0.9.6, local=0.9.6
ament_cmake_test                        : required=0.9.9, local=0.9.9
ament_cmake_target_dependencies         : required=0.9.9, local=0.9.9
ament_cmake_python                      : required=0.9.9, local=0.9.9
ament_cmake_export_dependencies         : required=0.9.9, local=0.9.9
ament_cmake_libraries                   : required=0.9.9, local=0.9.9
ament_cmake_include_directories         : required=0.9.9, local=0.9.9
ament_cmake_export_targets              : required=0.9.9, local=0.9.9
ament_cmake_export_link_flags           : required=0.9.9, local=0.9.9
ament_cmake_export_interfaces           : required=0.9.9, local=0.9.9
ament_cmake_export_libraries            : required=0.9.9, local=0.9.9
ament_cmake_export_include_directories  : required=0.9.9, local=0.9.9
ament_cmake_export_definitions          : required=0.9.9, local=0.9.9
ament_cmake_core                        : required=0.9.9, local=0.9.9
ament_package                           : required=0.9.5, local=0.9.5
ament_lint_cmake                        : required=0.9.6, local=0.9.6
ament_flake8                            : required=0.9.6, local=0.9.6
```

```
ament_copyright                          : required=0.9.6, local=0.9.6
ament_lint                               : required=0.9.6, local=0.9.6
ament_index_python                       : required=1.1.0, local=1.1.0
ament_cpplint                            : required=0.9.6, local=0.9.6
ament_cppcheck                           : required=0.9.6, local=0.9.6
  PLATFORM INFORMATION
system          : Linux
platform info   : Linux-5.10.60.1-microsoft-standard-WSL2-x86_64-with-glibc2.29
release         : 5.10.60.1-microsoft-standard-WSL2
processor       : x86_64
  RMW MIDDLEWARE
middleware name: rmw_fastrtps_cpp
  ROS 2 INFORMATION
distribution name   : foxy
distribution type   : ros2
distribution status : active
release platforms   : {'ubuntu': ['focal']}
  TOPIC LIST
topic           : none
publisher count : 0
subscriber count: 0
---
```

使用.repos 可以灵活控制功能包的依赖关系和构建结果，在许多项目中都有它的身影，如著名的 ROS 教学机器人套件 "turtlebot" 的软件中也使用了该方法。在 ROBOTIS-GIT/turtlebot3 中的 ros2 分支，有着两个.repos 文件。其内容如代码 1-30 和代码 1-31 所示。分别用于构建使用和持续集成。用户可以不再担心需要下载多少个 Git 仓库来完成项目的构建，只需下载一个.repos 文件即可维护完整的依赖关系。与此相似的还有很多项目，如 micro-ROS 和 MoveIt2 等，读者可仔细阅读项目目录结构并寻找。

代码 1-30   turtlebot3.repos

```
repositories:
  turtlebot3/turtlebot3:
    type: git
    url: https://github.com/ROBOTIS-GIT/turtlebot3.git
    version: ros2
  turtlebot3/turtlebot3_msgs:
    type: git
    url: https://github.com/ROBOTIS-GIT/turtlebot3_msgs.git
    version: ros2
  turtlebot3/turtlebot3_simulations:
    type: git
    url: https://github.com/ROBOTIS-GIT/turtlebot3_simulations.git
    version: ros2
  utils/DynamixelSDK:
    type: git
```

```
    url: https://github.com/ROBOTIS-GIT/DynamixelSDK.git
    version: ros2
  utils/hls_lfcd_lds_driver:
    type: git
    url: https://github.com/ROBOTIS-GIT/hls_lfcd_lds_driver.git
    version: ros2
```

代码 1-31　turtlebot3_ci. repos

```
repositories:
  turtlebot3/turtlebot3_msgs:
    type: git
    url: https://github.com/ROBOTIS-GIT/turtlebot3_msgs.git
    version: ros2
  utils/DynamixelSDK:
    type: git
    url: https://github.com/ROBOTIS-GIT/DynamixelSDK.git
    version: ros2
  utils/hls_lfcd_lds_driver:
    type: git
    url: https://github.com/ROBOTIS-GIT/hls_lfcd_lds_driver.git
    version: ros2
```

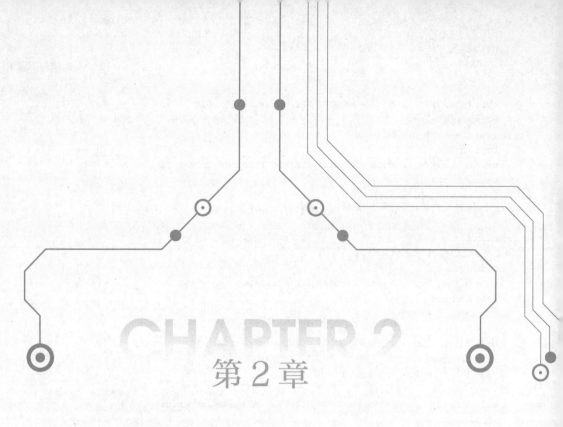

CHAPTER 2
第 2 章

模块化的功能包和节点

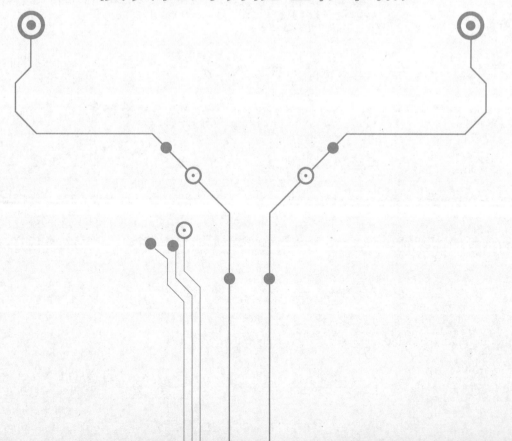

　　ROS 2 是一个基于分布式设计的模块化软件中间件，其各个功能分布在不同的软件包中，并在不同的仓库中独立维护。通过基于 XML 描述文件的说明，各个功能包维护着彼此的依赖关系和对外的依赖关系。每一个作为模块的软件功能包之间，在构建时会通过 CMake 或 Setuptools 的方式寻找依赖，并完成构建。软件功能包可以被称为 ROS 2 的模块化的载体。功能包可以作为安装和构建的最小部件独立运作，在 ROS 2 的发行过程中，一个功能包会作为一个独立的软件包发行，这在发行工具 "bloom" 中也有所体现。

　　一个功能包可以提供很多功能，也可以只提供极少的功能，这都取决于设计者在包的构建描述文件中具体写了些什么。比如在 CMakeLists.txt 中的一个 CMake 包，功能包的设计者可以在其中提供以下内容。

- 头文件目录。
- 头文件目录和动态库。
- 头文件目录、动态库和可执行文件。
- 其他。

　　除此之外，在 CMake 中还可以配置自动化测试、下载并构建依赖库、运行特定脚本和获取环境变量并配置宏定义等。除了 CMake 外，面向 Python 的 Setuptools 也可以为功能包提供全面且灵活的功能，读者可以阅读二者的说明文档以了解。

　　功能包为 ROS 2 的模块化构建提供了解决方案，而模块化构建的产物便是基于一个个节点所设计的模块化功能。在不同的功能包中可能设计了不同的可执行程序，当程序运行时，便会成为节点，一个进程可以提供若干个节点，一个节点可以提供若干种不同的功能。节点间通过 ROS 2 中所设计的通信模式交流数据，节点中可以通过体系化的扩展工具完成简单或复杂的操作。除此之外，节点还可以利用命名空间或 DDS 域作为隔离手段，将信息和资源进行分隔。

2.1　软件功能包的构建

　　在 1.3.2 节中展示了，通过 ros2 pkg 可以快速生成 ROS 2 的软件功能包。本节中，将对软件功能包的构建做详细的介绍。

　　软件功能包包含两个核心部分：配置文件和程序文件。配置文件为构建工具提供足够信息，确保构建工具可以依此生成最合适的构建流程；程序文件则是功能包的所有实现，用于生成可执行的功能程序。目前常见的软件包有三类：cmake 包、ament_cmake 包和 ament_python 包。如代码 2-1 所示，读者可以通过 ros2 pkg create --help 查阅相关的说明。

代码 2-1　ros2 pkg create 的基本输出

```
$ usage: ros2 pkg create [-h][--package-format {2,3}][--description DESCRIPTION][--license LI-
CENSE][--destination-directory DESTINATION_DIRECTORY][--build-type {cmake,ament_cmake,ament_
python}][--dependencies DEPENDENCIES [DEPENDENCIES ...]][--maintainer-email MAINTAINER_EMAIL]
[--maintainer-name MAINTAINER_NAME][--node-name NODE_NAME][--library-name LIBRARY_NAME] package
_name
```

```
---
Create a new ROS 2 package

positional arguments:
  package_name        The package name
options:
-h, --help              show this help message and exit
--package-format {2,3}, --package_format {2,3}
                        The package.xml format.
--description DESCRIPTION
                        The description given in the package.xml
--license LICENSE       The license attached to this package
--destination-directory DESTINATION_DIRECTORY
                        Directory where to create the package directory
--build-type {cmake,ament_cmake,ament_python}
                        The build type to process the package with
--dependencies DEPENDENCIES [DEPENDENCIES ...]
                        list of dependencies
--maintainer-email MAINTAINER_EMAIL
                        email address of the maintainer of this package
--maintainer-name MAINTAINER_NAME
                        name of the maintainer of this package
--node-name NODE_NAME
                        name of the empty executable
--library-name LIBRARY_NAME
                        name of the empty library
```

参数包括了大部分功能包的基本属性和基本信息，读者可以尝试约束不同的参数并对结果进行查看。这些参数在整个功能包的设计和实现中起到的是初始化的作用，每个参数在后续的功能迭代过程中都是可以修改的。参数中最关键的选项是"--build-type"，通过它可以定义整个功能包的基本属性，并且约束其基本的路径结构。如果不对它进行约束，则默认选择 ament_cmake。

不同的 build-type 参数会导致不同的构建方式，所以通过 ros2 pkg create 生成的三种不同包的路径结构会大不相同：其中 cmake 和 ament_cmake 包的结构很相似，都包含 CMakelists.txt、include 和 src 等文件和目录，而 ament_python 包会生成 Setuptools 的基本打包文件，如 setup.py、setup.cfg、resource 和 test 等文件和目录。代码 2-2、2-3 和 2-4 分别给出了三种情况的输出。有关 CMake 和 Setuptools 的基本知识，读者可以参考前言中介绍的构建基础进行选择性了解。

代码 2-2　生成 cmake 包的输出

```
$ ros2 pkg create --build-type cmake cmake_pkg
---
going to create a new package
package name: cmake_pkg
destination directory: /home/homalozoa/demo
```

```
package format: 3
version: 0.0.0
description: TODO: Package description
maintainer: ['homalozoa <nx.tardis@gmail.com>']
licenses: ['TODO: License declaration']
build type: cmake
dependencies: []
creating folder ./cmake_pkg
creating ./cmake_pkg/package.xml
creating source and include folder
creating folder ./cmake_pkg/src
creating folder ./cmake_pkg/include/cmake_pkg
creating ./cmake_pkg/CMakeLists.txt
creating ./cmake_pkg/cmake_pkgConfig.cmake.in
creating ./cmake_pkg/cmake_pkgConfigVersion.cmake.in
```

代码 2-3　生成 ament_cmake 包的输出

```
$ ros2 pkg create --build-type ament_cmake ament_cmake_pkg
---
going to create a new package
package name: ament_cmake_pkg
destination directory: /home/homalozoa/demo
package format: 3 version: 0.0.0
description: TODO: Package description
maintainer: ['homalozoa <nx.tardis@gmail.com>']
licenses: ['TODO: License declaration']
build type: ament_cmake dependencies: []
creating folder ./ament_cmake_pkg
creating ./ament_cmake_pkg/package.xml
creating source and include folder
creating folder ./ament_cmake_pkg/src
creating folder ./ament_cmake_pkg/include/ament_cmake_pkg
creating ./ament_cmake_pkg/CMakeLists.txt
```

代码 2-4　生成 ament_python 包的输出

```
$ ros2 pkg create --build-type ament_python ament_python_pkg
---
going to create a new package
package name: ament_python_pkg
destination directory: /home/homalozoa/demo
package format: 3
version: 0.0.0
description: TODO: Package description
maintainer: ['homalozoa <nx.tardis@gmail.com>']
licenses: ['TODO: License declaration']
build type: ament_python
dependencies: []
```

```
creating folder ./ament_python_pkg
creating ./ament_python_pkg/package.xml
creating source folder
creating folder ./ament_python_pkg/ament_python_pkg
creating ./ament_python_pkg/setup.py
creating ./ament_python_pkg/setup.cfg
creating folder ./ament_python_pkg/resource
creating ./ament_python_pkg/resource/ament_python_pkg
creating ./ament_python_pkg/ament_python_pkg/__init__.py
creating folder ./ament_python_pkg/test
creating ./ament_python_pkg/test/test_copyright.py
creating ./ament_python_pkg/test/test_flake8.py
creating ./ament_python_pkg/test/test_pep257.py
```

前面介绍过，ros2 pkg 指令是维护在 ros2/ros2cli 项目下的一个小功能包，该包便是 ament_python 类型的。读者可以参阅该 ros2pkg 项目的 ros2pkg/resource 目录下的几个文件夹，其中包含了所有支持功能包的模板文件，所有通过 ros2 pkg create 创建的文件都是通过模板衍生的。如果未来 ros2pkg 支持了其他构建方式，也会在 resource 目录中添加新的目录用以存放其模板文件。

本节所有程序将通过功能包 ch2_pkg_cpp（基于 ament_cmake）和 ch2_pkg_py（基于 ament_python）实现。

▶▶ 2.1.1 功能包的配置方法

如前文所述，配置文件可以提供足够的信息来构建工具完成构建流程，不同类型的构建方式，其配置文件也会随之而不同。在 1.3.2 节和 1.3.3 节中已经介绍过，构建流程的 colcon 读入 package.xml 文件进行解析。所以无论是哪种构建方式，package.xml 都是必须项。

在 package.xml 中可以约束构建的基本工具，如上文 cmake_pkg 的 package.xml 中的构建方式是 cmake，而 ament_cmake_pkg 中的构建方式则是 ament_cmake，并且新增了两个测试依赖。其中，ament_lint_auto 会帮助开发者通过 package.xml 中的配置项自动加载测试依赖，而 ament_lint_common 包括了所有通用的测试依赖项，结合二者的功能可以完成对所有 ament_cmake 项目中 C++、Python、XML 和 CMake 文件的审查和测试。

package.xml 可以同时提供多种构建方式，一个比较典型的例子是 BehaviorTree/BehaviorTree.CPP，如代码 2-5 所示。这个项目是基于 CMake 构建的一个提供行为树功能的 C++项目。由于面向 ROS 生态友好，该项目的开发人员在 package.xml 中提供了同时兼容 ROS 和 ROS 2 的两种构建选项，即支持 catkin 或 ament_cmake 两种构建工具。它的策略是通过读取环境变量中 ROS_VERSION 的值来判定目前环境中是 ROS 还是 ROS 2，进而选择是依赖 roslib（ROS）还是 rclcpp（ROS 2）。

代码 2-5　BehaviorTree.CPP 的 XML

```xml
<?xml version="1.0"?>
<package format="3">
  <name>behaviortree_cpp_v3</name>
```

```
<version>3.6.0</version>
<description>
This package provides the Behavior Trees core library.
</description>

<maintainer email="davide.faconti@gmail.com">Davide Faconti</maintainer>

<license>MIT</license>

<author>Michele Colledanchise</author>
<author>Davide Faconti</author>

<buildtool_depend condition="$ROS_VERSION==1">catkin</buildtool_depend>
<depend condition="$ROS_VERSION==1">roslib</depend>

<buildtool_depend condition="$ROS_VERSION==2">ament_cmake</buildtool_depend>
<depend condition="$ROS_VERSION==2">rclcpp</depend>

<depend>boost</depend>
<depend>libzmq3-dev</depend>
<depend>libncurses-dev</depend>

<test_depend condition="$ROS_VERSION==2">ament_cmake_gtest</test_depend>

<export>
  <build_type condition="$ROS_VERSION==1">catkin</build_type>
  <build_type condition="$ROS_VERSION==2">ament_cmake</build_type>
</export>

</package>
```

单纯使用 cmake 的配置方式也是存在的，如 FastDDS 包，在 eProsima/Fast-DDS 的 package.xml 中，其 build_type 参数为 cmake。即只使用 CMake 进行整个项目的构建（实际上，所有的 DDS 实现都是基于此类型构建的），如代码 2-6 所示。

代码 2-6　FastDDS 的 XML

```
<?xml version="1.0"?>
<?xml-model href="http://download.ros.org/schema/package_format3.xsd" schematypens="
http://www.w3.org
    /2001/XMLSchema"?>
<package format="3">
  <name>fastrtps</name>
  <version>2.5.0</version>
  <description>
    * eprosima Fast DDS* (formerly Fast RTPS)is a C++ implementation of the DDS (Data Distribu-
        tion Service) standard of the OMG (Object Management Group). eProsima Fast DDS
        implements the RTPS (Real Time Publish Subscribe)protocol, which provides publisher-sub-
        scriber communications over unreliable transports such as UDP, as defined and maintained
```

```
       by the Object Management Group (OMG)consortium.RTPS is also the wire interoperability
       protocol defined for the Data Distribution Service (DDS)standard.* eProsima Fast DDS*
       expose an API to access directly the RTPS protocol, giving the user full access to the
       protocol internals.
   </description>
   <maintainer email="miguelcompany@eprosima.com">Miguel Company</maintainer>
   <maintainer email="eduardoponz@eprosima.com">Eduardo Ponz</maintainer>
   <license file="LICENSE">Apache 2.0</license>

   <url type="website">https://www.eprosima.com/</url>
   <url type="bugtracker">https://github.com/eProsima/Fast-DDS/issues</url>
   <url type="repository">https://github.com/eProsima/Fast-DDS</url>

   <build_depend>asio</build_depend>

   <depend>fastcdr</depend>
   <depend>foonathan_memory_vendor</depend>
   <depend>libssl-dev</depend>
   <depend>tinyxml2</depend>

   <buildtool_depend>cmake</buildtool_depend>

   <doc_depend>doxygen</doc_depend>

   <export>
     <build_type>cmake</build_type>
   </export>
 </package>
```

除了构建方式的约束，其他基本信息也需要注意。在默认不添加其他选项的情况下，通过 ros2 pkg create 生成的功能包，在其 package.xml 中，name 便是功能包的名字，也就是指令中所写的功能包名；maintainer 是维护者，ros2pkg 脚本会将其赋值为当前登录的系统用户，其联系方式（EMail）会选择通过指令 git config --globaluser.email 获取到的值，也就是默认存储在当前用户目录下 GIT 全局配置中的邮箱。当然，如果获取失败，会默认赋值为维护者的名字@todo.todo，而不会置空。除此之外的参数，都会被赋予默认值，如版本（version）、协议（license）和描述（description）。在一个功能包中，使用者可以非常便捷地获取一个功能包的基本信息，甚至可以获取到像代码块 2-6 中呈现的组织网站地址、问题反馈地址和仓库地址等 URL 信息。

除了生成功能包，ros2pkg 还提供了获取已安装包基本信息的方式。如 ros2 pkg xml 可用于获取功能包的 package.xml 文件，ros2 pkg prefix 可获取该功能包安装路径前缀，ros2 pkg executables 可枚举功能包中的可执行文件的基本信息。

▶▶ 2.1.2 功能包的构建与测试流程

1.3.3 节中有所提及 colcon 的基本指令和概念，本节将结合实际功能包的操作进行演示。

首先，通过 ros2 pkg 生成两个功能包，分别为前面介绍过的"ch2_pkg_cpp"和"ch2_pkg_

py",如代码 2-7 所示。其中 "Apache-2.0" 是一种商业友好的开源协议,7.1.1 节中将会对开源协议作着重介绍,ros2pkg 推荐了几种(也是仅能识别这几种)协议,如 Apache-2.0、BSL-1.0、BSD-2.0、BSD-2-Clause、BSD-3-Clause、GPL-3.0-only、LGPL-3.0-only、MIT 和 MIT-0 等。

代码 2-7　生成两个功能包

```
$ mkdir -p ch3/package; cd ch3/package
$ ros2 pkg create --build-type ament_python ch2_pkg_py --license 'Apache-2.0'
$ ros2 pkg create --build-type ament_cmake ch2_pkg_cpp --license 'Apache-2.0'
$ cd ../..
$ export BUILD_ROOT=$PWD
```

然后需要对两个功能包的 package.xml,以及 ch2_pkg_py 的 setup.py 进行修改。这里修改的目的是为功能包的基本信息添加内容,并约束二者的依赖关系。<depend>约束了 ch2_pkg_py 会依赖 ch2_pkg_cpp,即前者会在后者构建完毕后开始构建,如代码 2-8~代码 2-10 所示。

代码 2-8　ch2_pkg_cpp 的 package.xml

```
<?xml version="1.0"?>
<?xml-model href="http://download.ros.org/schema/package_format3.xsd" schematypens="
  http://www.w3.org/2001/XMLSchema"?>
<package format="3">
  <name>ch2_pkg_cpp</name>
  <version>0.0.1</version>
  <description>C++ ament package demo.</description>
  <maintainer email="nx.tardis@gmail.com">homalozoa</maintainer>
  <license>Apache-2.0</license>
  <buildtool_depend>ament_cmake</buildtool_depend>

  <test_depend>ament_lint_auto</test_depend>
  <test_depend>ament_lint_common</test_depend>

  <export>
    <build_type>ament_cmake</build_type>
  </export>
</package>
```

代码 2-9　ch2_pkg_py 的 package.xml

```
<?xml version="1.0"?>
<?xml-model href="http://download.ros.org/schema/package_format3.xsd" schematypens="
  http://www.w3.org/2001/XMLSchema"?>
<package format="3">
  <name>ch2_pkg_py</name>
  <version>0.0.1</version>
  <description>Python ament package demo.</description>
  <maintainer email="nx.tardis@gmail.com">homalozoa</maintainer>
  <license>Apache-2.0</license>
```

```
  <depend>ch2_pkg_cpp</depend>

  <test_depend>ament_copyright</test_depend>
  <test_depend>ament_flake8</test_depend>
  <test_depend>ament_pep257</test_depend>
  <test_depend>python3-pytest</test_depend>

  <export>
    <build_type>ament_python</build_type>
  </export>
</package>
```

代码 2-10   ch2_pkg_py 的 setup.py

```python
from setuptools import setup

package_name = 'ch2_pkg_py'

setup(
    name=package_name,
    version='0.0.1',
    packages=[package_name],
    data_files=[
        ('share/ament_index/resource_index/packages',
            ['resource/' + package_name]),
        ('share/' + package_name, ['package.xml']),
    ],
    install_requires=['setuptools'],
    zip_safe=True,
    maintainer='homalozoa',
    maintainer_email='nx.tardis@gmail.com',
    description='Python ament package demo.',
    license='Apache-2.0',
    tests_require=['pytest'],
    entry_points={
        'console_scripts': [
        ],
    },
)
```

    完成修改后，可以使用 colcon 指令进行构建测试。这里建议读者尝试两种构建指令，分别是 merge 和 symlink。在 1.3.2 节中，对此有过一段简短的介绍。前者（merge）可以将产物按照种类，统一收纳在同一个文件夹中，如可执行文件一般会放在 bin 文件夹、二进制库和节点类执行文件会放在 lib 文件夹、头文件会统一放在 include 内，其他的共享文件会放在 share 路径内。而 symlink 则是将每个功能包独立存放于安装目录，在独立存放的目录内，会按照种类（如 bin、include、lib 和 share 等）建立文件夹，存放其对应产物（这些文件夹的命名和分类定义被称作 ROS 的文件系统层级标准，可以参考 REP 122 和 REP 128 作进一步了解）。读者可以参考代码 2-11 进行构建，其中环境变量是从代码 2-7 中继承而来。

代码 2-11　使用 merge 和 symlink 两种方式构建

Work Space 的
目录结构

```
$ cd $BUILD_ROOT
$ mkdir merge-test
$ mkdir symlink-test
$ cp -r src merge-test
$ cp -r src symlink-test
$ # merge install test
$ cd $BUILD_ROOT/merge-test
$ colcon build --merge-install
$ # symlink install test
$ cd $BUILD_ROOT/symlink-test
$ colcon build
$ cd $BUILD_ROOT
```

　　merge 和 symlink 的产物从功能上考虑是一致的，读者可以通过 ls 命令查看产物，如代码 2-12 和代码 2-13 所示。产物主要分三个文件夹：build、install 和 log。build 文件夹存放的是中间产物，也就是在构建过程中所需要生成的所有中间文件，如.c 和.cpp 文件的.o 文件、需要连接互联网下载的外部功能包等。install 文件夹存放是最终产物，即安装路径，该路径会根据指令的设定值发生改变，需要注意的是：在代码 2-11 中并没有像代码 1-22 中那样设定 "--install-base" 的参数，所以默认是当前目录的 install 文件夹。log 文件夹存放的是所有构建流程中产生的日志文件，日志文件会按照构建和测试时间进行分类，但会默认提供 3 个软链接，分别是 latest、latest_build 和 latest_test，分别链接了最近一次操作结果日志、最近一次构建结果日志和最近一次测试结果日志。

代码 2-12　merge-install 的产物

```
$ ls $BUILD_ROOT/merge-test
---
build install log src
---
$ ls $BUILD_ROOT/merge-test/install
---
COLCON_IGNORE include              local_setup.ps1 setup.bash setup.zsh
_local_setup_util_ps1.py lib       local_setup.sh setup.ps1 share
_local_setup_util_sh.py local_setup.bash    local_setup.zsh setup.sh
```

代码 2-13　symlink-install 的产物

```
$ ls $BUILD_ROOT/symlink-test
---
build install log src
---
$ ls $BUILD_ROOT/symlink-test/install
---
COLCON_IGNORE  _local_setup_util_sh.py ch2_pkg_py  local_setup.ps1 local_setup.zsh setup.
ps1 setup
```

```
      .zsh
_local_setup_util_ps1.py ch2_pkg_cpp   local_setup.bash local_setup.sh setup.bash setup.sh
```

在代码 2-12 和代码 2-13 的结果中，可以看到在 install 目录下，除了几个文件夹外还有一些脚本文件，包括 local_setup 和 setup 两种，在 1.1.4 节中已经介绍过二者的区别，通常，.ps1 用于 Windows 平台，而其他平台都可以使用.sh、.bash 和.zsh 文件，读者可根据自己的环境，执行相应的配置脚本，确保加载对应的产物功能包信息。如代码 2-14 所示，在未用 source 指令更新环境的情况下，使用 ros2pkg 指令无法找到对应的功能包信息。此处需要注意，由于笔者使用的是 Zsh 的环境，所以需要使用 source 指令执行.zsh 文件，如果读者所使用的是 Bash，则需要替换 setup.zsh 为 setup.bash。

代码 2-14　使用 source 指令更新环境变量

```
$ ros2 pkg xml ch2_pkg_cpp
---
Package not found
---
$ source $BUILD_ROOT/symlink-test/setup.zsh
$ ros2 pkg xml ch2_pkg_cpp
<package format="3">
  <name>ch2_pkg_cpp</name>
  <version>0.0.1</version>
  <description>C++ ament package demo.</description>
  <maintainer email="nx.tardis@gmail.com">homalozoa</maintainer>
  <license>Apache-2.0</license>

  <buildtool_depend>ament_cmake</buildtool_depend>

  <test_depend>ament_lint_auto</test_depend>
  <test_depend>ament_lint_common</test_depend>

  <export>
    <build_type>ament_cmake</build_type>
  </export>
</package>
```

通常，如果使用 install 或其他安装路径下的 ROS 2 构建产物，都需要使用 source 指令更新环境变量。但是需要注意，不同版本的功能包最好不要在同一个终端部署，如同时用 source 指令更新两个版本的 ROS 2（Foxy 和 Galactic）的功能包，会发生意想不到的问题和错误。这个问题通常会发生在已经部署的 ROS 2 环境中使用源码构建另一个 ROS 2 环境的过程中，读者应注意这点。

那么除了构建，colcon 还提供了测试的工具流程，即 colcon test。测试的内容通常分为两种，静态测试和单元测试。静态测试是面向源代码的筛查，它的流程会检查源码中各类文件的格式和规范，如 XML 文件、CMake 文件、C++文件和 Python 文件等。单元测试需要构建二进制程序，测试程序会调用二进制程序完成各个单元功能的尝试，并依据结果和断言的匹配程度来判定是否通过测试。最后，测试结果会汇总为一个结果报告，工程师可以通过查看报告了解哪部分测试失败，以作修改。相比静态测试，单元测试需要工程师自行编写测试代码，并且需要工程师对被测试体的功能十分熟悉，以确保足够高的测试覆盖率。如果是通过指令创建的功能包，默认只会开启静态测试，不会包含单元测试。

本节中并没有实现功能包的源码部分，所以不需要编写单元测试代码，读者可以查阅 6.3 节了解 ROS 2 中单元测试的基本用法。

colcon test 的使用条件与 colcon build 是相称的。如果 build 使用了 merge，则 test 也需要添加 merge 后缀；如果 build 使用了 symlink，那么 test 也需要使用 symlink 做后缀。如代码 2-15 所示，其中第 2 行直接使用了 colcon test 进行测试，但是由于构建使用了 merge 选型，所以会报告错误。

代码 2-15　使用 colcon 测试

```
$ colcon build --merge-install
$ colcon test
---
[0.293s] ERROR:colcon:colcon test: The install directory 'install' was created with the layout 'merged'.Please remove the install directory, pick a different one or add the '--merge-install' option.
---
$ colcon test --merge-install
$ colcon test --merge-install --event-handlers console_cohesion+
```

在代码 2-15 中，还提供了选项 "console_cohesion"，它会将所有测试过程结果在测试完毕一并输出到终端，供用户查看。无论是否添加此选项，测试的结果都会保存在 log 路径下的 latest_test 中。

由于在之前创建的项目中，只存在 CMake 和 XML 两种文件，所以在测试过程只会检查这两项。读者可以尝试删除 XML 文件中的项目，再运行测试指令，查看静态检查会涉及哪些项目。为了更好地阐述 colcon test 在静态测试过程中所经历的测试项，这里需要为每个项目增加代码文件。

在 C++ 版本的功能包中，增加 include/ch2_pkg_cpp/pkg2go.hpp、src/pkg2go.cpp 和 src/main.cpp，如代码 2-16、代码 2-17 和代码 2-18 所示。需要注意的是，文件的扩展名需要按照 uncrustify 和 cpplint 的要求指定（也是 C/C++ 的基本要求），包括.c、.cc、.cpp、.cxx、.h、.hh、.hpp 和.hxx。

CPP 项目的
基本结构

在上述代码块中特意写了一些会报错的内容，请读者务必按照这种方式进行尝试。

代码 2-16　ch2_pkg_cpp/include/ch2_pkg_cpp/pkg2go.hpp

```
#ifndef PKG2GO_HPP
#define PKG2GO_HPP

#include <string>

namespace ros_beginner
```

```
{
class Pkg2Go
{
public:
  Pkg2Go(const std::string & pkg2go_name);
  ~Pkg2Go();
  std::string get_pkg2go_name()const;

private:
  std::string pkg2go_name_;
};
}
# endif
```

代码 2-17 ch2_pkg_cpp/src/pkg2go.cpp

```cpp
#include <string>

#include <ch2_pkg_cpp/pkg2go.hpp>

namespace ros_beginner
{
Pkg2Go::Pkg2Go(const std::string & pkg2go_name)
{
  this->pkg2go_name_ = pkg2go_name;
}

Pkg2Go::~Pkg2Go()
{}

std::string Pkg2Go::get_pkg2go_name()const
{
  return this->pkg2go_name_;
}
}
```

代码 2-18 ch2_pkg_cpp/src/main.cpp

```cpp
#include <iostream>

#include <ch2_pkg_cpp/pkg2go.hpp>

int main(int argc, char ** argv)
{
  (void)argc;
  (void)argv;
  auto pkg2go = ros_beginner::Pkg2Go("Hello ROS 2.");
  std::cout << pkg2go.get_pkg2go_name()<< std::endl;
  return 0;
}
```

同时，在 CMakeLists.txt 中增加相关编译配置，如代码 2-19 所示。其中设置了动态库和可执行文件的变量名称，以便统一管理；添加了"include"文件夹为头文件查找的目录；添加了可执行文件（add_executable）和库（add_library）的实现，并且注明了库属于 SHARED 类型，即动态库；链接的方式在这里使用了 CMake 的传统方法 target_link_libraries；通过"install"命令对库、可执行文件和头文件做了区分安装；测试部分可以参考"if（BUILD_TESTING）"后的内容，其中只有"ament_lint_auto"的依赖查找，该功能包是负责静态测试的，而单元测试的功能包"ament_cmake_gtest"并不在其中；在最后使用了 ament 系列的 CMake 指令，完成了对头文件目录和库的导出，便于其他包查找和链接，这几句 ament 开头的指令会生成一系列 CMake 文件，并安装至 share 目录，感兴趣的读者可以循迹查阅。

需要特别注意，许多 ROS 2 的仓库都在 CMakeLists.txt 中使用了名为"executable_name"和"library_name"的变量为可执行文件和库文件的代号，这是十分不妥的，一旦引用这些 CMake 文件，相同的变量会被覆盖，进而导致意想不到的错误。所以读者在使用过程中，应尽量避免这些容易想到的名字，可以使用一些独特的名字。

代码 2-19　ch2_pkg_cpp/CMakeLists.txt

```
cmake_minimum_required(VERSION 3.8)
project(ch2_pkg_cpp)

# Default to C99
if(NOT CMAKE_C_STANDARD)
  set(CMAKE_C_STANDARD 99)
endif()

# Default to C++17
if(NOT CMAKE_CXX_STANDARD)
  set(CMAKE_CXX_STANDARD 17)
endif()

if(CMAKE_COMPILER_IS_GNUCXX OR CMAKE_CXX_COMPILER_ID MATCHES "Clang")
  add_compile_options(-Wall -Wextra -Wpedantic)
endif()

# find dependencies
find_package(ament_cmake REQUIRED)

set(executable_pkg2go pkg2go)
set(library_pkg2go ${executable_pkg2go}_core)
include_directories(include)

add_library(${library_pkg2go} SHARED
  src/pkg2go.cpp
)

add_executable(${executable_pkg2go}
```

```
  src/main.cpp
)

target_link_libraries(${executable_pkg2go}
  ${library_pkg2go}
)

  install(TARGETS
    ${library_pkg2go}
    ARCHIVE DESTINATION lib
    LIBRARY DESTINATION lib
    RUNTIME DESTINATION bin
)

install(TARGETS ${executable_pkg2go}
  RUNTIME DESTINATION lib/${PROJECT_NAME}
)

  install(DIRECTORY include/
    DESTINATION include/
)

if(BUILD_TESTING)
  find_package(ament_lint_auto REQUIRED)
  ament_lint_auto_find_test_dependencies()
endif()

ament_export_include_directories(include)
ament_export_libraries(${library_pkg2go})
ament_package()
```

在 Python 版本的功能包中，增加 ch2_pkg_py/ch2_pkg_py/pkg2go.py，如代码 2-20 所示。

代码 2-20　ch2_pkg_py/ch2_pkg_py/pkg2go.py

```python
class Pkg2Go():

    def __init__(self, name):
        self.name = name

    def get_pkg2go_name(self):
        return self.name


def main(args=None):
    pkg2go = Pkg2Go('Bye ROS 2.')
    print(pkg2go.get_pkg2go_name())


if __name__ == '__main__':
    main()
```

Python 项目
的基本结构

同时，在 setup.py 中增加相关配置，如代码 2-21 所示，重点需要关注"entry_points"中的内容。

代码 2-21　ch2_pkg_py/setup.py

```python
from setuptools import setup

package_name = 'ch2_pkg_py'

setup(
    name=package_name,
    version='0.0.1',
    packages=[package_name],
    data_files=[
        ('share/ament_index/resource_index/packages',
            ['resource/' + package_name]),
        ('share/' + package_name, ['package.xml']),
    ],
    install_requires=['setuptools'],
    zip_safe=True,
    maintainer='homalozoa',
    maintainer_email='nx.tardis@gmail.com',
    description='Python ament package demo.',
    license='Apache-2.0',
    tests_require=['pytest'],
    entry_points={
        'console_scripts': [
            'pkg2go = ch2_pkg_py.pkg2go:main',
        ],
    },
)
```

然后依次运行构建和测试指令，测试会失败。为了区分查看，可以使用--packages-select 选项来选择功能包进行测试。

对于 C/C++功能包，可以使用 ament_uncrustify 工具对所有编码文件进行统一格式化，以减少因人为因素造成的 C/C++代码格式不规范的问题：在需要格式化编码格式的文件根目录输入 ament_uncrustify --reformat 即可，该指令会遍历目录下和子目录的文件，找到 C/C++的代码文件进行格式化。格式化完毕，便可进行测试。如代码 2-22 所示，其中包含了 ch2_pkg_cpp 的若干条不同的静态编码问题，如版权问题（copyright）和静态代码规范问题（cpplint）等。

代码 2-22　ch2_pkg_cpp 的测试结果

```
67% tests passed, 2 tests failed out of 6

Label Time Summary:
copyright       = 0.11 sec*proc (1 test)
cppcheck        = 0.11 sec*proc (1 test)
cpplint         = 0.12 sec*proc (1 test)
lint_cmake      = 0.09 sec*proc (1 test)
```

```
linter            = 1.65 sec*proc (6 tests)
uncrustify        = 0.10 sec*proc (1 test)
xmllint           = 1.11 sec*proc (1 test)

Total Test time (real)= 1.65 sec

The following tests FAILED:
      1 - copyright (Failed)
      3 - cpplint (Failed)
```

出现版权问题的原因是，ch2_pkg_cpp 在 package.xml 中已经设置了 Apache-2.0 的开源协议，但在代码文件中并没有相关的文本版权信息。一般情况下，代码文件的版权信息会以注释的形式被嵌入在文件的最顶端，并且根据不同的协议，版权信息的文本也会随之改变。代码 2-23 中提供了标准的 Apache-2.0 协议的版权信息模板，读者可以根据版权的时间、所有人和组织等信息，对其进行适当修改，再嵌入相应的代码文件中。当所有相关报错的代码文件顶部都嵌入了合规的版权信息的注释后，有关版权问题的测试项便会通过。

代码 2-23　Apache-2.0 协议的版权信息

```
Copyright [yyyy] [name of copyright owner]

Licensed under the Apache License, Version 2.0 (the "License");
you may not use this file except in compliance with the License.
You may obtain a copy of the License at

    http://www.apache.org/licenses/LICENSE-2.0

Unless required by applicable law or agreed to in writing, software
distributed under the License is distributed on an "AS IS" BASIS,
WITHOUT WARRANTIES OR CONDITIONS OF ANY KIND, either express or implied.
See the License for the specific language governing permissions and
limitations under the License.
```

至于其他失败的测试项，读者可根据其提示信息，对 ch2_pkg_cpp 和 ch2_pkg_py 这两个功能包的代码文件进行修改，以达到100%的测试通过率。篇幅原因，此处不再展开介绍。

▶▶ 2.1.3　运行指定功能包中的程序

2.1.2 节中介绍了如何对已构建的软件包进行构建和测试，本节将介绍一些调试的工作：如何运行功能包。测试和调试虽然只有一字之差，但并不是一回事，英文中的测试是 test，而调试是 debug。前一节中介绍的 colcon test 所执行的行为便属于测试，包括静态测试和动态单元测试，其中含有明确的规则、目的和计划，如对版权、代码格式和代码规范的明确要求，对某一特定功能的输出约束，对这些测试项所约束的超时时间等。而调试过程则是相对发散的，如在开发过程中验证新功能是否实现，验证新功能工作是否合理等，并且没有特别的规则和约束。

在 1.3.2 节中提到过 ros2cli，以及 2.1 节提到过 ros2pkg 相关的指令和使用方法，实际上，ros2cli

包含了一系列 ros2 相关的指令，并且支持扩展。读者可以打开 ros2/ros2cli 进行查看，其中每一个以 ros2 开头的文件夹都是一个独立的指令，如 ros2action 是维护 ros2 action 指令的项目，ros2node 是维护 ros2 node 指令的项目。其中的目录结构也很简单，在其子目录下会有一个 verb 文件夹，该文件夹下会包含一系列动词开头的 python 文件，这些动词便是该指令支持的所有功能。以 ros2action 为例子，截至#494（PR 的 ID）提交，共有三个功能，如 info（查看 action 的基本信息）、list（列举当前环境下的 action 状态）和 send_goal（向指定 action 服务发送执行请求）。新增 ros2 指令的方法也很简单，读者可以参考其 README 进行了解。本节介绍的基本调试方法是基于 ros2run 进行的。该指令只有一个核心功能，即运行 ROS 2 的进程。如果读者熟悉 Python 的话，可以参考该项目的源码，查阅 command 文件夹下的 run.py，以了解其实现原理。实际上，ros2run 仅提供了一个通用化的启动方式，即通过 Python 提供了执行多进程任务的脚本而已。使用 ros2run 运行功能包，如代码 2-24 所示。

代码 2-24　使用 ros2run 运行功能包

```
$ source install /setup.sh
$ ros2 run ch2_pkg_cpp pkg2go
---
Hello ROS 2.
---
$ ros2 run ch2_pkg_py pkg2go
---
Bye ROS 2.
---
```

2.1.2 节中已经为 ch2_pkg_cpp 和 ch2_pkg_py 分别构建了两个可以独立运行的可执行程序。包含在 CMakelists.txt 中使用 add_executable 提供的可执行文件，以及在 setup.py 中使用 console_scripts 提供的脚本。代码 2-24 中所展现的便是通过 ros2run 完成的运行方法，即 ros2 run <package_name> <executable_name>，<package_name>代表功能包名，<executable_name>是可执行程序名。此外，ros2run 还支持使用 "--prefix" 参数为程序添加前缀，以及为程序添加扩展名参数（argv）等。通常，前缀可以是 gdb 和 valgrind 等调试工具指令，在 6.1.1 节中会介绍结合 GDB 的调试方法。

在代码 2-24 中执行 ros2run 指令前，进行了环境变量的更新，该步骤包含了更新当前环境的一系列路径变量。其中，PATH 和 LD_LIBRARY_PATH 路径用于指定 C/C++的可执行文件和链接库的目录变量；PYTHONPATH 和 PKG_CONFIG_PATH 用于指定 Python 相关的可执行文件、脚本和库文件的目录变量。这两类变量都是操作系统通用的环境变量，更新其内容是在原有基础之上添加项目（append），而非替换。此外，还有 ROS 2 特有的变量：AMENT_PREFIX_PATH。它用于指定 ROS 2 功能包的根安装目录，如 Ubuntu 环境下的/opt/ros/rolling（Rolling 版本）、/opt/ros/foxy（Foxy 版本）和/opt/ros/humble（Humble 版本）。该路径可以在 colcon build 的过程中通过 install_base 指定，也可以通过编写安装包来指定。由于所有的 ROS 2 包均由 ament 系列工具构建，故所有功能包最终产物都会按照特定的规则在安装目录存放，所以 ROS 2 的运行和启动系统等便可以通过 AMENT_PREFIX_PATH 对其目录和子目录下的功能包的进行快速遍历，以便执行。

回到 ros2run 的指令中，执行 ROS 2 进程的方法完全可以直接用命令行运行，如代码 2-25 中所给出的结果。读者可以尝试使用 echo 指令对上述提到的环境变量进行输出，并对比用 source 指令更新前后这些环境变量有何区别。需要注意的是，每新建一个终端窗口或终端标签，环境变量都会被设为默认（即.bashrc、.zshrc 和.profile 等文件中设置的内容）。

代码 2-25　直接运行功能包内程序

```
$ source install/setup.sh
$ install/lib/ch2_pkg_cpp/pkg2go
---
Hello ROS 2.
---
$ install/lib/ch2_pkg_py/pkg2go
---
Bye ROS 2.
---
```

虽然可以直接运行，但并不推荐这样做，因为 ROS 2 的构建体系将一部分受功能包功能约束的节点进程（节点概念会在 2.2 节中介绍）和单纯的可执行文件区分开，分别存放在 lib 和 bin 两个目录下，即 ros2run 指令中会通过 ros2pkg 的 API 寻找 lib 目录下的可执行文件，而不会在 bin 目录下找。读者可以查阅 ros2pkg 的 API 路径，在其中的 Python 脚本中了解 ros2run 如何导入可执行文件的目录。一般情况，ROS 2 在构建过程中只会将 C/C++这类需要编译的代码通过一系列构建转换成二进制文件，如二进制动态库和二进制可执行文件，而 Python 的代码仅作复制和整合，并不会经过构建流程，所以从文件目录的结构上，二者会有很大差异（读者可以通过 symlink 方式构建后对比两个文件夹）。但二者的共同点是，在 lib 目录下会创建一个和项目同名的文件夹，并将可执行的 ROS 2 进程安装在该路径下。此路径外的可执行文件不会被 ros2pkg 认为是 ROS 2 功能包关联的可执行程序，也自然不可通过 ros2run 或 ros2launch 执行。有关这部分的详细设计思想，可以参见 REP 122 进行了解。

在代码 2-26 中给出了 merge 安装的 ch2_pkg_cpp 和 ch2_pkg_py 的 lib 目录结构，可以看到二者都在 lib 路径下创建了项目同名的文件夹，并在其中增加了可执行文件 pkg2go。在 Python 的项目路径下，"可执行文件"只表示具有执行权限的脚本，它会调用 site-packages 中具备实际内容的脚本运行。这里给出的例子是在 Ubuntu 20.04 环境下测试的，故 Python 版本是 3.8，读者的实际环境输出可能会因系统默认的 Python 版本而有差异。

代码 2-26　lib 目录结构

```
$ ls install/lib
---
ch2_pkg_cpp ch2_pkg_py libpkg2go_core.so python3.8
```

ROS 2 的启动系统中，除了 ros2run，还有 ros2launch，将在 3.2 节中详细介绍该功能。

2.2　节点的构建方法与基本操作

在 ROS 2 中，节点是一个抽象的实体，它可以代表某种或某类特定功能的抽象集合体。它可以存在于进程中，也可以存在于线程中。所有 ROS 2 的基础功能最基础的载体是节点，所有的通信也都需要通过节点来实现和运作。

和前一节相似，本节所有的代码将在 ch2_node_cpp 和 ch2_node_py 功能包中实现。

▶▶ 2.2.1 节点与节点执行器

节点，英文是 node，在很多软件中都有此类定义，如 Linux 内核中的块设备节点、MQTT 网络中通信的分布式节点、控制器局域网（Controller Area Network，CAN）中的设备节点等。这些节点的定义大同小异，都是在该领域内，作为单独的计算单元或功能单元存在的抽象实体。在 ROS 中，节点是作为最小的进程单元存在的，它作为一个独立的可执行程序，承载着与其他节点通信的重要使命。在 ROS 2 中，节点与进程的概念完全分开，节点是独立于操作系统进程或线程概念的抽象定义，它虽然依旧承载着通信的功能，但并不作为独立的进程运行，而是嵌入进程中，作为一个抽象实体进行运作。

在 ROS 2 中，新增了节点执行器（executor）作为协调和调度节点运作的实体，以及时响应各类通信的回调结果。节点执行器分为多种，目前支持了单线程、多线程和静态单线程（仅存在于 rclcpp 中）等，每种节点执行器都有其特别的优势，如静态单线程节点执行器可以以相对普通单线程节点执行器较低的 CPU 和内存占用率运作。ROS Discourse 社区的工程师们在每年的 ROS 论坛上都会讨论新的节点执行器，目的在于逐步提高其实时性、效率和确定性等关键性指标。在一个机器人项目中，可能存在若干个进程，每个进程中有一个或若干个节点执行器，而每个节点执行器中又有一个或若干个节点。节点运行在每个节点执行器中，借助节点执行器协调到的资源和调度方式运作，如在哪个时刻处理订阅消息，或在哪个时刻处理服务消息等。所有在服务中和订阅中有关线程的设定，也需要节点执行器满足条件才能成功运作。图 2-1 展示了进程、节点执行器和节点之间的关系。

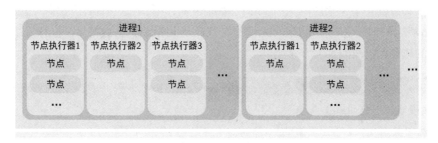

● 图 2-1 进程、节点执行器与节点

节点执行器作为进程中维护节点的载体，在 rclpy 和 rclcpp 中均有单线程节点执行器（Single Threaded Executor）和多线程节点执行器（Multi Threaded Executor）。单线程节点执行器表示其负责管理的回调函数只会占用一个线程资源，并且会根据其指定的规则对回调顺序和优先级进行设置。多线程节点执行器表示其负责管理的回调函数可以占用多个线程，线程数量可以在执行器初始化时设置，也可以默认设置为设备的 CPU 核心数，如当前版本，rclcpp 中是使用 std::thread::hardware_ concurrency( ) 函数获取的线程最大数量, 而 rclpy 则使用 multiprocessing.cpu_count( ) 函数获取的结果。节点回调的内容均来自于通信和等待任务 (waitable) 等, 通信包含着订阅、服务、客户和等待任务。这些基础功能的源码均在 RCL 层, 读者可翻阅 rclcpp 了解 C++ 的实现, 翻阅 rclpy 了解 Python 的实现, 或翻阅 rclc 了解 C 的实现。

节点的通信, 在 ROS 2 中存在着与 ROS 相似的三种基本方式, 分别是 topic (主题)、service (服务) 和 action (动作)。topic 是一种基于发布订阅模式的通信, 发布者发布特定的 topic, 订阅者订阅该 topic, 二者即可通信成功, 在同一个通信范围, 一个 topic 的发布者可以是一个或多个, 订阅者可以没有, 或者一个, 或者多个。service 是一种基于客户服务 (Client-Server) 模式的通信, 客户端发起服务请求到服务端, 服务端接收后返回结果, 在这个模式下, 服务端只允许有一个, 而客户端可以没有, 或者一个, 或者多个。action 是一种加强版的客户服务模式的通信, 客户端发起服务请求, 服务端接收后并没有直接返回结果, 而是按照一定规则不断返回过程数据 (也称反馈, feedback), 最后返回一次结果。所有通信的定义和实现, 均依托于节点, 有关这三种通信的内容会在第 4 章中详细介绍。

▶▶ 2.2.2 建立节点的方法

本节的目的是在项目中建立节点, C++ 项目中, 需要继承 rclcpp::Node 基类; Python 项目中, 需要继承 rclpy.Node 基类。

C++ 项目 ch2_node_cpp 中需要编写的部分包括头文件、类文件、主函数文件和 CMake 文件, 源码中省略了版权部分。

代码 2-27 中 node2go.hpp 新增了包括 "rclcpp/rclcpp.hpp", 并在类声明中添加 rclcpp::Node 的公开继承, 并添加了 timer 用于展示节点回调。代码 2-28 中 node2go.cpp 添加了 Node2Go 构造函数的定义, 新增了节点基类, 并在构造函数中调用了文本输出作为日志。代码 2-29 在 main 函数中使用了 rclcpp 的默认节点执行器添加节点进行管理, 如前文所介绍, 节点执行器分为单线程和多线程两大类, rclcpp 默认的方式是单线程节点执行器, 与代码 2-30 展示的方式等效。推荐使用后者, 因其更便于代码阅读和后期维护。

> **专题 2-1** (节点的命名规则)
>
> 节点的命名规则分为以下几点。
> - 不能为空。
> - 第一个字符必须是字母字符 ([a~z | A~Z])、下画线 (_)、波浪号 (~) 或正斜杠 (/)。
> - 后续的字符可以是字母 ([a~z | A~Z])、数字 ([0~9])、下画线 (_) 或正斜杠 (/)。
> - 使用下画线开头的节点是隐藏节点。

代码 2-27　include/ch2_node_cpp/node2go.hpp

```
#ifndef CH2_NODE_CPP__NODE2GO_HPP_
#define CH2_NODE_CPP__NODE2GO_HPP_

#include <string>

#include "rclcpp/rclcpp.hpp"

namespace ros_beginner
{
class Node2Go:public rclcpp::Node
{
public:
  explicit Node2Go(const std::string & node_name);
  ~Node2Go();

private:
  rclcpp::TimerBase::SharedPtr printimer_;
};
}    // namespace ros_beginner
#endif // CH2_NODE_CPP__NODE2GO_HPP_
```

代码 2-28　src/node2go.cpp

```
#include <chrono>
#include <string>

#include "ch2_node_cpp/node2go.hpp"

namespace ros_beginner
{
using namespace std::chrono_literals;
Node2Go::Node2Go(const std::string & node_name)
: rclcpp::Node(node_name)
{
  auto printimer_callback =
    [&]()-> void {
      std::cout << this->get_name()<< std::endl;
    };
  printimer_ = this->create_wall_timer(500ms, printimer_callback);
}

Node2Go::~Node2Go()
{}
}    // namespace ros_beginner
```

　　添加节点后的节点执行器并不会直接运行，需要通过节点执行器的 spin 函数完成节点的所有回调工作。在 rclcpp 中（rclpy 中也有）提供了若干种节点执行器的回调操作模式，目前包括如下几条，常用的一般是 spin、spin_all 和 spin_some 等。

- spin：该函数会阻塞其他操作。使用 spin 的节点执行器会完全并持续地执行回调工作，直到被〈Ctrl+C〉或中断信号打断才会结束，所以通常在其后面的内容都是结束进程的回收工作。
- spin_all（max_duration）：该函数不会阻塞其他操作。使用 spin_all 的节点执行器将会持续执行所有回调工作，直到超时或没有其他工作可做。如果需要持续运作，spin_all 需要被放置在一个 while 循环中。
- spin_some（max_duration）：该函数不会阻塞其他操作。使用 spin_some 的节点执行器会完成执行所有在调用 spin_some 时已经准备就绪的回调，并运行至超时或没有其他工作可做时为止。与 spin_all 的差别是，spin_some 不会执行在执行过程中产生或准备好的回调。如果需要持续运作，spin_some 需要被放置在一个 while 循环中。
- spin_once（timeout）：该函数不会阻塞其他操作。使用 spin_once 只会执行已经准备就绪的回调中的第一条回调，直到超时或没有其他工作可做。如果需要持续运作，也需要放置在 while 循环中。
- spin_node_once（node，timeout）：该函数会令节点执行器临时添加节点，执行一次 spin_once 后，移除节点。
- spin_node_some（node）：该函数会令节点执行器临时添加节点，执行一次 spin_some 后，移除节点。
- spin_until_future_complete（future，timeout）：该函数会令节点执行器执行回调直到"future"的内容完成，或超时，或被中断。

代码 2-29　使用 rclcpp 默认的 main.cpp

```
#include <memory>

#include "ch2_node_cpp/node2go.hpp"
#include "rclcpp/rclcpp.hpp"

int main(int argc, char ** argv)
{
  rclcpp::init(argc, argv);
  rclcpp::spin(std::make_shared<ros_beginner::Node2Go>("cpp_node"));
  rclcpp::shutdown();
  return 0;
}
```

代码 2-30　使用单线程节点执行器的 main.cpp

```
# include <memory>

# include "ch2_node_cpp/node2go.hpp"
# include "rclcpp/rclcpp.hpp"

int main(int argc, char ** argv)
```

```
{
  rclcpp::init(argc, argv);
  rclcpp::executors::SingleThreadedExecutor executor;
  auto node2go = std::make_shared<ros_beginner::Node2Go>("cpp_node");
  executor.add_node(node2go->get_node_base_interface());
  executor.spin();
  rclcpp::shutdown();
  return 0;
}
```

  CMake 文件的修改围绕着若干个部分，包括依赖软件包的获取（find package）、新增依赖项、创建 ament 动态链接和导出依赖关系。在 CMake 的语法中，find_package 用于查找当前环境已有的软件包，便于后期构建使用。它会引入一系列变量，如头文件的路径和库文件的路径等。新增依赖的目的是便于之后的动态链接和关系导出，set 是 CMake 的语法指令之一，功能是设置 CMake 内变量。ament_target_dependencies 是 1.2 节中介绍过的 ament 构建体系中用于快速动态链接的方法，所有通过 ament_cmake 构建的软件包都可以通过它来进行链接，相较于其他 CMake 的链接方法，它的效率更高，也更简洁和优雅。最后，导出依赖关系的目的是为了其他依赖本功能包的项目，如果有依赖本功能包依赖的项目，无需特别写出，仅需添加本功能包的依赖项即可。简单说，通过导出 ament 依赖项可以使基于 ament_cmake 构建的功能包具备递归依赖的能力。CMake 相关的修改如代码 2-31 所示。

代码 2-31　修改后的 CMakeLists.txt

```
cmake_minimum_required(VERSION 3.8)
project(ch2_node_cpp)

#Default to C99
if(NOT CMAKE_C_STANDARD)
  set(CMAKE_C_STANDARD 99)
endif()

#Default to C++17
if(NOT CMAKE_CXX_STANDARD)
  set(CMAKE_CXX_STANDARD 17)
endif()

if(CMAKE_COMPILER_IS_GNUCXX OR CMAKE_CXX_COMPILER_ID MATCHES "Clang")
  add_compile_options(-Wall -Wextra -Wpedantic)
endif()

#find dependencies
find_package(ament_cmake REQUIRED)
find_package(rclcpp REQUIRED)

set(executable_node2go node2go)
set(library_node2go node2go_core)
set(dependencies
```

```
  rclcpp
)

include_directories(include)

add_library(${library_node2go} SHARED
  src/node2go.cpp
)

add_executable(${executable_node2go}
  src/main.cpp
)

ament_target_dependencies(${library_node2go}
  ${dependencies}
)

ament_target_dependencies(${executable_node2go}
  ${dependencies}
)

target_link_libraries(${executable_node2go}
  ${library_node2go}
)
install(TARGETS
  ${library_node2go}
  ARCHIVE DESTINATION lib
  LIBRARY DESTINATION lib
  RUNTIME DESTINATION bin
)

install(TARGETS ${executable_node2go}
  RUNTIME DESTINATION lib/${PROJECT_NAME}
)

install(DIRECTORY include/
  DESTINATION include/
)

if(BUILD_TESTING)
  find_package(ament_lint_auto REQUIRED)
  ament_lint_auto_find_test_dependencies()
endif()

ament_export_include_directories(include)
ament_export_libraries(${library_node2go})
ament_export_dependencies(${dependencies})
ament_package()
```

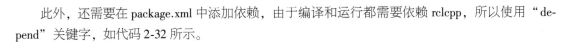

此外，还需要在 package.xml 中添加依赖，由于编译和运行都需要依赖 rclcpp，所以使用 "de-pend" 关键字，如代码 2-32 所示。

代码 2-32　添加 package.xml 依赖

```
<depend>rclcpp</depend>
```

相较于 C++项目，Python 项目则显得简单许多，仅需要对类定义和主函数进行编写即可。其中，代码 2-33 展示了 rclpy 默认的节点执行器，代码 2-34 展示了使用 Python 版本的单线程节点执行器。从语法和功能两个角度，C++和 Python 在 RCL 层的 API 设计都是十分统一的，对使用者非常友好。

代码 2-33　ch2_node_py/node2go.py

```
import rclpy
from rclpy.node import Node

class Node2Go(Node):

    def __init__(self, name):
        super().__init__(name)
        self.create_timer(0.5, self.timer_callback)

    def timer_callback(self):
        print(self.get_name())
def main(args=None):
    rclpy.init(args=args)
    node = Node2Go('py_node')
    rclpy.spin(node)
    rclpy.shutdown()

if __name__ == '__main__':
    main()
```

代码 2-34　使用单线程节点执行器的 main 函数

```
def main(args=None):
    rclpy.init(args=args)
    node = Node2Go('py_node')
    executor = rclpy.executors.SingleThreadedExecutor()
    executor.add_node(node)
    executor.spin()
    rclpy.shutdown()
```

同样，也需要添加 package.xml 中的依赖，并在 setup.py 中添加 "entry_points" 参数，确保可执行文件名为 "node2go"，如代码 2-35 所示。

代码 2-35　添加 package.xml 依赖

```
<depend>rclpy</depend>
```

测试节点功能的方法如代码 2-36 和代码 2-37 所示，分别打开两个终端标签或窗口，在其中运行脚本即可。

代码 2-36　运行 **ch2_node_cpp** 节点程序

```
$ source install/setup.sh
$ ros2 run ch2_node_cpp node2go
```

代码 2-37　运行 **ch2_node_py** 节点程序

```
$ source install/setup.sh
$ ros2 run ch2_node_py node2go
```

无论是 C++还是 Python 的项目，修改后必须进行一次构建，即 colcon build，才能运行测试，否则不会生效。在上述的例子中，ch2_node_cpp 会以 2Hz 的频率输出 "cpp_node"，而 ch2_node_py 会以 2Hz 的频率输出 "py_node"。在运行过程中，由于定时器是持续运作的，所以如果需要暂停或终止，需要使用〈Ctrl+C〉进行打断。

在 ch2_node_cpp 和 ch2_node_py 中，都使用了相同的定时器（timer）机制，用于展示节点的循环回调功能，该功能也称为 spin。在两个项目中，都启用了以 500ms 为单位的定时器，并以该定时在控制台输出文本流。读者可尝试修改该值，以改变文本输出的频率。

ros2run 保留了命令行参数的用法，在 C++中，通过 argc 和 argv 可以获取应用程序在运行时是否有参数及参数内容；在 Python 中，也通过 argv 判断参数。读者可以尝试修改主函数和节点类，通过外部输入修改定时器的周期，如代码 2-38 所示，其设置的定时器周期为 100ms。

代码 2-38　通过命令行参数改变周期

```
$ ros2 run ch2_node_cpp node2go 100ms
```

▶▶ 2.2.3　调试节点的方法

2.2.2 节中建立的两个节点在运行的过程中会持续输出文本流，直至外部终止进程。在日常的调试和测试过程中，可以通过 ros2 node 指令查看当前运行的环境中存在的节点，以及节点的一些基本信息。

ros2 node 是 ros2cli 中 ros2node 项目维护的指令，其中包含两个功能：list 和 info。list 是列举当前环境中的所有节点，节点的名字包含其命名空间（namespace），一般格式是/namespace/node_name；info 用于查看节点的基本信息，包括 topic 的订阅和发布、service 的服务与请求和 action 的服务与请求等。

首先打开一个终端，运行代码 2-36 或代码 2-37 中的内容。然后打开另一个终端标签，才能运行代码 2-39 和代码 2-40 中的脚本。

list 提供了列出当前环境中所有节点的方法，读者依然可以使用--help 来获取帮助信息，其中，"--all" 代表的是列出所有节点，包括隐藏节点。所谓隐藏节点，是节点名以下画线开头的节点，在 ros2cli 中是默认不显示的。读者可以尝试将 ch2_node_cpp 或 ch2_node_py 中的节点名修改为下画线开头的节点，如 "_cpp_node"，再通过 ros2 node list 查看。选项中还有一个参数是 "--no-daemon"，如果附上该参数，那么 ros2 node 指令将不会使用守护节点进行操作，而是临时生成一个名为 "_ros2cli_<pid>" 的节点，其中 "<pid>" 代表生产该节点时产生的进程的 ID。守护节点是 ros2cli 相关指令默认使用的节点，除非操作有特殊需求，需要单独启用节点，如发布守护节点（Daemon Node）后面的数字则是和 DDS 的域 ID 有关，即 2.3.1 节中介绍的作用域。修改环境变量 ROS_DOMAIN_ID 可以改变该值，如果没有设置，则默认为 0。DDS 的作用域会影响到节点的发现范围，同样能够影响到发现范围的是 spin time 这个参数，该参数可以约束 ros2 node list 指令在不适用守护节点的情况，创建新节点后持续搜索若干秒，并将结果返回。

代码 2-39　ros2 node list 的示例

```
$ ros2 node list --help
---
usage: ros2 node list [-h] [--spin-time SPIN_TIME] [-s] [--no-daemon] [-a] [-c]

Output a list of available nodes

optional arguments:
  -h, --help              show this help message and exit
  --spin-time SPIN_TIME
                          Spin time in seconds to wait for discovery (only applies when not u-
                          sing an already running daemon)
  -s, --use-sim-time      Enable ROS simulation time
  --no-daemon             Do not spawn nor use an already running daemon
  -a, -- all              Display all nodes even hidden ones
  -c, --count-nodes       Only display the number of nodes discovered
---
$ ros2 node list
---
/py_node

$ ros2 node list --all
---
/py_node
/_ros2cli_daemon_0

---
$ ros2 node list --no-daemon --all
---
/py_node
/_ros2cli_5045
/_ros2cli_daemon_0

---
$ ros2 node list --no-daemon --spin-time 10 --all
-等待 10s-
/py_node
```

```
/_ros2cli_5883
/_ros2cli_daemon_0
---
```

ros2 node info 给出的结果是有关某节点的具体信息。一些参数和前面一样,可以选择不使用守护节点,设置搜索限制时间,选择使用 ROS 虚拟时间;也可以通过参数获取隐藏节点的信息,比如守护节点的基本信息。这些基本信息囊括了 topic 的订阅和发布信息,在"Subscribers"和"Publishers"后面带有"/"的内容是 topic 的名字,其冒号后的是该 topic 的类型。按照 ROS 的标准,无论是 topic、service 还是 action,格式都分为三段,以 rcl_interfaces/msg/Log 为例:rcl_interfaces 一般是维护这类消息功能包的名称,msg 代表 topic,Log 是该消息的实际名称。通常情况,"msg"是 topic 类型,"srv"是 service 类型,"action"是 action 类型,通过三段中间的特征词即可快速分辨变量类型。有关自定义接口的内容会在 5.2 节中详细介绍。

代码 2-40　ros2 node info 的示例

```
$ ros2 node info --help
---
usage: ros2 node info [-h] [--spin-time SPIN_TIME] [-s] [--no-daemon] [--include-hidden] node_name

Output information about a node

positional arguments:
  node_name             Node name to request information

optional arguments:
  -h, --help            show this help message and exit
  --spin-time SPIN_TIME
                        Spin time in seconds to wait for discovery (only applies when not using an
                        already running daemon)
  -s, --use-sim-time    Enable ROS simulation time
  --no-daemon           Do not spawn nor use an already running daemon
  --include-hidden      Display hidden topics, services , and actions as well
---
$ ros2 node info --include-hidden /_ros2cli_daemon_0
---
/_ros2cli_daemon_0
  Subscribers:

  Publishers:
    /parameter_events: rcl_interfaces/msg/ParameterEvent
    /rosout: rcl_interfaces/msg/Log
  Service Servers:

  Service Clients:

  Action Servers:
```

```
Action Clients:
---
```

▶▶ 2.2.4 进程、 线程与节点的关系

前面提到过，一个进程里可以维护多个节点执行器（executor），一个节点执行器可以维护多个节点（node）。按照线程数量区分，可以分为单线程节点执行器和多线程节点执行器。单线程节点执行器会将所有已添加到维护队列的节点限制在一个线程内处理所有回调，而多线程节点执行器会按照设备的性能，动态分配线程为队列内的节点处理回调。从最表象上看，在单线程节点执行器中，所有节点的进程 ID 相同，线程 ID 也相同；而在多线程节点执行器中，所有节点的进程 ID 相同，线程 ID 会不同。

为了验证这一点，节点的定时器回调函数需要修改，同时添加头文件，如代码 2-41 和代码 2-42 所示。这两段修改保证了当节点构造时，可以输出该节点运行的进程 ID（Process ID）和线程 ID（Thread ID）。

代码 2-41　修改文本输出

```
Node2Go::Node2Go(const std::string & node_name)
: rclcpp::Node(node_name)
{
  auto printimer_callback =
    [&]()-> void {
      pid_t pid = getpid();
      std::cout << this->get_name()<< ": pid is " << pid << ", thread id is " <<
      std::this_thread::get_id()<< std::endl;
    };
  printimer_ = this->create_wall_timer(500ms, printimer_callback);
}
```

代码 2-42　添加头文件

```
#include <unistd.h>
#include <thread>
#include <chrono>
#include <string>

#include "ch2_node_cpp/node2go.hpp"
#include "sys/types.h"
```

然后可以直接修改原来的主函数文件，也可新建一个主函数文件，如果选择后者，需要在 CMakeLists.txt 中做相应的修改和添加。代码 2-43 中使用了命令行参数作为输入，同时输入了节点的数量和需要使用的执行器，"s"代表使用单线程执行器，"m"代表使用多线程执行器。

代码 2-43　同时维护若干个节点

```cpp
#include <memory>
#include <vector>

#include <string>
#include "ch2_node_cpp/node2go.hpp"
#include "rclcpp/rclcpp.hpp"

int main(int argc, char ** argv)
{
  rclcpp::init(argc, argv);
  uint32_t node_count(0);
  bool is_multi(false);
  std::vector<std::shared_ptr<ros_beginner::Node2Go>> node_vector;
  rclcpp::executors::SingleThreadedExecutor executor_s;
  rclcpp::executors::MultiThreadedExecutor executor_m;

  if (argc >= 3){
    int input_count = atoi(argv[1]);
    node_count = input_count > 0 ? input_count: 0;
    node_vector.reserve(node_count);
    std::string multi_flag = static_cast<std::string>(argv[2]);
    if (multi_flag == std::string("m")){
      is_multi = true;
    } else if (multi_flag == std::string("s")){
      is_multi = false;
    } else {
      std::cout << "Example: ros2 run ch2_node_cpp multinode <node_count> s/m" << std::endl;
      return 0;
    }
  } else {
    std::cout << "Example: ros2 run ch2_node_cpp multinode <node_count> s/m" << std::endl;
    return 0;
  }

  for (int i = node_count; i--; ){
    node_vector.push_back(
      std::make_shared<ros_beginner::Node2Go>(
        "cpp_node_a_" +
        std::to_string(i)));
    if (is_multi){executor_m.add_node(node_vector.back()->get_node_base_interface());}
else {
      executor_s.add_node(node_vector.back()->get_node_base_interface());
    }
  }
  if (is_multi){executor_m.spin();} else {executor_s.spin();}

  rclcpp::shutdown();
```

```
  return 0;
}
```

运行结果可参考代码 2-44 和代码 2-45，可见前者维护下节点的线程 ID 均一致，而后者则相反。篇幅原因，不便展示更大数量的节点结果。此外，读者可尝试使用 Python 重写本节代码，并测试和查看结果。

代码 2-44 单线程节点执行器同时运行 5 个节点

```
$ ros2 run ch2_node_cpp multinode 5 s
---
cpp_node_a_4: pid is 26315, thread id is 140492189881216
cpp_node_a_3: pid is 26315, thread id is 140492189881216
cpp_node_a_2: pid is 26315, thread id is 140492189881216
cpp_node_a_1: pid is 26315, thread id is 140492189881216
cpp_node_a_0: pid is 26315, thread id is 140492189881216
---
```

代码 2-45 多线程节点执行器同时运行 5 个节点

```
$ ros2 run ch2_node_cpp multinode 2 m
---
cpp_node_a_1: pid is 22735, thread id is 140006865757952
cpp_node_a_0: pid is 22735, thread id is 140006739932928
cpp_node_a_1: pid is 22735, thread id is 140006739932928
cpp_node_a_0: pid is 22735, thread id is 140007309289216
---
```

这里留下一个小疑问，希望读者思考：如果不增加节点数量，只增加回调函数和定时器的数量，在多线程节点执行器的维护下，会产生更多的线程吗？

2.3 节点的常见扩展功能

本节将讲解一些节点的常见扩展功能。

DDS 作为 ROS 2 的网络通信中间件，它除了提供自发现、模块化、低延时和高带宽的通信能力外，还为 ROS 2 提供了消息的隔离功能：DDS 作用域。通过 DDS 作用域可以非常灵活且快速地将节点的资源分隔，并确保通过不同的网络端口进行通信。除了 DDS 作用域，通过命名空间（namespace）也是一种隔离手段，但命名空间只是将节点及其资源的名字通过重映射的方式重命名，并没有在实质上将资源隔离。本节在后面也对二者作了区分对比。

除了传统的节点外，ROS 2 中还提供了一种可管控生命周期的节点，及生命周期节点（Lifecycle Nodes）。生命周期节点作为默认功能为广大开发者提供，所以在 rclcpp、rclc 和 rclpy 中均有实现，其中 rclc 是面向嵌入式平台设计的 RCL 层实现（主要集成在 micro-ROS 中，但不代表不可以应用在其他环境中），本书不会对其详细介绍，有兴趣读者可自行探索了解。生命周期节点为节点扩展出了完善的运行流程，包括节点的初始化、配置、激活、失活、问题处理和销毁等阶段，每一个阶段均可通过 service（ROS 2 通信的一种）操作，也可通过其他的形式（如 topic 或自行调用）来控制。设计完备的生命周期节点可为机器人系统极大程度提高软件的稳定性。

▶▶ 2.3.1 DDS 的作用域

前面提到，ROS 2 中有一个关键的环境变量 ROS_DOMAIN_ID。该变量继承自 DDS 体系，域是链接共享相同域 ID 的所有应用程序的全局数据空间。域彼此独立。DDS 应用程序将在一个域内发送和接收数据。一个网络内可以包含多个不同的域，一个域也可跨越不同的网络。所谓 ID，是一个标识域的正整数。由于 ROS 2 底层使用了 DDS 作为中间件，同域的 ROS 2 节点可以自由发现并相互发送消息，而不同域的 ROS 2 节点则不能。默认情况下，所有 ROS 2 节点都使用 0 作为域 ID。为避免在同一网络上运行 ROS 2 的不同计算机组之间相互干扰，可为每个组设置不同的域 ID。这些说明可以在 docs.ros.org 中的 Concepts 中找到。

一般，在 ROS 2 中，域 ID 的安全选择范围是 0~101 闭区间。由于使用的 DDS 底层是 UDP，所以域 ID 所对应的是用于发现和通信的 UDP 端口，UDP 端口是一个无符号的 16 位整数，最高是 65535。计算方法如式（2-1）和式（2-2）⊖ 所示。

$$Port_{DM} = Port_B + Gain_{DID} * ID_D + d_0$$
$$Port_{UM} = Port_B + Gain_{DID} * ID_D + d_2 \tag{2-1}$$
$$Port_{DU} = Port_B + Gain_{DID} * ID_D + d_1 + Gain_{PID} * ID_P$$
$$Port_{UU} = Port_B + Gain_{DID} * ID_D + d_3 + Gain_{PID} * ID_P \tag{2-2}$$

其中，$Port_{DM}$ 是发现多播（Discovery Multicast）端口；$Port_{UM}$ 是用户多播（User Multicast）端口；$Port_{DU}$ 是发现单播（Discovery Unicast）端口；$Port_{UU}$ 是用户单播（User Unicast）端口；$Port_B$ 是基准（Base）端口，所有的端口计算都会从该基准向上开始，在 DDS 体系中，基准端口是 7400；$Gain_{DID}$ 是域 ID（Domain ID）的增益，在 DDS 中取 250；ID_D 是用户设置的域 ID；$Gain_{PID}$ 是参与者 ID 的增益，DDS 中取值为 2；ID_P 是参与者 ID，由进程加入域的顺序确定，从 0 到 N，在不同平台上，N 的取值不同，如在 Linux 上 DDS 的最大进程数（也是参与者数量）是 63，Windows 和 macOS 上是 120；d_0 和 d_2 分别是内建的用户的多播端口偏置，分别取值 0 和 1；d_1 和 d_3 分别是内建和用户的单播端口偏置，分别取值为 10 和 11。

除了使用该计算方法约束外，由于最大端口 65535 的限制（不能大于该值），以及不同平台对 TCP、UDP 和 SCTP 等协议的临时端口占用（需要避开这些值），Linux 平台的临时端口默认为 32768~60999，macOS 平台的临时端口默认为 49152~65535，Windows 平台的临时端口默认为 49152~65535，除此之外的端口均是可以使用的，于是可以推出：Linux 的可用域 ID 范围是 0~101 和 215~232，macOS 的可用域 ID 范围是 0~166，Windows 的可用域 ID 范围也是 0~166。

⊖ 参见 Gerardo Pardo 的文章 "Statically configure a Firewall to let OMG DDS Traff i through"，地址为 https://community.rti.com/content/forum-topic/statically-configure-firewall-let-omg-dds-traffic-throug。

默认情况下，不同域之间是无法交流的，这也给同网络下（如同设备或同局域网等）的不同 ROS 2 环境的隔离提供了便利条件。设置域 ID 的方法如同 1.1.4 节中的代码 1-5 所展示的那样，通过对环境变量 ROS_DOMAIN_ID 的设置来改变域 ID。

代码 2-46 展示了不同域 ID 所造成的影响。读者可以尝试在不同的终端窗口、不同的终端标签甚至不同设备上修改相同或不同的域 ID，并借助 ros2node 相关的指令对节点进行查看，以加深理解。

代码 2-46   测试不同的域 ID

```
$ ros2 node list -a
---
/_ros2cli_daemon_0
---
$ export ROS_DOMAIN_ID 32
$ ros2 node list -a
---
/_ros2cli_daemon_32
---
$ export ROS_DOMAIN_ID 322
$ ros2 node list -a
---
1644141376.590983 [322]    ros2: Failed to create discovery multicast socket for domain 322: re-
    sulting port number(87900)is out of range
[ERROR] [1644141376.591080906] [rmw_cyclonedds_cpp]: rmw_create_node: failed to create
domain, error Error
>>> [rcutils|error_handling.c:108] rcutils_set_error_state()
This error state is being overwritten:

 'error not set, at /tmp/binarydeb/ros-galactic-rcl-3.1.2/src/rcl/node.c:261'

with this new error message:

 'rcl node's rmw handle is invalid, at /tmp/binarydeb/ros-galactic-rcl-3.1.2/src/rcl/node.c:
413'

rcutils_reset_error()should be called after error handling to avoid this.
<<<
[ERROR] [1644141376.591237903] [rcl]: Failed to fini publisher for node: 1
error creating node: rcl node's rmw handle is invalid, at /tmp/binarydeb/ros-galactic-rcl-3.1.
2/src/rcl/node.c:413
---
```

除了通过环境变量设置域 ID 外，直接通过编程也是可以设置和查看当前的域 ID，该功能实现在 RCL 层，并通过 rclcpp 和 rclpy 将接口暴露，并且统一为在 RCL 层初始化时设置域 ID；在节点中的 Context 获取当前域 ID。如代码 2-47 和代码 2-48 所示。

代码 2-47　rclcpp 中设置域 ID

```
#include <memory>

#include "ch2_node_cpp/node2go.hpp"
#include "rclcpp/rclcpp.hpp"

int main(int argc, char ** argv)
{
  rclcpp::InitOptions init_option;
  init_option.set_domain_id(100);
  rclcpp::init(argc, argv, init_option);
  auto node2go = std::make_shared<ros_beginner::Node2Go>("cpp_node");

  std::cout << node2go->get_node_options().context()->get_domain_id()<< std::endl;
  return 0;
}
```

代码 2-48　rclpy 中设置域 ID

```
def main(args=None):
    rclpy.init(args=args, domain_id=100)
    node = Node2Go('py_node')
    print(node.context.get_domain_id())
    rclpy.shutdown()
```

原则上，ROS 2 应用程序被设计成无法跨域交流数据，如有需求，需要设计一个桥梁，桥接域与域之间的数据，读者可以参考 ros2/domain_bridge 实现这一功能。

▶▶ 2.3.2　ROS 的命名空间

命名空间，英文是 namespace，和节点一样，也广泛存在于计算机各类技术中，如 C++、PHP和 XML 等编程语言都有明确的 namespace 关键字或规范，如 Java、C、Python 和 C#等编程语言也可以通过其他形式构造命名空间等效的功能。构造命名空间的目的是通过标识符约束程序的作用域，确保同样的功能可以在不同的域中同时工作，这也是 ROS 2 中命名空间的设计目的。

专题 2-2（命名空间的设置规则）

- 如果不设置命名空间，则默认的命名空间为 "/"。
- 第一个字符必须是正斜杠（/）。
- 正斜杠后面紧跟着必须是字母（[a~z|A~Z]）或下画线（_）。
- 其他位置可以是字母（[a~z|A~Z]）、数字（[0~9]）或下画线（_）。
- 命名空间可以叠加，如 "/abc/efg/h123"。
- 设置命名空间的节点会将其创建的 topic、service 和 action 的名称都添加到同一命名空间下，但 tf 不会。

命名空间可以通过命令行引入，也可通过编程引入，在学习启动系统（launch system）后，还可以通过 launch 文件引入命名空间（可以阅读 3.2 节了解）。

通过命令行引入的方法是在 ros2 run 的过程中使用"--ros-args"后添加"--remap __ns:="来添加命名空间，命名空间通常是使用"/"作为开头，命名规则和节点一致，"/"后可以使用字母和下画线，但不可以使用数字，其他位置可以使用字母、数字和下画线。

为了验证这件事，需要从节点中读取当前所使用的命名空间，如代码 2-49 所示，读者可以同步尝试用 C++ 的方式实现。保存该 Python 文件为"node2gons.py"，并令其可执行文件名为"node2gons"。

代码 2-49　修改主函数输出命名空间

```python
import rclpy
from rclpy.node import Node

class Node2Go(Node):

    def __init__(self, name):
        self.name = name
        super().__init__(self.name)

def main(args=None):
    rclpy.init(args=args)
    node = Node2Go('py_node')
    print(node.get_namespace()+'/' + node.get_name())
    rclpy.shutdown()

if __name__ == '__main__':
    main()
```

然后像代码 2-50 这样输入命名空间并测试非法命名空间。命名空间可以被设置为多级，但不可使总长度超过 255（8U），总长度指的是最大的命名空间字符串长度、最大的节点字符串长度和最大的 topic/service/action 的名字字符串长度之和。

代码 2-50　通过命令行参数输入命名空间

```
$ ros2 run ch2_node_py node2gons --ros-args --remap __ns:=/abc
---
/abc/py_node
---
$ ros2 run ch2_node_py node2gons --ros-args --remap __ns:=/123
---
[WARN] [1644214597.448160700] [rcl]: Namespace not remapped to a fully qualified name (found: /123)
[ERROR] [1644214597.448217900] [rcl]: Failed to parse global arguments
---
$ ros2 run ch2_node_py node2gons --ros-args --remap __ns:=abc
---
[WARN] [1644214493.995801000] [rcl]: Namespace not remapped to a fully qualified name (found: abc)
```

```
[ERROR] [1644214493.995925000] [rcl]: Failed to parse global arguments
---
$ ros2 run ch2_node_py node2gons --ros-args --remap __ns:=/a123
---
/a123/py_node
---
$ ros2 run ch2_node_py node2gons --ros-args --remap __ns:=/a/b/c
---
/a/b/c/py_node
---
```

如果节点持续运行，还可以通过 ros2node 的指令获取节点的信息，读者可以自行尝试。

此外，ROS 2 的命名空间也可以通过节点的参数进行设置，如代码 2-51 中，通过节点的构造函数传入命名空间，但优先级低于命令行参数的设置。通过代码 2-52 可以观察到，外部设置的"/a123"覆盖了源码内提供的"/abc"命名空间。

代码 2-51　在程序源码中设置命名空间

```
import rclpy
from rclpy.node import Node

class Node2Go(Node):

    def __init__(self, name):
        self.name = name
        super().__init__(self.name)

def main(args=None):
    rclpy.init(args=args)
    node = Node2Go('py_node', ns='abc')
    print(node.get_namespace()+'/' + node.get_name())
    rclpy.shutdown()

if __name__ == '__main__':
    main()
```

代码 2-52　测试程序源码内的命名空间设置

```
$ ros2 run ch2_node_py node2gons
---
/abc/node2gons
---
$ ros2 run ch2_node_py node2gons --ros-args --remap __ns:=/a123
---
/a123/node2gons
---
```

命名空间与域 ID 有着本质的区别。

- 命名空间原理上是通过重映射将原本的节点或其他参数重命名了，并没有做资源隔离，而

域 ID 则是从网络的维度将资源隔离。

- 不同命名空间内的节点可以互相交流，也可以互相发现，不同域的则不可以。
- 命名空间原则上数量不受限制，域 ID 有数量限制。
- 命名空间可以通过初始化节点完成设置，而域 ID 需要初始化 RCL 层完成设置。
- 通过源码设置的命名空间优先级不如命令行参数的高，而源码设置的域 ID 优先级则高于外部输入。

▶▶ 2.3.3　生命周期节点

生命周期节点是 ROS 2 引入的新节点类型，在 design.ros2.org 上有一篇 "Managed nodes"⊖ 的文章详细介绍了生命周期节点的设计思路和工作原理。它作为扩展，为节点提供了状态切换的功能，并基于此实现了一整套完备的节点状态机和管理机制，使 ROS 系统具有更好的管理和控制节点的能力。

生命周期节点是基于节点（node）和服务（service）实现的，并且有 C/C++ 版本（rclc⊖ 和 rclcpp⊜）和 Python 版本（rclpy⑳）。所谓节点的生命周期，是描述节点从生成到运行，运行到销毁的过程。完整的周期包含了 4 个主状态（primary states）和 6 个转换状态（transition states），状态切换有 5 种转换方法（transition method）。有关这些内容的消息定义，维护在 ros2/rcl_interfaces 的 lifecycle_msgs 中。图 2-2 中展示了完整的生命周期节点的状态切换流程。

主状态指节点能够稳定保持的状态，包括：

- Unconfigured（待配置）。
- Inactive（待激活）。
- Active（已激活）。
- Finalized（已结束）。

转换状态指节点在主状态之间切换时的中间状态，包括：

- Configuring（配置中）。
- CleaningUp（清理中）。
- ShuttingDown（关闭中）。
- Activating（激活中）。
- Deactivating（失活中）。
- ErrorProcessing（错误处理中）。

状态切换的转换方法是上述的转换状态中除了错误处理外的动词表示，包括：

- Configure（配置）。

⊖　请参见 http://design.ros2.org/articles/node_lifecycle.html。
⊖　自 Dashing 版本。
⊜　自 Ardent 版本。
⑳　自 Galactic 版本。

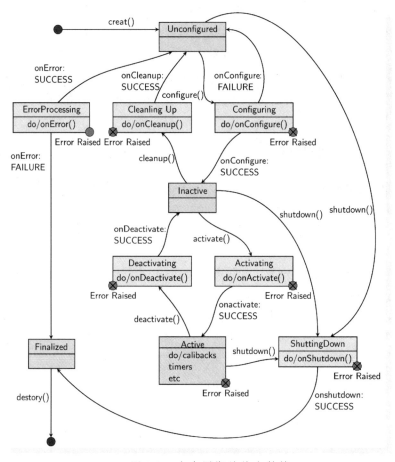

● 图 2-2　生命周期的状态转换

- CleanUp（清理）。
- ShutDown（关闭）。
- Activate（激活）。
- Deactivate（失活）。

　　在了解生命周期理论的同时，读者可以通过运行程序加深理解。这里依然可以对 ch2_node_cpp 进行修改，添加继承 rclcpp_lifecycle::LifecycleNode 的节点，需要新建两个文件：include/ch2_node_cpp/lifecyclenode2go.hpp 和 src/lifecyclenode2go.cpp，并按照代码 2-53 和 2-54 重写其中内容。由于 C++版本与 Python 版本实现机理很相似，故此处例程仅实现 C++版本，读者可自行实现 Python 版本。

代码 2-53　include/ch2_node_cpp/lifecyclenode2go.hpp

```
#ifndef CH2_NODE_CPP__LIFECYCLENODE2GO_HPP_
#define CH2_NODE_CPP__LIFECYCLENODE2GO_HPP_

#include <unistd.h>
```

```
#include <string>

#include "lifecycle_msgs/msg/state.hpp"
#include "rclcpp/rclcpp.hpp"
#include "rclcpp_lifecycle/lifecycle_node.hpp"
#include "sys/types.h"

namespace ros_beginner
{
using CallbackReturn_T = rclcpp_lifecycle::node_interfaces::LifecycleNodeInterface::Call-
backReturn;
class LifecycleNode2Go:public rclcpp_lifecycle::LifecycleNode
{
public:
  explicit LifecycleNode2Go(const std::string & node_name);
  ~LifecycleNode2Go();

  // Lifecycle functions
  CallbackReturn_T on_configure(const rclcpp_lifecycle::State &)override;
  // CallbackReturn_T on_activate(const rclcpp_lifecycle::State &);
  // CallbackReturn_T on_deactivate(const rclcpp_lifecycle::State &);
  CallbackReturn_T on_cleanup(const rclcpp_lifecycle::State &)override;
  CallbackReturn_T on_shutdown(const rclcpp_lifecycle::State &);

private:
  rclcpp::TimerBase::SharedPtr printimer_;
};
}    // namespace ros_beginner
#endif    // CH2_NODE_CPP__LIFECYCLENODE2GO_HPP_
```

代码 2-54   src/lifecyclenode2go.cpp

```
#include <chrono>
#include <string>
#include <thread>

#include "ch2_node_cpp/lifecyclenode2go.hpp"

namespace ros_beginner
{
using namespace std::chrono_literals;
LifecycleNode2Go::LifecycleNode2Go(const std::string & node_name)
: rclcpp_lifecycle::LifecycleNode(node_name)
{}

LifecycleNode2Go::~LifecycleNode2Go()
{}
```

```
CallbackReturn_T LifecycleNode2Go::on_configure(const rclcpp_lifecycle::State &)
{
  std::cout << "Configuring node [" << this->get_name()<< "]." << std::endl;
  auto printimer_callback =
    [&]()-> void {
      if (this->get_current_state().id()== lifecycle_msgs::msg::State::PRIMARY_STATE_ACTIVE){
        pid_t pid = getpid();
        std::cout << this->get_name()<< ": pid is " << pid << ", thread id is " <<
          std::this_thread::get_id()<< std::endl; }
      };
    printimer_ = this->create_wall_timer(500ms, printimer_callback);
    return CallbackReturn_T::SUCCESS;
}

CallbackReturn_T LifecycleNode2Go::on_cleanup(const rclcpp_lifecycle::State &)
{
  std::cout << "Cleaning up node [" << this->get_name()<< "]." << std::endl;
  printimer_->cancel();
  return CallbackReturn_T::SUCCESS;
}

CallbackReturn_T LifecycleNode2Go::on_shutdown(const rclcpp_lifecycle::State &)
{
  std::cout << "Shutting down node [" << this->get_name()<< "]." << std::endl;
  if (! printimer_->is_canceled()){
    printimer_->cancel();
  }
  printimer_->reset();
  return CallbackReturn_T::SUCCESS;
}
} // namespace ros_beginner
```

上述代码中新增了 on_configure、on_activate、on_deactivate、on_cleanup 和 on_shutdown 5 个回调函数，分别代表 5 种转换方式，继承后可以选择定制状态切换中需要哪些操作（重定义或重写），也可以使用默认操作。而后需要将 main 函数中实例化的节点类型改为"ros_beginner::LifecycleNode2Go"，并如代码 2-55 添加 CMake 依赖和代码 2-56 添加 XML 依赖后，重新构建即可。本测试改动的 main 函数是基于代码 2-43 进行的，修改后需要保证可执行程序名为"multilifecyclenode"。

代码 2-55　添加 rclcpp_lifecycle 到 CMake

```
find_package(rclcpp_lifecycle REQUIRED)

# …

set(dependencies
  rclcpp
  rclcpp_lifecycle
)
```

代码 2-56　添加 **rclcpp_lifecycle** 到 XML

```
<depend>rclcpp_lifecycle</depend>
```

　　运行该进程的方式和之前一样，使用 ros2run 指令即可，但运行后并不会显示任何内容，这是因为当前的状态是 Unconfigured。然后需要重新打开一个窗口，并使用 ros2lifecycle 包的指令进行操作，和之前一样，可以先查看帮助获得使用提示。目前 ros2lifecycle 支持 list（列举当前节点可切换的状态）、nodes（列举当前环境的生命周期节点）、get（获得某个/些节点的当前状态）和 set（设置某个节点的目标状态）。ros2lifecycle 的原理是通过发送 service 请求来完成的状态切换，读者也可以通过 ros2 service list 指令和 ros2 node info 指令查看启动生命周期节点后，其节点属下的服务资源分配。ros2lifecycle 初步演示如代码 2-57 所示。

代码 2-57　ros2lifecycle 初步演示

```
$ ros2 lifecycle --help
---
usage: ros2 lifecycle [-h] Call 'ros2 lifecycle <command> -h' for more detailed usage. …

Various lifecycle related sub-commands

optional arguments:
  -h, --help            show this help message and exit

Commands:
  get    Get lifecycle state for one or more nodes
  list   Output a list of available transitions
  nodes  Output a list of nodes with lifecycle
  set    Trigger lifecycle state transition

  Call 'ros2 lifecycle <command> -h' for more detailed usage.
---
$ ros2 lifecycle nodes
---
/cpp_node_a_0
---
$ ros2 lifecycle get /cpp_node_a_0
---
unconfigured [1]
---
$ ros2 lifecycle list /cpp_node_a_0
---
- configure [1]
       Start: unconfigured
       Goal: configuring
- shutdown [5]
       Start: unconfigured
       Goal: shuttingdown
---
```

下面会依次介绍每个状态，并通过 ros2lifecycle 演示。

（1）Unconfigured 代号：1。

每个状态都具备一个整形的代号（ID），这些代号作为宏定义，被定义在 lifecycle_msgs 中。

这是节点在实例化后立即处于的生命周期状态。这也是发生错误后节点可能被恢复到的状态。在这种状态下不会保留节点分配的资源。

从该状态可完成以下转换：

- 通过 Configure 转换到 Inactive 状态。
- 通过 ShutDown 转换到 Finalized 状态。

状态切换是有严格规定的，如果发送了错误的指令，会提示失败，如代码 2-58 中第二次发送 Configure 指令后的提示。

代码 2-58 使用 ros2lifecycle 触发 Configure

```
$ ros2 lifecycle set /cpp_node_a_0 configure
---
Transitioning successful
---
$ ros2 lifecycle set /cpp_node_a_0 configure
---
Unknown transition requested, available ones are:
- cleanup [2]
- activate [3]
- shutdown [6]
---
$ ros2 lifecycle get /cpp_node_a_0
---
inactive [2]
---
$ ros2 lifecycle list /cpp_node_a_0
---
- cleanup [2]
        Start: inactive
        Goal: cleaningup
- activate [3]
        Start: inactive
        Goal: activating
- shutdown [6]
        Start: inactive
        Goal: shuttingdown
---
```

（2）Inactive 代号：2

此状态表示当前节点未执行任何有效工作。这种状态的主要目的是允许节点在运行时（重新）配置（更改配置参数、添加和删除主题发布/订阅等）而不改变其行为。在该状态的节点不会运作任何有效处理，如发布主题、读取主题、读取请求和处理请求等。

从该状态可完成以下转换：

- 通过 Activate 转换到 Active 状态。
- 通过 CleanUp 转换到 Unconfigured 状态。
- 通过 ShutDown 转换到 Finalized 状态。

代码 2-59 中展示了从 Inactive 状态激活的过程，同时观察节点的控制台输出，验证这一过程。其次，读者可如法炮制，尝试通过 ros2lifecycle 指令触发 Unconfigure 的过程。

代码 2-59　使用 ros2lifecycle 触发 Activate

```
$ ros2 lifecycle set /cpp_node_a_0 activate
---
Transitioning successful
---
$ ros2 lifecycle get /cpp_node_a_0
---
active [3]
---
$ ros2 lifecycle list /cpp_node_a_0
---
- deactivate [4]
        Start: active
        Goal: deactivating
- shutdown [7]
        Start: active
        Goal: shuttingdown
---
```

（3）Active 代号：3

这是节点生命周期的主要状态。在这种状态下，节点执行任何处理、响应服务请求、读取和处理数据，以及产生输出等。如果在这种状态下发生节点/系统无法处理的错误，节点将转换到错误处理。

从该状态可完成以下转换：

- 通过 Deactivate 转换到 Inactive 状态。
- 通过 Shutdown 转换到 Finalized 状态。

代码 2-60 中展示了从 Active 状态到 Deactivate 等过程，并通过 list 展示了其可转换等状态及转换方法。

代码 2-60　使用 ros2lifecycle 触发 Deactivate

```
$ ros2 lifecycle set /cpp_node_a_0 deactivate
---
Transitioning successful
---
$ ros2 lifecycle get /cpp_node_a_0
---
```

```
inactive [2]
---
$ ros2 lifecycle list /cpp_node_a_0
---
- cleanup [2]
        Start: inactive
        Goal: cleaningup
- activate [3]
        Start: inactive
        Goal: activating
- shutdown [6]
        Start: inactive
        Goal: shuttingdown
---
```

（4）Finalized 代号：4

该状态是指节点在被销毁之前立即结束的状态。这种状态代表着节点终结，从该状态只能切换到节点实例被销毁。此状态的存在是为了支持调试和自检。已经故障的节点对系统自检仍然可见，并且通过调试工具可能是可自检的，而不是直接销毁。如果一个节点是在重生循环中启动的，或者已经知道循环的原因，那么监管流程将会有一个自动销毁和重新创建节点的策略。

从该状态可完成的转换：通过 Destroy 将节点资源释放。

（5）Configuring 代号：10

在这种转换状态下，将调用节点的 onConfigure 回调，以允许节点加载其配置并执行所需的设置。节点的配置通常涉及那些在节点的生命周期内必须执行一次的任务，如获取永久内存缓冲区和设置不更改的主题发布/订阅。节点使用它来设置它在整个生命周期中必须持有的任何资源（无论它是激活的还是非激活的）。例如，这些资源可能包括主题发布和订阅、持续存储的内存及初始化的配置参数。

从该状态可完成以下转换：

- 如果 onConfigure 回调成功，则节点将转换到 Inactive 状态。
- 如果 onConfigure 回调失败，则节点将转换到 Unconfigured 状态。
- 如果 onConfigure 回调引发或导致任何其他结果，则节点将转换到 ErrorProcessing 状态。

（6）CleaningUp 代号：11

在此转换状态时，节点的回调函数 onCleanup 将会被调用。该方法将清空所有状态并返回到与首次创建时相同的状态。如果清空失败则节点将转换到 ErrorProcessing 状态。

从该状态可完成以下转换：

- 如果 onCleanup 回调成功，则节点将转换到 Unconfigured 状态。
- 如果 onCleanup 回调引发或导致任何其他结果，则节点将转换到 ErrorProcessing 状态。

（7）ShuttingDown 代号：12

在此转换状态时，将执行回调 onShutdown。此方法将在节点销毁之前进行任何必要的清理工

作。它可以从除 Finalized 外的任何主状态进入，原状态将被传递至该方法。

从该状态可完成以下转换：

- 如果 onShutdown 回调成功，则节点转换到 Finalized 状态。
- 如果 onShutdown 回调引发或导致任何其他结果，则节点将转换到 ErrorProcessing 状态。

（8）Activating 代号：13

在此转换状态时，将执行回调 onActivate。此方法将完成开始执行前的最后准备工作。这可能包括获取仅在节点实际处于活动状态时所持有的资源，如对硬件的访问。理想情况下，不应该在这个回调中执行需要大量时间的准备（如冗长的硬件初始化）。

从该状态可完成以下转换：

- 如果 onActivate 回调成功，则节点将转换到 Active 状态。
- 如果 onActivate 回调引发或导致任何其他结果，则节点将转换到 ErrorProcessing 状态。

（9）Deactivating 代号：14

在此转换状态时，将执行回调 onDeactivate。此方法将完成 onActivate 的反向更改。

从该状态可完成以下转换：

- 如果 onDeactivate 回调成功，则节点转换到 Inactive 状态。
- 如果 onDeactivate 回调引发或导致任何其他结果，则节点将转换到 ErrorProcessing 状态。

（10）ErrorProcessing 代号：15

在此转换状态中，任何错误都可以被清除。可以从执行用户代码的任何状态进入此状态。如果错误处理成功完成，节点可以返回到' Unconfigured '，如果不可能进行完全清除，则必须失败，节点将转换到' Finalized '，为销毁做准备。到 ErrorProcessing 的转换可能由回调中的错误返回码、回调中的方法或无法捕获的异常引起。

从该状态可完成以下转换：

- 如果 onError 回调成功，则节点将转换到 Unconfigured 状态。预期 onError 将从以前的状态中清除所有状态。因此，如果从 Active 中转换，它必须同时提供 onDeactivate 和 onCleanup 才能返回成功。
- 如果 onError 回调引发或导致任何其他结果，则节点将转换到 Finalized 状态。

完整的生命周期节点设计并不仅仅是像本节给出的例子那样简单继承后用命令行调用状态转换，而是需要设计生命周期管理节点和生命周期工作节点，并基于此制订一套完备的管理逻辑。使用生命周期节点的项目也有一些不错的例子，如 ros-planning/navigation2 和 ros-controls/ros2_controllers 等。

2.4　实战：功能包的打包与发行

1.3.2 节和本章的开篇都提到了一个用于发行功能包的工具：bloom。作为一个贯穿 ROS 和 ROS 2 历史的自动化打包工具，它提供了单功能包的本地打包、通过 Git 发行和版本间快速发行等多个功能。它本身并不执行任何构建有关的内容，只面向目标安装包的文件格式和组成自动生成一部分文件，以提高 ROS 和 ROS 2 的二进制安装包的制作效率。

bloom 是基于 Python 实现的，和本章介绍过的 ROS 2 功能包相似，bloom 也是基于 Setuptools 实现的，所以查阅 setup.py 即可了解它将生成的几个可执行脚本，如代码 2-61 所示是其中的片段。

代码 2-61　bloom 的 setup.py 片段

```
setup(
    # …
    entry_points={
        'console_scripts': [
            'git-bloom-config = bloom.commands.git.config:main',
            'git-bloom-import-upstream = bloom.commands.git.import_upstream:main',
            'git-bloom-branch = bloom.commands.git.branch:main',
            'git-bloom-patch = bloom.commands.git.patch.patch_main:main',
            'git-bloom-generate = bloom.commands.git.generate:main',
            'git-bloom-release = bloom.commands.git.release:main',
            'bloom-export-upstream = bloom.commands.export_upstream:main',
            'bloom-update = bloom.commands.update:main',
            'bloom-release = bloom.commands.release:main',
            'bloom-generate = bloom.commands.generate:main'
        ],
        # …
    }
)
```

bloom 是面向 ROS 和 ROS 2 的官方功能包设计的，因为 ROS 和 ROS 2 的功能包都会通过 Git 仓库来管理，所以脚本名称中一系列带有 git 开头的，都是用于帮助 bloom 在制作安装包的过程中操作 Git 仓库的工具。bloom 开头的脚本工具除了 generate 外，也都是帮助操作 Git 仓库的脚本。因为 Git 仓库维护功能包会牵扯到建库，所以本节不会涉及 Git 仓库相关的操作介绍，读者可根据兴趣自行探索。

使用 bloom-generate 可以快速构建出自己想打包的二进制安装包，并且可提供非常规范的安装包内配置文件。像 deb 和 RPM 都是 Linux 发行版中包管理器所规定的文件格式。deb 文件是 Debian 系发行版的安装包格式，Debian 系的发行版包括 Ubuntu、Debian、Deepin 和 Kali Linux 等，在这些操作系统中，可以使用如 apt、aptitude 等包管理器来操作。RPM 文件是 Red Hat 系列发行版的安装包格式，Red Hat 系列包括 Red Hat Enterprise Linux、Fedora 和 CentOS 等，在这些操作系统中，可以使用如 YUM、DNF 等包管理器来操作。

bloom 可以通过系统的包管理器安装，也可通过 Python 的 pip 安装。在 Ubuntu 中，使用 apt 安装 bloom 的方法如代码 2-62 所示，其中还包括安装操作 deb 的工具：dpkg、debhelper 和 dh-python 的指令（有关 RPM 包的操作方法和 deb 包操作相似，读者可自行探索）。

代码 2-62　安装 bloom

```
$ sudo apt install python3-bloom
$ sudo apt install dpkg-dev debhelper dh-python
```

使用 bloom 生成安装包只需两步。

1）生成 deb 包的基本配置信息。

2）构建并生成安装包。

生成 deb 包的基本配置信息是通过调用 bloom 的指令完成的，并且最好在功能包的根目录进行，如代码 2-63 所示，是在本章例程功能包 ch2_node_py 中进行操作，其中最后的"Expanding"字样提示了生成的文件产物。读者也可通过文本编辑器直接查看这些文件，当然这些文件并不是最终会被打包在安装包中的文件，只是过程产物。如果中途发生网络超时，可重复尝试，直至成功。

代码 2-63　在 ch2_node_py 中生成 deb 配置信息

```
$ bloom-generate rosdebian --os-name ubuntu --os-version focal --ros-distro galactic .
---
==> Generating debs for ubuntu:focal for package(s)['ch2_node_py']
No homepage set, defaulting to ''
ROS Distro index file associate with commit '296111280c6b28d2413c1c6ff0f996e95df7b66c'
New ROS Distro index url:'https://raw.githubusercontent.com/ros/rosdistro/296111280c6b28d-
2413c1c6ff0f996e95df7b 66c/index-v4.yaml'
timeout: The read operation timed out (https://raw.githubusercontent.com/ros/rosdistro/296-
111280c6b28d2413c1c6ff0 f996e95df7b66c/index-v4.yaml)
This version of bloom is '0.10.7', but the newest available version is '0.11.0'.Please update.
  ch2_node_py git:(main)bloom-generate rosdebian --os-name ubuntu --os-version focal --ros-distro
  galactic .
==> Generating debs for ubuntu:focal for package(s)['ch2_node_py']
No homepage set, defaulting to ''
ROS Distro index file associate with commit '296111280c6b28d2413c1c6ff0f996e95df7b66c'
New ROS Distro index url:'https://raw.githubusercontent.com/ros/rosdistro/296111280c6b28d2413c1c6ff-
0f996e95df7b 66c/index-v4.yaml'
No historical releaser history, using current maintainer name and email for each versioned
changelog entry.
No CHANGELOG.rst found for package 'ch2_node_py'
Package 'ch2-node-py' has dependencies: Run Dependencies:
  rosdep key        => focal key
  rclpy             => ['ros-galactic-rclpy']
Build and Build Tool Dependencies:
  rosdep key        => focal key
  rclpy             => ['ros-galactic-rclpy']
  ament_copyright   => ['ros-galactic-ament-copyright']
  ament_flake8      => ['ros-galactic-ament-flake8']
  ament_pep257      => ['ros-galactic-ament-pep257']
  python3-pytest    => ['python3-pytest']
==> Placing templates files in the 'debian' folder.
==> In place processing templates in 'debian' folder.
Expanding 'debian/copyright.em'->'debian/copyright'
Expanding 'debian/changelog.em'->'debian/changelog'
Expanding 'debian/compat.em'->'debian/compat'
Expanding 'debian/rules.em'->'debian/rules'
Expanding 'debian/source/options.em'->'debian/source/options'
```

```
Expanding 'debian/source/format.em' -> 'debian/source/format'
Expanding 'debian/control.em' -> 'debian/control'
---
```

指令中包含多个参数，如 "rosdebian" 代表的是 ROS 标准的 deb 包，后面跟着的是操作系统的名称、版本和 ROS 2 的版本。其中 "rosdebian" 可被替换为 "debian" "rosrpm" 和 "rpm"。分别代表普通的 deb 包、ROS 标准的 RPM 包和 RPM 包。其区别主要在于安装路径，使用 ROS 标准的安装包，其安装目标路径是/opt/ros，而使用操作系统标准的安装包，则其安装路径一般为/usr。

然后需要使用 fakeroot 指令对功能包进行构建并将产物和 deb 配置文件一并打包至安装包内。如代码 2-64 所示，其输出日志非常多，所以这里只给出了一些关键内容，包括开头和结尾。结尾的内容表明，其产物文件会输出至当前目录的上一级目录。即功能包根目录的上一级目录，所以运行该指令时需要确保当前用户对上一级目录具有写权限。

代码 2-64　在 ch2_node_py 的根目录运行 fakeroot 指令以生成安装包

```
$ fakeroot debian/rules binary
---
dh binary -v --buildsystem=pybuild --with python3
    dh_update_autotools_config -O-v -O--buildsystem=pybuild
    debian/rules override_dh_auto_configure
# ...
    dh_installdeb -O-v -O--buildsystem=pybuild
        install -d debian/ros-galactic-ch2-node-py/DEBIAN
    dh_gencontrol -O-v -O--buildsystem=pybuild
        echo misc:Depends= >> debian/ros-galactic-ch2-node-py.substvars
        echo misc:Pre-Depends= >> debian/ros-galactic-ch2-node-py.substvars
        dpkg-gencontrol -pros-galactic-ch2-node-py -ldebian/changelog -Tdebian/ros-galactic-ch2-
            node-py.substvars -Pdebian/ros-galactic-ch2-node-py -UMulti-Arch
dpkg-gencontrol: warning: Depends field of package ros-galactic-ch2-node-py: substitution varia-
ble ${python3:Depends
    } used, but is not defined
        chmod 0644 -- debian/ros-galactic-ch2-node-py/DEBIAN/control
        chown 0:0 -- debian/ros-galactic-ch2-node-py/DEBIAN/control
    dh_md5sums -O-v -O--buildsystem=pybuild
        cd debian/ros-galactic-ch2-node-py >/dev/null && xargs -r0 md5sum |perl -pe 'if (s@^\\@@)
{s/\\\V \Vg;
            }' > DEBIAN/md5sums
        chmod 0644 -- debian/ros-galactic-ch2-node-py/DEBIAN/md5sums
        chown 0:0 -- debian/ros-galactic-ch2-node-py/DEBIAN/md5sums
    dh_builddeb -O-v -O--buildsystem=pybuild
        dpkg-deb --build debian/ros-galactic-ch2-node-py ..
dpkg-deb: building package 'ros-galactic-ch2-node-py' in '../ ros-galactic-ch2-node-py_0.0.1-
0focal_amd64.deb'.
---
```

生成完毕后，可以安装该功能包到当前环境，如代码 2-65 所示，并可在相应的目标目录查看到其内容产物（见代码 2-66）。当然，也可直接运行安装的二进制文件以测试。

代码 2-65　安装刚生成的安装包

```
$ sudo dpkg -i ros-galactic-ch2-node-py_0.0.1-0focal_amd64.deb
---
Selecting previously unselected package ros-galactic-ch2-node-py.
(Reading database …226178 files and directories currently installed .)
Preparing to unpack ros-galactic-ch2-node-py_0.0.1-0focal_amd64.deb …
Unpacking ros-galactic-ch2-node-py (0.0.1-0focal)…
Setting up ros-galactic-ch2-node-py (0.0.1-0focal)…
---
```

代码 2-66　查阅安装结果

```
$ ls /opt/ros/galactic/lib/ch2_node_py
---
node2go node2gons
---
$ ls /opt/ros/galactic/share/ch2_node_py
---
package.xml
---
```

代码 2-67 展示了卸载该功能包的方法。

代码 2-67　卸载刚安装的功能包

```
$ sudo apt remove ros-galactic-ch2-node-py
---
Reading package lists…Done
Building dependency tree
Reading state information…Done
The following packages will be REMOVED:
  ros-galactic-ch2-node-py
0 upgraded, 0 newly installed, 1 to remove and 0 not upgraded.
After this operation, 36.9 kB disk space will be freed.
Do you want to continue? [Y/n] y
(Reading database …196385 files and directories currently installed .)
Removing ros-galactic-ch2-node-py (0.0.1-0focal)…
---
```

　　如果读者想更深入地了解 deb 包内包含的具体内容，可以尝试用 dpkg 解压该功能包，并逐项查看，也可通过压缩包管理器将其解压后查看。

　　在 ROS 2 的日常发行和更新中，bloom 只是完整流程中的一环，完整的环节还包括：环境的配置、源码下载、构建、测试和上传打包文件等工作。这些流程都会在服务器中的 Docker 环境中完成，并在每次执行完毕后重置。在 ROS 生态中，用于生成该环境和脚本的工具名为 ros_buildfarm，和 bloom 一样，它也维护在 ros-infrastructure 组织下。它可以生成多种不同的任务脚本，并配合 Jenkins 完成任务部署和执行。

　　● 发行工作（Release jobs）：用于生成二进制安装包。

- 开发工作（Devel jobs）：构建和测试在一个仓库中的功能包。
- 持续集成工作（CI jobs）：用于跨仓库的功能包构建和测试，并支持使用其他 CI 作业产物加速构建。
- 文档工作（Doc jobs）：用于自动化生成各个功能包的文档。
- 杂项工作（Miscellaneous jobs）：包括如为特定发行版生成缓存文件和生成状态页面等其他类型的工作。

在 ROS 官方的网站 build.ros2.org 上使用 ros_buildfarm 生成和部署了各类脚本，用于每天各种各样的 ROS 和 ROS 2 的功能包的 CI/CD 和打包发行工作，感兴趣的读者可以访问该网站，并通过查看日志的方式作更深入地了解。

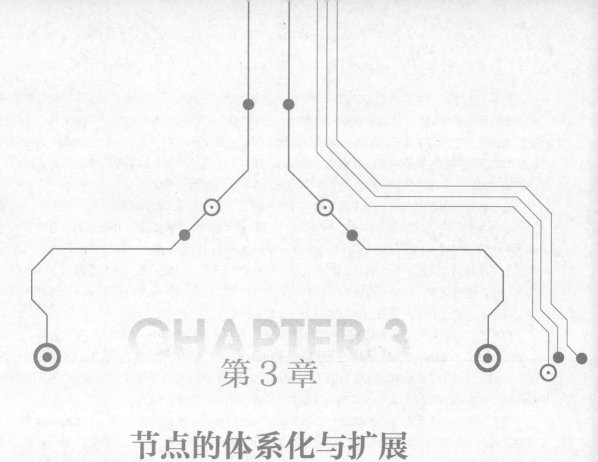

CHAPTER 3

第 3 章

节点的体系化与扩展

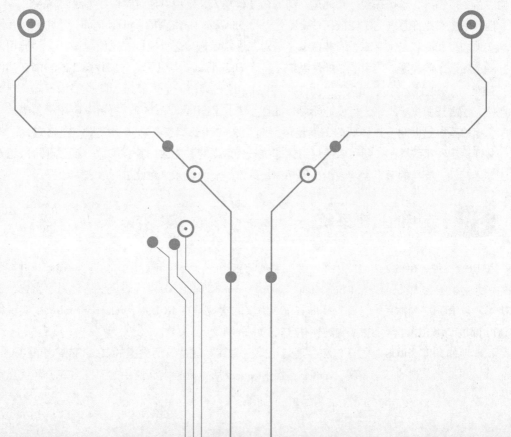

在 ROS 2 中设计了各种提高节点一致性和规范性的功能，如统一日志输出的日志系统、统一启动功能的启动系统和统一外部参数输入的参数系统等。这些功能的使用均依托于节点实现，也依托于节点调用。它们可在节点内部作为类成员函数或成员变量实现调用，也可在节点外部，通过实例化的节点访问其类成员函数或成员变量。具体的使用方式还需要根据具体情况而定。本章介绍的节点扩展功能包括日志系统、启动系统、参数系统、插件系统和组件系统。

日志系统为所有的 ROS 2 应用程序提供了统一的日志输出格式和输出规范，使得所有的日志都通过 ROS 2 的标准进行输出，并通过 ROS 2 的日志管理系统统一完成处理。ROS 2 的日志除了输出程序中配置的内容外，还会在日志中附加时间戳和 logger 的名称，logger 可以是输出日志的节点名称，也可以是自定义的字符串名称，其充当了一部分"标签"的功能。所有的日志都可以在运行时通过命令行实时查看，同时，ROS 2 的日志系统会将日志实时存储在指定目录中，并作为环形队列持续存储，以便于开发人员在任意时刻翻阅历史日志。

ROS 2 的启动系统相比 ROS 有了非常大的改进，它除了支持像 ROS 的 XML 格式配置外，还支持使用 YAML 和 Python 对启动脚本进行描述。Python 的引入为 ROS 2 的启动系统带来了跨越性的提升，这使得 ROS 2 的启动脚本中，除了对 ROS 2 节点的相关内容进行描述外，还可以做更多的判断和功能的实现，如自定义的各类 Python 函数和系统事件的检测和响应等。

参数系统是动态配置节点参数的一个重要途径，通过参数系统，可以令节点动态地从命令行或文件加载外部配置和外部变量，进而动态地改动运行中节点中的一些功能。参数的配置可以在启动时通过命令行输入，也可在运行时通过外部的命令行输入，还可以通过文件在启动时输入。

插件系统和组件系统的实现很相似，都是基于 class loader 实现的。class loader 允许 C++在运行时动态地加载和卸载二进制库，而非在编译时对二进制库直接进行链接，这使得设计一个通用的接口并动态加载不同实现成为可能。插件系统是基于 class loader 实现了动态加载插件的功能，插件分为"插座"（头文件）和"插头"（插件的实现），统一规格的插座满足不同类型和不同实现的插头连接，仅需按照统一规格进行设计即可。插件系统并非只面向 ROS 2，更可以应用于各类其他场景中。组件系统是面向节点实现的，满足运行时加载和卸载节点的功能。按照一定格式设计的节点，并通过组件系统导出，便可以使用组件的统一管理器对其完成加载和卸载。不过现阶段组件系统还较为初期，支持的节点类型较少，但相信社区维护者会在未来对此进行改进和增强。

3.1 节点的日志系统

和 ROS 相似，ROS 2 中也提供了一套完整的日志系统，支持向终端和文件同时输出，并按照日志的紧急情况分为 5 类，包括 debug、info、warn、error 和 fatal，分别代表调试、信息、警告、错误和灾难。从 ROS 2 的体系上，日志（logging）模块的实现是在 RCL 层，rclcpp 和 rclpy 中实现的统一 API 都是调用 RCL 层封装的日志通用接口，如图 3-1 所示。

从实现的角度，ROS 2 的日志底层是基于第三方库完成的，历史上 ros2/rcl 库曾选择 log4cxx、noop 和 spdlog 为默认的日志实现，spdlog 是自 Eloquent 版本开始默认使用的第三方库，其优点在于更轻量和更高效。

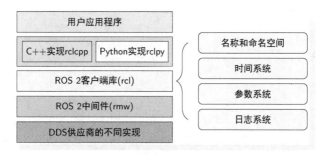

- 图 3-1　日志模块在 ROS 2 体系中的位置

　　ROS 2 日志的大部分实现在 ros2/rcutils 中，并会在构建 rclcpp 和 rclpy 时生成日志接口（API）的具体定义。感兴趣的读者可以阅读相关代码和文档，了解深层次的设计机理，涉及的仓库包括 ros2/rcutils、ros2/rcl_logging 和 ros2/rcl，以及当前阶段使用的第三方功能包（vendor 包），如通过 ros2/spdlog_vendor 引入 spdlog，有关 vendor 包的介绍将会在 7.2 节中展开。

　　本节所有代码将使用名为"ch3_logging_cpp"和"ch3_logging_py"功能包中实现。

▶▶ 3.1.1　日志的基本分类

　　日志的分类按照上面描述的，共分为 5 种。调用方式也很简单，如代码 3-1 所示的 Python 语言的调用方式，即 rclpy 的 API。保存该文件并令可执行文件名为"logger_test"。

代码 3-1　rclpy 的日志 API

```python
import rclpy
from rclpy.node import Node


class LoggerTest(Node):

    def __init__(self, name):
        super().__init__(name)
        self.get_logger().debug(' Init node [' + self.get_name()+']')
        self.get_logger().info(' Init node [' + self.get_name()+']')
        self.get_logger().warn(' Init node [' + self.get_name()+']')
        self.get_logger().error(' Init node [' + self.get_name()+']')
```

```
        self.get_logger().fatal (' Init node [' + self.get_name()+']')

def main(args=None):
    rclpy.init(args=args)
    LoggerTest('py_log_test')
    rclpy.shutdown()

if __name__ == '__main__':
    main()
```

尝试运行这段代码，如果使用的终端支持色彩输出的话，应该会按照下面的颜色对应输出。

- debug：绿色。
- info：普通文本颜色。
- warn：黄色。
- error：红色。
- fatal：红色。

配置环境变量 RCUTILS_COLORIZED_OUTPUT，0 代表强制关闭颜色输出，1 代表强制开启，默认为 1（注意，此处的枚举值未必完全，因为代码随时可能会被改变）。除此之外，还有可以控制日志行缓存区使能的 RCUTILS_LOGGING_BUFFERED_STREAM，0 为关闭缓存，1 为打开缓存；控制日志输出格式的 RCUTILS_CONSOLE_OUTPUT_FORMAT，格式可以参考 ros2/rcutils 中的 CMakeLists.txt 中的测试格式；控制所有 debug 级别日志是作为 stderr（标准错误输出）还是 stdout（标准输出）的 RCUTILS_LOGGING_USE_STDOUT，0 是设置为 stderr，1 是设置为 stdout。有关日志的配置，在 docs.ros.org 中的 "Logging and logger configuration demo" 一文中也有一些介绍，可供参考。

在代码 3-2 中，演示了使用设置 "--log-level" 来修改节点 "py_log_test" 的日志输出级别，可以看到当设置级别为 "debug" 时，可以显示全部 5 条日志，而当设置日志级别为 "fatal" 时，仅能显示 1 条。日志的默认格式是：类型+时间戳+日志内容。时间戳采用的是 UNIX 时间戳，即从公元 1970 年 1 月 1 日（UTC/GMT 的午夜）开始所经过的秒数和纳秒数，不考虑闰秒。

代码 3-2　测试不同级别的日志

```
$ ros2 run ch3_logging_py logger_test
---
[INFO] [1644505179.031238611] [py_log_test]: Init node [py_log_test]
[WARN] [1644505179.031527771] [py_log_test]: Init node [py_log_test]
[ERROR] [1644505179.031727601] [py_log_test]: Init node [py_log_test]
[FATAL] [1644505179.031944347] [py_log_test]: Init node [py_log_test]
---
$ ros2 run ch3_logging_py logger_test --ros-args --log-level py_log_test:=debug
---
[DEBUG] [1644505251.136427420] [py_log_test]: Init node [py_log_test]
[INFO] [1644505251.136654765] [py_log_test]: Init node [py_log_test]
```

```
[WARN] [1644505251.136905736] [py_log_test]: Init node [py_log_test]
[ERROR] [1644505251.137148576] [py_log_test]: Init node [py_log_test]
[FATAL] [1644505251.137351109] [py_log_test]: Init node [py_log_test]
---
$ ros2 run ch3_logging_py logger_test --ros-args --log-level py_log_test:=fatal
---
[FATAL] [1644505301.539395897] [py_log_test]: Init node [py_log_test]
---
```

这里需要特别注意，"--log-level"可以设置所有节点的日志输出，仅需将"py_log_test"删除即可（如果读者使用了其他节点名，可以将之替换），如代码 3-3 中提供了详尽的日志输出：如当前使用的域 ID、命名空间、初始化的 topic 发布者、所使用的 DDS 中间件的初始化日志和消息销毁的序列日志等。读者可以尝试将前几节的程序都添加日志，并设置为 debug 级别，以做更深入地理解。

代码 3-3　测试完整的 debug 日志

```
$ ros2 run ch3_logging_py logger_test --ros-args --log-level debug
---
[DEBUG] [1644506255.078184220] [rcl]: Initializing node 'py_log_test' in namespace ''
[DEBUG] [1644506255.078232382] [rcl]: Using domain ID of '0'
[DEBUG] [1644506255.080024406] [rcl]: Initializing publisher for topic name '/rosout'
[DEBUG] [1644506255.080050332] [rcl]: Expanded and remapped topic name '/rosout'
[DEBUG] [1644506255.080404190] [rcl]: Publisher initialized [DEBUG] [1644506255.080424961]
[rcl]: Node initialized
[DEBUG] [1644506255.099330430] [rcl]: Initializing publisher for topic name '/parameter_
    events'
[DEBUG] [1644506255.099368138] [rcl]: Expanded and remapped topic name '/parameter_events'
[DEBUG] [1644506255.099547929] [rcl]: Publisher initialized
[DEBUG] [1644506255.100160661] [rcl]: Initializing service for service name 'py_log_test/de-
    scribe_parameters'
[DEBUG] [1644506255.100189257] [rcl]: Expanded and remapped service name '/py_log_test/
    describe_parameters'
[DEBUG] [1644506255.100231768] [rmw_cyclonedds_cpp]: ************ Service Details *********
[DEBUG] [1644506255.100300928] [rmw_cyclonedds_cpp]: Sub Topic rq/py_log_test/describe_param-
    etersRequest
[DEBUG] [1644506255.100303971] [rmw_cyclonedds_cpp]: Pub Topic rr/py_log_test/describe_param-
    etersReply
[DEBUG] [1644506255.100317249] [rmw_cyclonedds_cpp]: ***********
[DEBUG] [1644506255.100550128] [rcl]: Service initialized
[DEBUG] [1644506255.100674324] [rcl]: Initializing service for service name 'py_log_test/get_
    parameters'
[DEBUG] [1644506255.100692296] [rcl]: Expanded and remapped service name '/py_log_test/get_pa-
    rameters'
[DEBUG] [1644506255.100767097] [rmw_cyclonedds_cpp]: ************ Service Details *********
[DEBUG] [1644506255.100782407] [rmw_cyclonedds_cpp]: Sub Topic rq/py_log_test/get_parame-
    tersRequest
```

```
[DEBUG] [1644506255.100805341] [rmw_cyclonedds_cpp]: Pub Topic rr/py_log_test/get_parame-
    tersReply
[DEBUG] [1644506255.100808158] [rmw_cyclonedds_cpp]: ***********
[DEBUG] [1644506255.100997159] [rcl]: Service initialized
[DEBUG] [1644506255.101097553] [rcl]: Initializing service for service name 'py_log_test/get_
    parameter_types'
[DEBUG] [1644506255.101114245] [rcl]: Expanded and remapped service name '/py_log_test/get_pa-
    rameter_types'
[DEBUG] [1644506255.101173287] [rmw_cyclonedds_cpp]: *********** Service Details *********
[DEBUG] [1644506255.101188306] [rmw_cyclonedds_cpp]: Sub Topic rq/py_log_test/get_parameter
    _typesRequest
[DEBUG] [1644506255.101191048] [rmw_cyclonedds_cpp]: Pub Topic rr/py_log_test/get_parameter
    _typesReply
[DEBUG] [1644506255.101219796] [rmw_cyclonedds_cpp]: ***********
[DEBUG] [1644506255.101418759] [rcl]: Service initialized
[DEBUG] [1644506255.101520716] [rcl]: Initializing service for service name 'py_log_test/list_
    parameters'
[DEBUG] [1644506255.101543693] [rcl]: Expanded and remapped service name '/py_log_test/list_pa-
    rameters'
[DEBUG] [1644506255.101585762] [rmw_cyclonedds_cpp]: *********** Service Details *********
[DEBUG] [1644506255.101591487] [rmw_cyclonedds_cpp]: Sub Topic rq/py_log_test/list_parame-
    tersRequest
[DEBUG] [1644506255.101593706] [rmw_cyclonedds_cpp]: Pub Topic rr/py_log_test/list_parame-
    tersReply
[DEBUG] [1644506255.101608206] [rmw_cyclonedds_cpp]: ***********
[DEBUG] [1644506255.101750696] [rcl]: Service initialized
[DEBUG] [1644506255.101851162] [rcl]: Initializing service for service name 'py_log_test/set_
    parameters'
[DEBUG] [1644506255.101886330] [rcl]: Expanded and remapped service name '/py_log_test/set_pa-
    rameters'
[DEBUG] [1644506255.101922755] [rmw_cyclonedds_cpp]: *********** Service Details *********
[DEBUG] [1644506255.101938347] [rmw_cyclonedds_cpp]: Sub Topic rq/py_log_test/set_parame-
    tersRequest
[DEBUG] [1644506255.101941085] [rmw_cyclonedds_cpp]: Pub Topic rr/py_log_test/set_parame-
    tersReply
[DEBUG] [1644506255.101956008] [rmw_cyclonedds_cpp]: ***********
[DEBUG] [1644506255.102127770] [rcl]: Service initialized
[DEBUG] [1644506255.102251801] [rcl]: Initializing service for service name 'py_log_test/set_
    parameters_atomically'
[DEBUG] [1644506255.102287662] [rcl]: Expanded and remapped service name '/py_log_test/set_pa-
    rameters_ atomically'
[DEBUG] [1644506255.102323380] [rmw_cyclonedds_cpp]: *********** Service Details ******
    ***
[DEBUG] [1644506255.102359637] [rmw_cyclonedds_cpp]: Sub Topic rq/py_log_test/set_parame-
    ters_atomicallyRequest
[DEBUG] [1644506255.102375082] [rmw_cyclonedds_cpp]: Pub Topic rr/py_log_test/set_parame-
    ters_atomicallyReply
[DEBUG] [1644506255.102377964] [rmw_cyclonedds_cpp]: ***********
[DEBUG] [1644506255.102542362] [rcl]: Service initialized
```

```
[DEBUG][1644506255.107726681][py_log_test]: Init node [py_log_test]
[INFO][1644506255.107953216][py_log_test]: Init node [py_log_test]
[WARN][1644506255.108187828][py_log_test]: Init node [py_log_test]
[ERROR][1644506255.108386607][py_log_test]: Init node [py_log_test]
[FATAL][1644506255.108577974][py_log_test]: Init node [py_log_test]
[DEBUG][1644506255.108610093][rcl]: Shutting down ROS client library, for context at
    address: 0x7f2ffb46cf10
[DEBUG][1644506255.108636068][rcl]: Finalizing publisher
[DEBUG][1644506255.108815457][rcl]: Publisher finalized
[DEBUG][1644506255.108879912][rcl]: Finalizing service
[DEBUG][1644506255.110191065][rcl]: Service finalized
[DEBUG][1644506255.110233409][rcl]: Finalizing service
[DEBUG][1644506255.110516283][rcl]: Service finalized
[DEBUG][1644506255.110549044][rcl]: Finalizing service
[DEBUG][1644506255.111716439][rcl]: Service finalized
[DEBUG][1644506255.111749710][rcl]: Finalizing service
[DEBUG][1644506255.113037553][rcl]: Service finalized
[DEBUG][1644506255.113058068][rcl]: Finalizing service
[DEBUG][1644506255.114348460][rcl]: Service finalized
[DEBUG][1644506255.114394178][rcl]: Finalizing service
[DEBUG][1644506255.115510417][rcl]: Service finalized
[DEBUG][1644506255.115537372][rcl]: Finalizing event
[DEBUG][1644506255.115540441][rcl]: Event finalized
[DEBUG][1644506255.115542703][rcl]: Finalizing publisher
[DEBUG][1644506255.115661373][rcl]: Publisher finalized
[DEBUG][1644506255.115682242][rcl]: Finalizing node
[DEBUG][1644506255.286201218][rcl]: Node finalized
---
```

除了将日志代码写在节点（类定义）内部，还可以通过外部调用实现日志输出，如代码 3-4 所示。

代码 3-4　在节点外部输出日志

```
def main(args=None):
    rclpy.init(args=args)
    node = LoggerTest('py_log_test')
    node.get_logger().info('outside log')
    rclpy.create_node("fake_node").get_logger().info('fake log')
    rclpy.shutdown()
```

和 rclpy 不同，rclcpp 中对日志做了详尽的接口设计，如 info 级别的日志，在 rclcpp 中给出了 14 种不同的日志输出方式。同样的 14 种输出方式，也适用于其他 4 个级别的日志。

- RCLCPP_INFO：使用格式字符串和变量参数输出日志，如 printf( )。
- RCLCPP_INFO_ONCE：使用格式字符串和变量参数输出日志，除了第一个日志调用之外的所有后续日志调用都将被忽略。
- RCLCPP_INFO_EXPRESSION：使用格式字符串和变量参数输出日志，当表达式评估为 false

时，将忽略日志调用。

- **RCLCPP_INFO_FUNCTION**：使用格式字符串和变量参数输出日志，当函数返回 false 时，将忽略日志调用。
- **RCLCPP_INFO_SKIPFIRST**：使用格式字符串和变量参数输出日志，第一个日志调用被忽略，但所有后续调用都在处理中。
- **RCLCPP_INFO_THROTTLE**：使用格式字符串和变量参数输出日志，如果最后记录的消息不早于指定的持续时间，则将忽略日志调用。
- **RCLCPP_INFO_SKIPFIRST_THROTTLE**：使用格式字符串和变量参数输出日志，第一个日志调用被忽略，但所有后续调用都在处理中。如果最后记录的消息不早于指定的持续时间，则将忽略日志调用。
- **RCLCPP_INFO_STREAM**：使用字符串流输出日志，如 std::cout<<。

RCLCPP_INFO_STREAM_ONCE：使用字符串流输出日志，除了第一个日志调用之外的所有后续日志调用都将被忽略。

- **RCLCPP_INFO_STREAM_EXPRESSION**：使用字符串流输出日志，当表达式评估为 false 时，将忽略日志调用。
- **RCLCPP_INFO_STREAM_FUNCTION**：使用字符串流输出日志，当函数返回 false 时，将忽略日志调用。
- **RCLCPP_INFO_STREAM_SKIPFIRST**：使用字符串流输出日志，第一个日志调用被忽略，但所有后续调用都在处理中。
- **RCLCPP_INFO_STREAM_THROTTLE**：使用字符串流输出日志，如果最后记录的消息不早于指定的持续时间，则将忽略日志调用。
- **RCLCPP_INFO_STREAM_SKIPFIRST_THROTTLE**：使用字符串流输出日志，第一个日志调用被忽略，但所有后续调用都在处理中。如果最后记录的消息不早于指定的持续时间，则将忽略日志调用。

代码 3-5 中，分别展示了在节点内部和外部调用日志输出的方法，并展示了多种不同的输出方式。保存该文件，并设置为可执行文件，令可执行文件名为 "logger_test"。

代码 3-5　include/ch3_logging_cpp/logger_test.cpp

```cpp
#include <unistd.h>
#include <chrono>
#include <memory>
#include <string>
#include <thread>

#include "rclcpp/rclcpp.hpp"
#include "sys/types.h"

namespace ros_beginner
{
```

```
using namespace std::chrono_literals;

class LoggerTest:public rclcpp::Node
{
public:
  explicit LoggerTest(const std::string & node_name)
  :Node(node_name)
  {
    auto printimer_cb =
      [&]()-> void {
        pid_t pid = getpid();
        std::cout << this->get_name()<< ":pid is " << pid << ", thread id is " <<
          std::this_thread::get_id()<< std::endl;
      };
    printimer_ = this->create_wall_timer(500ms, printimer_cb);
    auto condition_func =
      [&](const bool cond)-> bool {
        return cond;
      };
    std::function<bool()> condition_func_true = std::bind(condition_func, true);
    std::function<bool()> condition_func_false = std::bind(condition_func, false);
    RCLCPP_INFO(this->get_logger(), "[info] inside log [%s]", this->get_name());
    RCLCPP_INFO_STREAM(this->get_logger(), "[info-stream] inside log [" << this->get_name()<
< "]");
    RCLCPP_INFO_FUNCTION(
      this->get_logger(),
      &condition_func_true,
      "[info-func] func log true output");
    RCLCPP_INFO_FUNCTION(
      this->get_logger(),
      &condition_func_false,
      "[info-func] func log false output");
  }

private:
  rclcpp::TimerBase::SharedPtr printimer_; };
} // namespace ros_beginner

int main(int argc, char ** argv)
{
  rclcpp::init(argc, argv);
  auto logger_test = std::make_shared<ros_beginner::LoggerTest>("cpp_log_test");
  for (int i = 0; i < 5; i++){
    RCLCPP_INFO_STREAM_ONCE(
      logger_test->get_logger(), "[info-once] outside log, flag:" << std::to_string(i));
    RCLCPP_INFO_STREAM(
      logger_test->get_logger(),
      "[info-stream] outside log, flag:" << std::to_string(i));
    RCLCPP_INFO_STREAM_SKIPFIRST(
```

```
    logger_test->get_logger(),
    "[info-stream-skipfirst ] outside log, flag:" << std::to_string(i));
  }
  rclcpp::shutdown();
  return 0;
}
```

日志的输出结果可以参考代码 3-6，读者可以参考上面的介绍，一一对应例程中的每一行代码的用法和效果，此处不赘述。

代码 3-6　测试多种类型的日志输出

```
$ ros2 run ch3_logging_cpp logger_test
---
[INFO] [1644651957.860100387] [cpp_log_test]:[info] inside log [cpp_log_test]
[INFO] [1644651957.860235998] [cpp_log_test]:[info-stream] inside log [cpp_log_test]
[INFO] [1644651957.860266392] [cpp_log_test]:[info-func] func log true output
[INFO] [1644651957.860290094] [cpp_log_test]:[info-once] outside log, flag:0
[INFO] [1644651957.860297768] [cpp_log_test]:[info-stream] outside log, flag:0
[INFO] [1644651957.860304460] [cpp_log_test]:[info-stream] outside log, flag:1
[INFO] [1644651957.860309367] [cpp_log_test]:[info-stream-skipfirst] outside log, flag:1
[INFO] [1644651957.860314638] [cpp_log_test]:[info-stream] outside log, flag:2
[INFO] [1644651957.860352398] [cpp_log_test]:[info-stream-skipfirst] outside log, flag:2
[INFO] [1644651957.860388050] [cpp_log_test]:[info-stream] outside log, flag:3
[INFO] [1644651957.860394405] [cpp_log_test]:[info-stream-skipfirst] outside log, flag:3
[INFO] [1644651957.860401848] [cpp_log_test]:[info-stream] outside log, flag:4
[INFO] [1644651957.860406592] [cpp_log_test]:[info-stream-skipfirst] outside log, flag:4
---
```

▶▶ 3.1.2　收集和查阅历史日志

日志输出的内容除了会在控制台显示，还会存储到文件中。在不改变配置的情况，$HOME/.ros/log 是运行 ROS 2 程序的日志存储目录。访问该路径可以通过代码 3-7 实现。

代码 3-7　访问 ROS 2 日志存储目录

```
$ cd ~/.ros/log
```

.ros 路径，一般也可认为是 $ROS_HOME 的默认值，即所有 ROS 相关的文件可以直接存储的路径，ROS 2 调试工具 ros-tracing/ros2_tracing 便默认使用 $ROS_HOME/tracing 作为追踪数据的存储根路径。该路径可以通过改变环境变量 $ROS_HOME 或 $ROS_LOG_DIR 的值来修改。

log 目录内会使用进程名称、进程的 ID（PID）和进程内第一次调用 rclcpp::init 时刻的时间戳命名，如 "logger_test_4939_1644655935156.log" 指的是名为 "logger_test"，PID 为 4939 的进程，在第 1644655935.156s 创建的日志文件。创建目录的机理大致如下：从 ros2/rclcpp 中 Context.cpp 的

init 触发；调用 ros2/rcl 中 logging.c 的日志配置函数；该配置函数调用了 ros2/rcl_logging 中通过日志库功能整合包（如当前的 spdlog，其功能整合包名为 rcl_logging_spdlog）实现的外部日志初始化函数 rcl_logging_external_initialize，该函数由 ros2/rcl_logging 中的功能包 rcl_logging_interface 定义；由每个日志功能整合包实现的外部日志初始化函数会调用 ros2/rcpputils 中 filesystem_helper.cpp 的 create_directories 创建目录⊖。

所以，建立日志文件并不取决于是否存在节点，或是有 ROS 定义的日志输出，而是取决于是否调用过 rclcpp 的 init 函数。而日志文件中是否有数据，则取决于程序代码中是否使用 ROS 定义的日志输出内容。读者可以通过编写程序来进行测试。在.ros 中，日志文件都会以文本方式存储，如代码 3-8 所示。其中使用了"--disable-stdout-logs"参数，该参数意为不在控制台中输出日志。此外，还有"--disable-rosout-logs"，控制是否输出日志到 topic：/rosout；"--disable-external-lib-logs"，意为不输出日志到文件。

代码 3-8　查看 ROS 2 日志存储目录

```
$ rm ~/.ros -rf
$ ros2 run ch3_logging_py logger_test --ros-args --disable-stdout-logs
$ ros2 run ch3_logging_py logger_test --ros-args --log-level debug --disable-stdout-logs
$ ls ~/.ros/log
---
python3_10196_1644661786240.log python3_10220_1644661791766.log
---
$ cat ~/.ros/log/python3_10196_1644661786240.log
---
[INFO] [1644661786.269640008] [py_log_test]:Init node [py_log_test]
[WARN] [1644661786.269939992] [py_log_test]:Init node [py_log_test]
[ERROR] [1644661786.270158937] [py_log_test]:Init node [py_log_test]
[FATAL] [1644661786.270380634] [py_log_test]:Init node [py_log_test]
---
```

默认情况下，日志内容是会通过 topic：/rosout 进行收集的。可以通过下述方法来进行验证。

1）开启一个终端，更新（source）ROS 环境，执行指令 ros2 echo /ros_out，此时应没有输出。

2）再打开一个终端，随意运行一个使用 ROS 日志输出方法的进程，不带任何额外的参数。

3）查阅 1）和 2）中的控制台输出，并查阅.ros/log 目录下对应的文件内容。

能通过 topic 的方式访问日志，使得通过 ROS 2 编程开发具有了更多更灵活的扩展能力。

▶▶ 3.1.3　日志的应用技巧

日志的基本使用方式已经介绍完毕了，但是在日常的使用过程中，仍有很多小技巧值得与读者分享。

⊖　这里介绍的是基于 2022 年 2 月，Rolling 版本中实现该功能的机制，在未来可能会有些许变动，但万变不离其宗。

1. 使用标签（tag）

有过 Android 应用程序开发经验的读者会记得，Android 的日志输出函数有一个变量叫"tag"，如 debug 级别的日志 Log.d（tag，message），其中 tag 的类型是字符串。在 Android 的日志调试中，可以通过搜索 tag 标签的名字来精准查找所需的内容。当然，在 ROS 2 的开发中也可以这么做。

通常情况下，在节点内编写的日志都是使用本节点的 logger，即 this->logger（），那么为什么不将它封装起来呢？代码 3-9 和代码 3-10 展示了封装日志函数的一种方法，供读者参考。这里使用了 C++ 17 标准中的字面量（string_view）。

代码 3-9　封装日志函数

```
void message_debug(std::string_view tag, std::string_view debug)
{
  RCLCPP_DEBUG_STREAM(this->get_logger(), "[" << tag << "] " << debug);
}

void message_info(std::string_view tag, std::string_view info)
{
  RCLCPP_INFO_STREAM(this->get_logger(), "[" << tag << "] " << info);
}
```

代码 3-10　使用封装日志函数

```
const std::string_view test_tag = "TEST";
message_info(test_tag, "this is a test");
message_debug(test_tag, "this is another test");
```

2. 刷新输出日志

在 C++ 中，stdout 是行缓冲的，即需要换行符（std::endl 或"\n"）刷新缓存区，或使用 flush 强制刷新。如果在 ROS 2 中未使用 rclcpp 封装的日志输出方法，如使用了 std::cout 输出日志，则会发生"卡日志"的现象。基于代码 3-5 修改定时器回调函数，如代码 3-11 所示，其中在一行日志上添加了未以换行结尾的日志输出。在主函数中需要使用节点执行器令节点持续运行，并将可执行文件设置为"stuck_logger"。

代码 3-11　尝试卡日志

```
auto printimer_callback =
  [&]()-> void {
    pid_t pid = getpid();
    std::cout << "missing log";
    RCLCPP_INFO_STREAM(this->get_logger(), "pid is " << pid << ", thread id is " <<
      std::this_thread::get_id());
  };
```

运行该程序的结果，如代码 3-12 所示，其中"missing log"被卡在了所有日志的最后面，而其应在所有行日志的最前端，如代码 3-13 所示。

代码 3-12　运行卡日志程序的输出效果

```
$ ros2 run ch3_logging_py stuck_logger
---
[INFO][1644685514.297227486][cpp_node_a_1]:pid is 16048, thread id is 140260552766336
[INFO][1644685514.298375464][cpp_node_a_0]:pid is 16048, thread id is 140260552766336
[INFO][1644685514.797113051][cpp_node_a_1]:pid is 16048, thread id is 140260552766336
[INFO][1644685514.798508614][cpp_node_a_0]:pid is 16048, thread id is 140260552766336
[INFO][1644685515.297114052][cpp_node_a_1]:pid is 16048, thread id is 140260552766336
[INFO][1644685515.298512378][cpp_node_a_0]:pid is 16048, thread id is 140260552766336
^C[INFO][1644685515.442145645][rclcpp]:signal_handler(signal_value=2)
missing logmissing logmissing logmissing logmissing logmissing log%
---
```

代码 3-13　正常日志程序的输出效果

```
$ ros2 run ch3_logging_cpp stuck_logger 2 s
---
missing log[INFO][1644685470.624147530][cpp_node_a_1]:pid is 15594, thread id is 140070457553792
missing log[INFO][1644685470.625542013][cpp_node_a_0]:pid is 15594, thread id is 140070457553792
missing log[INFO][1644685471.124123170][cpp_node_a_1]:pid is 15594, thread id is 140070457553792
missing log[INFO][1644685471.125623385][cpp_node_a_0]:pid is 15594, thread id is 140070457553792
missing log[INFO][1644685471.623999447][cpp_node_a_1]:pid is 15594, thread id is 140070457553792
missing log[INFO][1644685471.625509320][cpp_node_a_0]:pid is 15594, thread id is 140070457553792
^C[INFO][1644685471.694565824][rclcpp]:signal_handler(signal_value=2)
---
```

解决该问题的方法有很多，这里介绍两种方法。

第一种方法是在每次输出的最后添加强制刷新的 flush 刷新函数，如代码 3-14 所示。

代码 3-14　在日志输出中刷新

```
auto printimer_callback =
  [&]()-> void {
  pid_t pid = getpid();
  std::cout << "missing log" << std::flush;
  RCLCPP_INFO_STREAM(this->get_logger(), "pid is " << pid << ", thread id is " <<
    std::this_thread::get_id());
};
```

第二种方法是在主函数中强制设置不缓存，如代码 3-15 所示，其中“_IONBF”代表不缓存，此外还有“_IOFBF”代表全缓冲（是输入输出全缓冲的缩写），“_IOLBF”代表行缓冲（输入输出行缓冲的缩写）。

代码 3-15　在主函数中刷新

```
int main(int argc, char ** argv)
{
  setvbuf(stdout, NULL, _IONBF, BUFSIZ);
```

3.2 使用启动脚本

除了使用 ros2run 指令启动 ROS 2 的进程外，使用 ros2launch 也是一种高效的方法。由于 ros2run 仅能一次启动一个进程，如需启动多个进程，则需打开不同的终端控制台，多次运行指令。使用 ros2launch 启动进程的前提是需要编写 launch 文件，即启动脚本。

在 ROS 中，启动脚本是基于 XML 文件维护的，其扩展能力有限，且可读性较差，如代码 3-16 所示。其扩展能力的上限取决于编写 .launch 语法分析器（parser）的程序所设计的能力上限。

代码 3-16　ROS 的 launch 文件

```
<launch>
  <!-- local machine already has a definition by default.
      This tag overrides the default definition with
      specific ROS_ROOT and ROS_PACKAGE_PATH values -->
  <machine name="local_alt" address="localhost" default="true" ros-root="/u/user/ros/ros/"
ros-package-path="/
      u/user/ros/ros-pkg" />
  <!-- a basic listener node -->
  <node name="listener-1" pkg="rospy_tutorials" type="listener" />
  <!-- pass args to the listener node -->
  <node name="listener-2" pkg="rospy_tutorials" type="listener" args="-foo arg2" />
  <!-- a respawn-able listener node -->
  <node name="listener-3" pkg="rospy_tutorials" type="listener" respawn="true" />
  <!-- start listener node in the 'wg1' namespace -->
  <node ns="wg1" name="listener-wg1" pkg="rospy_tutorials" type="listener" respawn="true" />
  <!-- start a group of nodes in the 'wg2' namespace -->
  <group ns="wg2">
    <!-- remap applies to all future statements in this scope.-->
    <remap from="chatter" to="hello"/>
    <node pkg="rospy_tutorials" type="listener" name="listener" args="--test" respawn="true" />
      <node pkg="rospy_tutorials" type="talker" name="talker">
      <!-- set a private parameter for the node -->
      <param name="talker_1_param" value="a value" />
      <!-- nodes can have their own remap args -->
      <remap from="chatter" to="hello-1"/>
      <!-- you can set environment variables for a node -->
      <env name="ENV_EXAMPLE" value="some value" />
    </node>
  </group>
</launch>
```

在 ROS 2 中，启动脚本是基于 Python 文件维护的，其扩展能力即 Python 的扩展能力，可读性较强。如代码 3-17 所示是 ros2/demos 中的例程。该机制实现于 ros2/launch 中，ros2launch 指令实现于 ros2/launch_ros 中。当然，除了 Python 脚本外，ROS 2 中也支持 XML 文件和 YAML 文件的形式，这两种方式都过于简单且可扩展空间小，读者可直接阅读 ROS 2 的相关文档进行了解。

代码 3-17　ROS 2 的 launch 文件

```python
import os

from launch import LaunchDescription
from launch_ros.actions import Node
from launch_ros.substitutions import FindPackageShare

def generate_launch_description():
    pkg_share = FindPackageShare('dummy_robot_bringup').find('dummy_robot_bringup')
    urdf_file = os.path.join(pkg_share, 'launch', 'single_rrbot.urdf')
    with open(urdf_file, 'r') as infp:
        robot_desc = infp.read()
    rsp_params = {'robot_description': obot_desc}

    return LaunchDescription([
        Node(package='dummy_map_server', executable='dummy_map_server', output='screen'),
        Node(package='robot_state_publisher', executable='robot_state_publisher',
            output='screen', parameters=[rsp_params]),
        Node(package='dummy_sensors', executable='dummy_joint_states', output='screen'),
        Node(package='dummy_sensors', executable='dummy_laser', output='screen')
    ])
```

本节所有代码将实现在名为"ch3_launch"的功能包中。

▶▶ 3.2.1　构建启动系统

编写启动脚本有两种策略。

- 在需要启动的 ROS 2 功能包内部建立名为"launch"的文件夹，在其中编写启动脚本。这种方法适用于对本功能包的功能做单一测试，或独立启动。
- 建立独立的启动功能包，专门用于启动。这种方法适合同时启动多个功能包的进程，将启动脚本放置于任何一个功能包内都不合适，所以需要单独维护。

不过两种方法都需要使用 CMake 进行设置和维护，下面简述添加启动脚本的和构建部署的流程。

1）在项目功能包中建立名为"launch"的文件夹。

2）添加指定的依赖项，确保构建顺序在其调用的功能包之后。

3）在 launch 文件夹中添加启动脚本文件，需要以.py 结尾，一般的格式是"xxxx.launch.py"。

4）在脚本文件中编写 Python 程序。

5）在 CMakeListst.txt/setup.py 中添加 install 指令，指定安装"launch"目录。

6）使用 colcon 构建并部署。

如代码 3-18 是设计给代码 2-43 的启动脚本。启动代码 2-43 的指令需要为其后添加两个命令行参数，分别的节点数和使用的节点执行器的类型，如果使用 ros2run 的指令，需要像代码 2-44 和代码 2-45 那样。脚本中的"arguments"选项便是用于该目的，其中新建了两个启动的参数"Declare-

LaunchArgument"：node_count 和 executor_type，并且赋予其默认值。ROS 2 中编写启动 launch 脚本的规则是定义名为"generate_launch_description"的函数，并返回启动描述"LaunchDescription"即可，启动描述中支持输入 launch.actions 下的方法，如 Node。保存该文件名为"singlexec.launch.py"，并保存至功能包 ch3_launch 的 launch 子目录下，本节使用 CMake 为构建工具，如代码 3-19 所示，但也给出了基于 Setuptools 的构建方式，如代码 3-20 所示。

代码 3-18　启动 **ch2_node_cpp/multinode** 的 launch 脚本

```
import launch
import launch_ros

def generate_launch_description():
    argument_node_count = launch.actions.DeclareLaunchArgument(
        'node_count', default_value='1')
    argument_executor_type = launch.actions.DeclareLaunchArgument(
        'executor_type', default_value='s')
    exec__multi_node = launch_ros.actions.Node(
        package='ch2_node_cpp',
        executable='multinode',
        arguments=[
            launch.substitutions.LaunchConfiguration('node_count'),
            launch.substitutions.LaunchConfiguration('executor_type')],
        output='screen')

    return launch.LaunchDescription([
        argument_node_count,
        argument_executor_type,
        exec__multi_node,
    ])
```

代码 3-19　添加 **launch** 文件目录到 **CMake** 的方法

```
install (DIRECTORY launch
  DESTINATION share/ ${PROJECT_NAME}/
)
```

代码 3-20　添加 **launch** 文件到 **setup.py** 的方法

```
setup(
    #Other parameters ...
    data_files=[
        #···Other data files
        #Include all launch files .This is the most important line here!
        (os.path.join('share', package_name), glob('launch/* launch.py'))
    ]
)
```

运行启动脚本的方式如代码 3-21 所示，默认的参数是 1 和 s，即 1 个节点被单线程执行器启动。

如果需要使用外部的命令行参数，可以使用代码 3-22 的方式，通过"参数名"与"：="的方式添加参数。更多的使用方法依然可以如代码 3-23 那样通过帮助指令查看。

代码 **3-21** 运行启动脚本（使用默认参数）

```
$ ros2 launch ch3_launch singlexec.launch.py
---
[INFO] [launch]:All log files can be found below /home/homalozoa/.ros/log/2022-02-13-20-03-14-
    534137-TARDIS-27312
[INFO] [launch]:Default logging verbosity is set to INFO
[INFO] [multinode-1]:process started with pid [27314]
[multinode-1] [INFO] [1644753795.155337358] [cpp_node_a_0]:pid is 27314, thread id is 139898508452736
[multinode-1] [INFO] [1644753795.655421787] [cpp_node_a_0]:pid is 27314, thread id is 139898508452736
[multinode-1] [INFO] [1644753796.155339831] [cpp_node_a_0]:pid is 27314, thread id is 139898508452736
[multinode-1] [INFO] [1644753796.655191127] [cpp_node_a_0]:pid is 27314, thread id is 139898508452736
[multinode-1] [INFO] [1644753797.155239795] [cpp_node_a_0]:pid is 27314, thread id is 139898508452736
[multinode-1] [INFO] [1644753797.655235044] [cpp_node_a_0]:pid is 27314, thread id is 139898508452736
[multinode-1] [INFO] [1644753798.155240494] [cpp_node_a_0]:pid is 27314, thread id is 139898508452736
#…
---
```

通过日志信息可以看到，使用 launch 启动还会额外开启一个进程，在代码 3-22 中，分别运行了 PID 为 27459 的 launch 进程，PID 为 27461 的 multinode-1 进程。

代码 **3-22** 运行启动脚本（使用命令行参数）

```
$ ros2 launch ch3_launch singlexec.launch.py node_count:=6 executor_type:=m
---
[INFO] [launch]: All log files can be found below /home/homalozoa/.ros/log/2022-02-13-20-06-36-
    484908-TARDIS-27459
[INFO] [launch]: Default logging verbosity is set to INFO
[INFO] [multinode-1]: process started with pid [27461]
[multinode-1] [INFO] [1644753997.062734570] [cpp_node_a_5]: pid is 27461, thread id is 140298562811648
[multinode-1] [INFO] [1644753997.063646781] [cpp_node_a_4]: pid is 27461, thread id is 140298562811648
[multinode-1] [INFO] [1644753997.064689954] [cpp_node_a_3]: pid is 27461, thread id is 140298562811648
[multinode-1] [INFO] [1644753997.065658129] [cpp_node_a_2]: pid is 27461, thread id is 140298562811648
[multinode-1] [INFO] [1644753997.066557298] [cpp_node_a_1]: pid is 27461, thread id is 140298562811648
[multinode-1] [INFO] [1644753997.067645977] [cpp_node_a_0]: pid is 27461, thread id is 140298562811648
[multinode-1] [INFO] [1644753997.562665541] [cpp_node_a_5]: pid is 27461, thread id is 140298562811648
[multinode-1] [INFO] [1644753997.563571734] [cpp_node_a_4]: pid is 27461, thread id is 140298562811648
[multinode-1] [INFO] [1644753997.564601744] [cpp_node_a_3]: pid is 27461, thread id is 140298571204352
[multinode-1] [INFO] [1644753997.565599240] [cpp_node_a_2]: pid is 27461, thread id is 140298596382464
[multinode-1] [INFO] [1644753997.566649907] [cpp_node_a_1]: pid is 27461, thread id is 140298596382464
[multinode-1] [INFO] [1644753997.567778175] [cpp_node_a_0]: pid is 27461, thread id is 140298596382464
# …
---
```

代码 3-23 查看 launch 帮助

```
$ ros2 launch --help
---
usage: ros2 launch [-h] [-n] [-d] [-p |-s] [-a] package_name [launch_file_name] [launch_arguments
[launch_arguments ...]]

Run a launch file

positional arguments:
  package_name        Name of the ROS package which contains the launch file
  launch_file_name    Name of the launch file
  launch_arguments    Arguments to the launch file; '<name>:=<value>' (for duplicates, last one
wins)

optional arguments:
 -h, --help            show this help message and exit
 -n, --noninteractive Run the launch system non-interactively, with no terminal associated
 -d, --debug           Put the launch system in debug mode, provides more verbose output.
 -p, -- print , --print-description
                       Print the launch description to the console without launching it.
 -s, --show-args, --show-arguments
                       Show arguments that may be given to the launch file.
 -a, --show-all-subprocesses-output
                       Show all launched subprocesses' output by overriding their output configu-
                           ration using the OVERRIDE_LAUNCH_PROCESS_OUTPUT envvar.
---
```

launch 还支持很多参数，如修改节点的名字（name）、命名空间（namespace）、可执行文件显示的名字（exec_name）、参数（parameters）和消息重映射（remappings）等。代码 3-24 中添加了 name、namespace 和 exec_name 几个参数，分别修改了进程内所有节点的名字、进程所有内容的命名空间和运行进程的名字。另存为该文件为"changed.singlexec.launch.py"后构建。其输出日志如代码 3-25 所示。值得注意的是，name 参数需要慎用，因为一旦一个进程内运行了多个节点，则使用 name 参数后所有的节点都会被重命名为同一个名字，launch 系统就会发出警告，提示多个同名的节点可能会产生麻烦。

代码 3-24 添加其他参数

```
exec__multi_node = launch_ros.actions.Node(
    package='ch2_node_cpp',
    executable='multinode',
    name='another_multi_node',
    namespace='new_namespace',
    exec_name='changed_multinode',
    arguments=[
            launch.substitutions.LaunchConfiguration('node_count'),
            launch.substitutions.LaunchConfiguration('executor_type')],
    output='screen')
```

代码 **3-25** 添加其他参数后启动脚本的日志

```
$ ros2 launch ch3_launch changed.singlexec.launch.py
---
[INFO] [launch]: All log files can be found below /home/homalozoa/.ros/log/2022-02-13-23-47-27-
    886174-TARDIS-647
[INFO] [launch]: Default logging verbosity is set to INFO
[INFO] [changed_multinode-1]: process started with pid [649]
[changed_multinode-1] [INFO] [1644767248.468035896] [new_namespace.another_multi_node]: pid
    is 649, thread id is 139849305166720
#…
---
$ ros2 launch ch3_launch changed.singlexec.launch.py node_count:=2 executor_type:=s
---
[INFO] [launch]: All log files can be found below /home/homalozoa/.ros/log/2022-02-13-23-48-09-
    103825-TARDIS-673
[INFO] [launch]: Default logging verbosity is set to INFO
[INFO] [changed_multinode-1]: process started with pid [675]
[changed_multinode-1] [WARN] [1644767289.182395393] [rcl.logging_rosout]: Publisher already
    registered for provided node name.If this is due to multiple nodes with the same name then all
    logs for that logger name will go out over the existing publisher.As soon as any node with that
    name is destructed it will unregister the publisher, preventing any further logs for that
    name from being published on the rosout topic.
[changed_multinode-1] [INFO] [1644767289.682717107] [new_namespace.another_multi_node]: pid
    is 675, thread id is 140256738550656
[changed_multinode-1] [INFO] [1644767289.684229403] [new_namespace.another_multi_node]: pid
    is 675, thread id is 140256738550656
#…
---
```

启动脚本遵守 Python 的语法规则，也遵守一切 ROS 2 中对 Python 编程规范的约束，在自动化测试的过程中，也会检查每个启动脚本是否能够通过测试。所以通过 Python 脚本获取合适的命名空间，并赋予特定的节点也是一个不错的方法，如设备的 SN 号和 CPU ID 等唯一识别符号。

▶▶ 3.2.2 同时运行多个进程

使用启动脚本能够解决的最大问题是可以一次性同步启动多个进程，如代码 3-26 中，新增的"exec_multi_2"便是第 2 个要启动的进程，虽然在 ROS 2 的 launch 系统中，这个变量由于历史原因依旧名为 node。将代码另存为"multi_exec.launch.py"后，重新构建。

代码 **3-26** 同时运行两个 ROS 进程

```
import launch
import launch_ros

def generate_launch_description():
    argument_node_count = launch.actions.DeclareLaunchArgument(
```

```
        'node_count', default_value='1')
    argument_executor_type = launch.actions.DeclareLaunchArgument(
        'executor_type', default_value='s')
    exec_multi_1 = launch_ros.actions.Node(
        package='ch2_node_cpp',
        executable='multinode',
        name='multi_1',
        exec_name='multi_first',
        arguments=[
            launch.substitutions.LaunchConfiguration('node_count'),
            launch.substitutions.LaunchConfiguration('executor_type')],
        output='screen')
    exec_multi_2 = launch_ros.actions.Node(
        package='ch2_node_cpp',
        executable='multinode',
        name='multi_2',
        exec_name='multi_second',
        arguments=[
            launch.substitutions.LaunchConfiguration('node_count'),
            launch.substitutions.LaunchConfiguration('executor_type')],
        output='screen')

    return launch.LaunchDescription([
        argument_node_count,
        argument_executor_type,
        exec_multi_1,
        exec_multi_2
    ])
```

其日志和 top 查看的信息如代码 3-27 所示。可以观察到：在操作系统中，进程的名字并没有被修改，被修改的仅是日志中的进程名。同一功能包的可执行文件，在 launch 脚本中被实例化两次，并在 top 的结果中作为两个不同 PID 的进程同时运行。

代码 3-27　运行两个进程的日志与 top 信息

```
$ ros2 launch ch3_launch multi_exec.launch.py
---
[INFO] [launch]: All log files can be found below /home/homalozoa/.ros/log/2022-02-13-23-59-49-
    140626-TARDIS-1355
[INFO] [launch]: Default logging verbosity is set to INFO
[INFO] [multi_first-1]: process started with pid [1357]
[INFO] [multi_second-2]: process started with pid [1359]
[multi_second-2] [INFO] [1644767989.735391427] [multi_2]: pid is 1359, thread id is 140045824525184
[multi_first-1] [INFO] [1644767989.736196418] [multi_1]: pid is 1357, thread id is 140169081267072
[multi_second-2] [INFO] [1644767990.235362799] [multi_2]: pid is 1359, thread id is 140045824525184
[multi_first-1] [INFO] [1644767990.236111291] [multi_1]: pid is 1357, thread id is 140169081267072
#...
```

```
---
$ top | grep multi
---
1357 homalozoa    20   0  619252  13860  10192 S  0.0  0.2  0:00.02  multinode
1359 homalozoa    20   0  619252  11832  10204 S  0.0  0.1  0:00.01  multinode
---
```

除了运行一个功能包的可执行文件外，launch 支持同时运行多个功能包的可执行文件。在许多机器人项目中，这些涉及启动的脚本会被统一放在一个功能包中，常被称之为 "bring up" 脚本，一般功能包也会起名为 "xxx_bringup"。如 ROBOTIS-GIT/turtlebot3 中的 turtlebot3_bringup。

多功能包的启动脚本，可参考代码 3-28，将其另存为 "multi_pkg.launch.py"，并在 XML 文件中添加适当的依赖。

代码 3-28　同时运行多个功能包的进程

```python
import launch
import launch_ros

def generate_launch_description():
    exec_cpp = launch_ros.actions.Node(
        package='ch3_logging_cpp',
        executable='logger_test',
        name='log_in_cpp',
        output='screen')
    exec_py = launch_ros.actions.Node(
        package='ch3_logging_py',
        executable='logger_test',
        name='log_in_py',
        output='screen')

    return launch.LaunchDescription([
        exec_cpp,
        exec_py
    ])
```

构建后，运行 launch 脚本，正确的输出应与代码 3-29 相似。

代码 3-29　同时运行多个功能包的测试结果

```
$ ros2 launch -a ch3_launch multi_pkg.launch.py
---
[INFO] [launch]: All log files can be found below /home/homalozoa/.ros/log/2022-03-25-14-22-03-
    293963-TARDIS-3116
[INFO] [launch]: Default logging verbosity is set to INFO
[INFO] [logger_test-1]: process started with pid [3142]
[INFO] [logger_test-2]: process started with pid [3144]
[logger_test-1] [INFO] [1648189323.427147060] [log_in_cpp]: [info] inside log [log_in_cpp]
```

```
[logger_test-1] [INFO] [1648189323.427233760] [log_in_cpp]: [info-stream] inside log [log_in_cpp]
[logger_test-1] [INFO] [1648189323.427241475] [log_in_cpp]: [info-func] func log true output
[logger_test-1] [INFO] [1648189323.427248084] [log_in_cpp]: [info-once] outside log, flag: 0
[logger_test-1] [INFO] [1648189323.427291769] [log_in_cpp]: [info-stream] outside log, flag: 0
[logger_test-1] [INFO] [1648189323.427301359] [log_in_cpp]: [info-stream] outside log, flag: 1
[logger_test-1] [INFO] [1648189323.427306253] [log_in_cpp]: [info-stream-skipfirst] outside
    log, flag: 1
[logger_test-1] [INFO] [1648189323.427311241] [log_in_cpp]: [info-stream] outside log, flag: 2
[logger_test-1] [INFO] [1648189323.427315451] [log_in_cpp]: [info-stream-skipfirst] outside
    log, flag: 2
[logger_test-1] [INFO] [1648189323.427320125] [log_in_cpp]: [info-stream] outside log, flag: 3
[logger_test-1] [INFO] [1648189323.427324194] [log_in_cpp]: [info-stream-skipfirst] outside
    log, flag: 3
[logger_test-1] [INFO] [1648189323.427328795] [log_in_cpp]: [info-stream] outside log, flag: 4
[logger_test-1] [INFO] [1648189323.427332760] [log_in_cpp]: [info-stream-skipfirst] outside
    log, flag: 4
[INFO] [logger_test-1]: process has finished cleanly [pid 3142]
[logger_test-2] [INFO] [1648189323.652640864] [log_in_py]: Init node [log_in_py]
[logger_test-2] [WARN] [1648189323.652956852] [log_in_py]: Init node [log_in_py]
[logger_test-2] [ERROR] [1648189323.653167639] [log_in_py]: Init node [log_in_py]
[logger_test-2] [FATAL] [1648189323.653380396] [log_in_py]: Init node [log_in_py]
[INFO] [logger_test-2]: process has finished cleanly [pid 3144]
---
```

当前版本的 ROS 2 中，启动系统的设计思路是需要程序开发人员将节点的信息都写入 launch 脚本中，并且需要保证这些信息是正确的。如果有任何一个功能包配置错误（如找不到功能包或找不到可执行文件等），则会导致所有功能包都启动失败。如果需要启动的功能包在其内部发生了启动问题（如某功能包的执行程序访问了空指针导致启动失败），则不会影响到其他功能包的启动。读者可以尝试修改程序验证这件事。

▶▶ 3.2.3　配置启动脚本

使用 launch 脚本除了支持最基本的启动外，还有许多其他扩展功能。在 launch 的设计框架中，将启动一个 launch 脚本的所有关键信息统一在了一个变量中，即"LaunchDescription"，也称之为启动描述。启动描述中可以包含启动动作（launch action）信息、事件句柄（event handler）和替换（substitutions）等。在 ros2/launch 项目的 launch/doc/source/architecture.rst 文件中，对此有详细的介绍。但是这并不是 launch 系统的所有功能，其上限取决于使用者赋予它什么能力，无论是启动动作、替换、事件句柄，还是启动描述本身，都是支持通过 Python 语言任意扩展的。例如，通过外部的文本维护需要启动的功能包和可执行程序，进而降低项目维护中直接修改 Python 文件的频率（这个功能在 homalozoa/cyberdog_ros2_devel 中的 cyberdog_bringup 有实现）。

1. 启动动作（action）

ros2/launch 中提供了一系列的基本动作，如下所述。

● IncludeLaunchDescription：此操作将包含另一个启动描述，就好像它已被复制粘贴到包含操作的位置一样。通常用于导入来自其他功能包或子功能的启动文件。

- SetLaunchConfiguration：此操作用于提供默认的命令行参数，它会创建指定名称的 Launch-Configuration，并设置其默认值。这些配置将作为启动脚本的启动配置存在，并可通过命令行修改其参数。

- DeclareLaunchArgument：此操作将声明一个启动描述参数，该参数可以具有名称、默认值和简介。该参数将通过根启动描述的命令行选项暴露，或作为可被调用的启动描述中的操作配置选项暴露。通常可使用该操作作为命令行参数的输入，输入给可执行文件。

- SetEnvironmentVariable：此操作将按名称设置环境变量。

- AppendEnvironmentVariable：如果环境变量不存在，此操作将按名称设置环境变量，否则将使用特定于平台的分隔符附加到现有值。如果不希望使用当前环境中的分隔符，则可通过额外的选项对其进行自定义。

- GroupAction：此操作将产生其他操作，但可以与条件相关联（允许对组操作而不是对单独每个子操作使用条件），并且可以选择启动配置的范围。

- TimerAction：该动作会在一段时间后产生其他动作而不会被取消。

- ExecuteProcess：该功能用于执行一个非 ROS 相关的可执行程序，它可以是一个独立的可执行文件，也可以是一句命令行。它可以通过配置改变其执行的条件和参数，以确保其在合适的时间和条件执行。

- RegisterEventHandler：此操作将注册一个 launch.EventHandler 类，该类采用用户定义的 lambda 函数来处理某些事件。它可以是任何事件、事件的子集或一个特定事件。

- UnregisterEventHandler：此操作将删除以前注册的事件。

- EmitEvent：此操作将发出一个基于 launch.Event 的类，导致所有与其匹配的已注册事件处理程序被调用。

- LogInfo：此操作会将用户定义的消息记录到记录器，也可能存在其他变体（如 LogWarn）。

- RaiseError：此操作将停止启动系统的执行并提供用户定义的错误消息。

所有动作都需要继承自 launch.action 基类，以便启动系统在与外部包定义的动作交互时可以使用一些通用接口。如代码 3-26 中的 DeclareLaunchArgument。所以如果有扩展需求，可以通过继承 launch.action 基类实现更多的功能子类。

2. 替换（substitution）

替换作为导入其他 launch 脚本的方式，提供了修改其他 launch 文件中接口的能力，如下所述。

- Text：此替换仅在评估时返回给定的字符串。它通常用于在启动描述中包装文字，以便它们可以与其他替换连接。

- PythonExpression：此替换将评估 Python 表达式并将结果作为字符串获取。

- LaunchConfiguration：此替换按名称获取启动配置值作为字符串。

- LaunchDescriptionArgument：此替换按名称获取启动描述参数的值作为字符串。

- LocalSubstitution：这种替换从上下文中获取了一个"本地"变量。这是一种允许"父"动作将信息传递给子动作的机制。

- **EnvironmentVariable**：此替换按名称获取环境变量值作为字符串。
- **FindExecutable**：如果存在，此替换会在 PATH 上找到可执行文件的完整路径。

代码 3-30 对上述的部分内容做了简单举例，供读者参考，感兴趣的读者可以对其他的接口进行尝试。

代码 3-30　简单举例

```python
import os

import ament_index_python
import launch

from launch.event_handlers.on_shutdown import OnShutdown
from launch.launch_description_sources import PythonLaunchDescriptionSource
from launch.substitutions import PathJoinSubstitution

from launch_ros.substitutions import FindPackageShare

def generate_launch_description():
    ld = launch.LaunchDescription()

    ld.add_action(launch.actions.LogInfo(msg='Hi! '))
    node_count = launch.actions.DeclareLaunchArgument(
        'node_count', default_value='100')
    ld.add_action(node_count)
    ld.add_action(launch.actions.DeclareLaunchArgument(
        'executor_type', default_value='s'))
    ld.add_action(launch.actions.SetLaunchConfiguration('node_count', '1'))
    ld.add_action(launch.actions.SetEnvironmentVariable(
        'ROS_DOMAIN_ID', '100'))
    ld.add_action(launch.actions.RegisterEventHandler(
        OnShutdown(on_shutdown=[launch.actions.LogInfo(msg='ROS Apps is exiting.')])))

    ld.add_action(launch.actions.IncludeLaunchDescription(
        PythonLaunchDescriptionSource([os.path.join(
            ament_index_python.packages.get_package_share_directory('ch3_launch'), 'launch'),
            '/singlexec.launch.py'])))
    ld.add_action(launch.actions.IncludeLaunchDescription(
        PythonLaunchDescriptionSource(PathJoinSubstitution([
        FindPackageShare('ch3_launch'), 'launch', 'multi_pkg.launch.py']))))

    return ld
```

3.3　节点的参数系统

除了单纯的命令行参数，ROS 2 还支持为所有的节点输入多种类型的参数，供节点在运行的过程中从外部调用，英文称 parameter。和命令行参数不同，ROS 的参数与节点是强绑定的，所有的参数输入都需要经过实例化的节点。目前支持的参数类型有布尔（bool）、整型（integer）、双精度浮点（double）、字符串（string）、字节数组（byte array）、布尔数组（bool array）、整型数组（integer array）、双精度浮点数组（double array）和字符串数组（string array）。这些参数定义在 ros2/rcl_interfaces 的 rcl_interfaces 功能包中。

　　参数系统的机制是通过 service 实现的，每个节点都会默认实例化一个参数 use_sim_time。比如对于代码 3-5 中的节点，其节点内并未实现任何有关参数的内容，运行该节点后，通过另一个终端控制台，可以查看到如代码 3-31 所示的信息。

代码 3-31　节点默认的参数

```
$ ros2 service list
---
/py_node/describe_parameters
/py_node/get_parameter_types
/py_node/get_parameters
/py_node/list_parameters
/py_node/set_parameters
/py_node/set_parameters_atomically
---
$ ros2 param list
---
/py_node:
  use_sim_time
---
```

　　ros2param 是 ros2/ros2cli 中的功能包之一，其功能包括设置参数、读取参数，导入和导出参数文件、获取参数信息和删除已配置参数等，如代码 3-32 所示。每个节点的参数由节点附带的 service 维护，包含代码 3-31 中通过 ros2 servicelist 获取到的 6 个 service，该指令也是 ros2cli 的功能包之一，用于查看 service 相关的信息。

代码 3-32　ros2param 的帮助信息

```
$ ros2 param --help
---
usage: ros2 param [-h] Call 'ros2 param <command> -h' for more detailed usage.…

Various param related sub-commands

optional arguments:
  -h, --help           show this help message and exit

Commands:
  delete     Delete parameter
  describe   Show descriptive information about declared parameters
  dump       Dump the parameters of a node to a yaml file
```

```
get          Get parameter
list         Output a list of available parameters
load         Load parameter file for a node
set          Set parameter

Call 'ros2 param <command> -h' for more detailed usage.
---
```

本节主要通过 rclpy 的方式讲解节点参数的内容，在 rclcpp 中具备功能相同的接口，读者可自行尝试。所有代码将通过名为"ch3_param_bringup"和"ch3_param_py"的功能包实现。

▶▶ 3.3.1 为节点加入参数

新建一个功能包，名为 ch3_param_py，构建方法为 ament_python。在其中新建 python 文件，名为 soliloquist.py，其内容如代码 3-33 所示，节点名为 Soliloquist，并将其信息添加到 setup.py（如代码 3-34 所示）中。

代码 3-33　soliloquist.py

```python
import rclpy
from rclpy.node import Node

class Soliloquist(Node):

    def __init__(self, name):
        super().__init__(name)
        self.declare_parameter(name='time_cycle_s', value=0.5)
        time_cycle = self.get_parameter('time_cycle_s')
        self.declare_parameter('output_str', 'hello world')
        self.output_str = self.get_parameter('output_str')
        self.timer_handler = self.create_timer(
            time_cycle.value, self.timer_callback)

    def timer_callback(self):
        self.get_logger().info( self.output_str.value)

def main(args=None):
    rclpy.init(args=args)
    node = Soliloquist('py_soliloquist')
    executor = rclpy.executors.SingleThreadedExecutor()
    executor.add_node(node)
    executor.spin()
    rclpy.shutdown()

if __name__ == '__main__':
    main()
```

代码 3-34　setup.py

```python
from glob import glob
```

```
import os

from setuptools import setup

package_name = 'ch3_param_py'

setup(
    name=package_name,
    version='0.0.1',
    packages=[package_name],
    data_files=[
        ('share/ament_index/resource_index/packages',
            ['resource/' + package_name]),
        ('share/' + package_name, ['package.xml']),
        (os.path.join('share', package_name, 'param'), glob('param/* .yaml'))
    ],
    install_requires=['setuptools'],
    zip_safe=True,
    maintainer='homalozoa',
    maintainer_email='nx.tardis@gmail.com',
    description='Package for testing parameters in Node',
    license='Apache-2.0',
    tests_require=['pytest'],
    entry_points={
        'console_scripts': [
            'soliloquist = ch3_param_py.soliloquist:main',
        ],
    },
)
```

在代码 3-33 中，添加了两个额外的参数 time_cycle_s 和 output_str，前者是设置节点内定时器的周期时间，单位是 s，后者是设置定时器回调函数输出的字符串。为节点加入参数的方法需要先声明，通过 declare_parameter 来完成，声明时需附带默认值，以便没有外部参数输入时，参数仍可以使用。获取外部参数的方法是通过 get_parameter，也可以通过 get_parameter_or 来获取，后者通常用于做参数的筛查，如果参数的格式有问题的话，可以避免发生意外。

运行节点时引入参数是使用参数的方式之一，如代码 3-35 所示，参数可以通过 "--ros-args" 和 "-p" 共同完成输入。参数修改的结果是通过方法 get_parameter 获取的，所以如代码 3-33 的写法在运行时是获取不了修改后的参数的。

代码 3-35　在命令行中输入参数

```
$ ros2 run ch3_param_py soliloquist --ros-args -p "time_cycle_s:=1.0" -p "output_str:='hello earth'"
---
[INFO] [1644848150.989011629] [py_soliloquist]: hello earth
[INFO] [1644848151.980282756] [py_soliloquist]: hello earth
[INFO] [1644848152.980369273] [py_soliloquist]: hello earth
```

```
[INFO] [1644848153.980896486] [py_soliloquist]: hello earth
# …
---
```

参数可以通过 ros2param 指令查看和导出，如代码 3-36 所示。导出的结果会写入 YAML 文件中，通过 YAML 文件也可以维护参数内容。

代码 3-36　通过命令行访问参数信息

```
$ ros2 param dump /py_soliloquist
---
Saving to: ./py_soliloquist.yaml
---
$ ros2 param list
---
/py_soliloquist:
  output_str
  time_cycle_s
  use_sim_time
---
$ ros2 param get /py_soliloquist output_str
---
String value is: hello earth
---
$ ros2 param describe /py_soliloquist output_str
---
Parameter name: output_str
  Type: string
  Constraints:
---
```

除了通过命令行参数，使用文件也是维护参数的一个好办法。如代码 3-37 展示了使用 YAML 文件维护节点参数的方法。最高一级是节点的名字，由于所有的参数都是通过节点的 service 输入的，所以节点名一定不能错，其次是固定的参数 "ros__parameters"，再下一级是每个参数的名字和值。代码 3-38 展示了导入文件的执行测试结果。

代码 3-37　参数文件

```
py_soliloquist:
    ros__parameters:
        time_cycle_s: 1.5
        output_str: "Hello earth"
```

代码 3-38　导入文件的执行测试

```
$ ros 2 run ch3_param_py soliloquist --ros-args --params-file $ PWD/install/share/ch3_param_py/
    param/earth_param.yaml
---
[INFO] [1644849909.101138053] [py_soliloquist]: Hello earth
```

```
[INFO][1644849910.592648982][py_soliloquist]: Hello earth
# ...

---
```

在运行时修改参数也很简单，RCL 层提供了动态获取参数变化的接口，如代码 3-39 所示，在节点中添加一个名为"add_on_set_parameters_callback"的参数回调函数即可，每当有参数变化时，该回调便会执行一次。该接口在 rclcpp 中同样具备。读者可以通过 load 和 set 指令尝试修改后的效果，此处不再赘述。

使用 rclcpp
实现参数化

代码 3-39　动态获取参数

```python
from rcl_interfaces.msg import SetParametersResult

import rclpy

from rclpy.node import Node
from rclpy.parameter import Parameter

class Soliloquist (Node):

    def __init__(self, name):
        super().__init__(name)
        self.declare_parameter(name='time_cycle_s', value=0.5)
        time_cycle = self.get_parameter('time_cycle_s')
        self.declare_parameter('output_str', 'hello world')
        self.output_str = self.get_parameter('output_str')
        self.timer_handler = self.create_timer(time_cycle.value, self.timer_callback)
        self.add_on_set_parameters_callback(self.param_callback)

    def timer_callback(self):
        self.get_logger().info( self.output_str.value)

    def param_callback(self, data):
        for parameter in data:
            if parameter.name == 'output_str':
                if parameter.type_ == Parameter.Type.STRING:
                    self.output_str = parameter
        return SetParametersResult(successful=True)
```

▶▶ 3.3.2　YAML 的基本语法

YAML 是"YAML Ain't a Markup Language"（YAML 不是一种标记语言）的递归缩写，另外一个翻译是"Yet Another Markup Language"。YAML 的基本语法规则如下。

- 大小写敏感。
- 使用缩进表示层级关系。

- 缩进时不允许使用 Tab 键，只允许使用空格。
- 缩进的空格数目不重要，只要相同层级的元素左侧对齐即可。
- 注释使用#开头，从这个字符到行尾，内容都会被语法分析器忽略。

YAML 支持 3 种数据结构。

- 对象：键值对的集合，又称为映射（mapping）／哈希（hashes）／字典（dictionary）。
- 数组：一组按次序排列的值，又称为序列（sequence）／列表（list）。
- 纯量（scalars）：单个的、不可再分的值。

代码 3-40　YAML 简单示例

```
key: fake_value
animal_arr:
  - corgi: "dog"
  - kitty: "cat"
number: 100
bool: true
flt_number: 1.0
date: 1000-01-01
```

虽然在 ROS 2 中仅使用 YAML 作为参数文件，但并不妨碍在更多的场合使用，如启动节点组时作为整个启动组的参数导入，使用 Python 读取 YAML，获得更多的内容支持。

▶▶ 3.3.3　在 launch 文件中引入参数

一般情况下，一个机器人的项目参数会统一进行维护，这样既便于修改，又便于维护。在运行环境中，由于参数均维护在 YAML 文件中，所以修改参数是不需要对整个工程文件进行重新编译的，这也鼓励了更多工程师在机器人开发的过程中，将更多的调试接口暴露，便于在产品开发或科研过程中快速验证参数，提高效率。一个机器人的项目并不会只有一个功能包，多个功能包的启动组通常维护在一个或几个 launch 脚本中，通过 launch 文件获取参数是一件十分重要的事情。

新建功能包 ch3_param_bringup，建立 param 和 launch 子目录，并添加二者到 setup.py，如代码 3-41 所示。

代码 3-41　setup.py

```
from glob import glob

import os

from setuptools import setup

package_name = 'ch3_param_bringup'

setup(
    name=package_name,
    version='0.0.1',
    packages=[package_name],
```

```
    data_files=[
        ('share/ament_index/resource_index/packages',
            ['resource/' + package_name]),
        ('share/' + package_name, ['package.xml']),
        (os.path.join('share', package_name, 'param'), glob('param/* .yaml')),
        (os.path.join('share', package_name, 'launch'), glob('launch/* .launch.py'))
    ],
    install_requires=['setuptools'],
    zip_safe=True, maintainer='homalozoa',
    maintainer_email='nx.tardis@gmail.com',
    description='Package for testing parameters in Launch',
    license='Apache-2.0',
    tests_require=['pytest'],
    entry_points={
        'console_scripts': [
        ],
    },
)
```

新建默认的参数文件"default_param.yaml"到"param"目录（如代码 3-42 所示），启动脚本
"bringup.launch.py"到"launch"目录（如代码 3-43 所示）。

代码 3-42　default_param.yaml

```
py_soliloquist:
    ros__parameters:
        time_cycle_s: 3.0
        output_str: "Hello Moon"
```

代码 3-43　bringup.launch.py

```
import os

from ament_index_python.packages import get_package_share_directory
import launch
import launch_ros.actions

def generate_launch_description():
    bringup_dir = get_package_share_directory('ch3_param_bringup')

    ld = launch.LaunchDescription()

    set_parameter_cmd = launch.actions.DeclareLaunchArgument(
        'params_file',
        default_value=os.path.join(
            bringup_dir, 'param',
            'default_param.yaml'),
        description='Path to paramaters YAML file')
    set_namespace_cmd = launch.actions.DeclareLaunchArgument(
```

```
    'namespace_ext', default_value='')
params_file = launch.substitutions.LaunchConfiguration('params_file')
namespace_ext = launch.substitutions.LaunchConfiguration('namespace_ext')
ld.add_action(set_parameter_cmd)
ld.add_action(set_namespace_cmd)
ld.add_action(launch_ros.actions.Node(
    package='ch3_param_py',
    executable='soliloquist',
    namespace=namespace_ext,
    parameters=[params_file],
    output='screen'))

return ld
```

执行启动脚本后可以发现，配置已经生效，如代码 3-44 上半段所示；但如果改变其命名空间，则参数文件无法配置成功，这是因为节点的名字被修改为了 "namespace" + "node" 的形式。

代码 3-44　测试在 launch 文件内导入参数文件

```
$ ros2 launch ch3_param_bringup bringup.launch.py
---
[INFO] [launch]: All log files can be found below /home/homalozoa/.ros/log/2022-02-14-23-43-17-
    555433-TARDIS-26534
[INFO] [launch]: Default logging verbosity is set to INFO
[INFO] [soliloquist -1]: process started with pid [26536]
[soliloquist -1] [INFO] [1644853400.790787049] [py_soliloquist]: Hello Moon
[soliloquist -1] [INFO] [1644853403.786056584] [py_soliloquist]: Hello Moon
# …
---
$ ros2 launch ch3_param_bringup bringup.launch.py namespace_ext:=a
---
[INFO] [launch]: All log files can be found below /home/homalozoa/.ros/log/2022-02-14-23-47-04-
    604021-TARDIS-26832
[INFO] [launch]: Default logging verbosity is set to INFO
[INFO] [soliloquist -1]: process started with pid [26834]
[soliloquist -1] [INFO] [1644853625.339438126] [a.py_soliloquist]: hello world
[soliloquist -1] [INFO] [1644853625.831041005] [a.py_soliloquist]: hello world
[soliloquist -1] [INFO] [1644853626.330383118] [a.py_soliloquist]: hello world
# …
---
```

如何使修改命名空间后的节点仍能够接受参数文件的配置呢？答案是对 YAML 文件进行动态重写。在 ros-planning/navigation2 项目中的 nav2_common 项目中，提供了一个叫 rewritten_yaml.py 的 Python 库，该库提供了动态重写 YAML 根键值（root key）的方法。读者可尝试将其集成，并使这一问题得到解决。

3.4 通用的插件系统

插件是 ROS 中 pluginlib 和 class_loader 这两个 C++的库共同支持的功能，插件仅支持 C++语言，因为 Python 根本就不需要插件来获取动态加载的能力。插件能够支持运行时动态加载不同类实现，在 ROS 中便有大量的实例，故而 ROS 2 也继承了该功能，并发挥了巨大的作用。pluginlib 维护在 ros/pluginlib 仓库，class_loader 维护在 ros/class_loader 仓库，由于二者是在原 ROS 的库上做继续开发，所以分支上与 ros2 组织的规则有些差异，如主要维护的分支会以 ros2 和 ROS 2 的版本名为分支名，如 foxy，不过大同小异，读者仅需稍作思考便可将其辨识出来。

使用 pluginlib，应用程序不必再对其所动态链接的动态库显示链接，在切换不同实现时无需修改源代码，也无需了解不同实现的内部定义，仅需在运行时，通过描述直接加载任意先前导出的类库。由于插件有极强的扩展能力，故通常用作同一目的的不同功能实现，以满足在不同应用场合下的快速切换和灵活配置。简单理解，可以认为插件功能提供了标准电气输出的通用插座，不同的电器均会使用该标准设计插头，与该插座连接的电器可以各式各样，只要兼容这一插座即可。

在很多 ROS 的功能包中都有插件的身影，如 ros2/rviz 的所有扩展按键、可视化和交互等功能均通过插件实现；ros-planning/navigation2 的所有规划器和控制器也均通过插件实现。

▶▶ 3.4.1 创建插件

插件的基本原理是，在定义通用接口的基类基础上，实现至少一个具有实际功能的继承，并使用 class loader 的接口将其导出为 pluginlib 可以识别的插件类，而后在使用时，通过实例化基类接口的加载器，使用字符串查找环境中对应的插件类库，从中找到二进制的接口，以完成运行时动态调用的效果。下面以一个实例来描述这个过程，本节示例需要建立至少 4 个项目，分别用于插件的基类、插件类（两个插件）和实例化调用，约定基类功能包名为"ch3_plugin_base"，插件功能包名为"ch3_plugin_alpha"和"ch3_plugin_beta"，实例化调用功能包名为"ch3_plugin_main"。所有功能包的构建方式均为 ament_cmake。

首先，对 ch3_plugin_base 功能包进行编辑，在这个功能包中，只需要建立头文件，所以在构建过程中不包含编译。故其 CMake 中只需要添加路径安装语句即可，如代码 3-45 所示。需要额外注意的是，其中添加了对 C 和 C++的版本定义。

代码 3-45　基类功能包的 CMake

```
cmake_minimum_required(VERSION 3.8)
project(ch3_plugin_base)

#Default to C99
if(NOT CMAKE_C_STANDARD)
  set(CMAKE_C_STANDARD 99)
endif()
```

```
#Default to C++17
if(NOT CMAKE_CXX_STANDARD)
  set(CMAKE_CXX_STANDARD 17)
endif()

if(CMAKE_COMPILER_IS_GNUCXX OR CMAKE_CXX_COMPILER_ID MATCHES "Clang")
  add_compile_options(-Wall -Wextra -Wpedantic)
endif()

# find dependencies
find_package(ament_cmake REQUIRED)

include_directories(include)

  install(DIRECTORY include/
    DESTINATION include/
)

ament_export_include_directories(include)
ament_package()
```

头文件用于定义虚基类，其所有的接口（除构造和析构外）都可以定义为纯虚函数。如代码 3-46 所示，其中仅给出了两个接口的定义，实际在不同的项目中，该接口可以十分丰富，并且支持多重继承和虚继承等 C++特性，但不支持 template 特性。

代码 3-46　基类功能包的虚基类头文件

```
#ifndef CH3_PLUGIN_BASE__PLUGINBASE_HPP_
#define CH3_PLUGIN_BASE__PLUGINBASE_HPP_

#include <string>

namespace ch3
{
namespace plugin
{
class PluginBase
{
public:
  ~PluginBase(){}
  virtual void say_hello(const int32_t & times) = 0;
  virtual bool say_something(const std::string & something) = 0;

protected:
  PluginBase() = default;
};
}    // namespace plugin
}    // namespace ch3
# endif    // CH3_PLUGIN_BASE__PLUGINBASE_HPP_
```

接着，对 ch3_plugin_alpha 和 ch3_plugin_beta 进行定义，分为两个不同的插件是为了展示可以调用不同功能包的插件。一个插件的功能包需要包含以下几个部分。

1）插件的实现，即 cpp 文件，并在其中调用 class loader 的语句对插件进行注册。

2）库编译文件，即 CMakeLists.txt，其中包含库的类型和名称定义，并且包含导出和编译配置，插件需要编译成动态库（.so、.dylib 或.dll），并且需要按照基类的名称对 XML 文件进行导出。

3）描述 XML，是一个或若干个任意名称的 XML 文件，其中对应库的查找路径（2）中定义的名称），会按照插件的类名称约束其对应关系，即插件名称对应的 C++命名空间下的插件类名，以及插件类继承的基类的命名空间和类名。

为了简化插件的实现，本节示例省略了头文件，直接在 cpp 中完成了类的定义和实现。如代码 3-47 所示，其中包含了两个插件类的实现，并分别在底部使用 PLUGINLIB_EXPORT_CLASS 进行了导出，该宏函数需要两个参数，分别是插件的实现类和插件的基类，为了简便，在本示例中实现类和基类使用了同一命名空间，实际场景中，命名空间可以不同。

代码 3-47　Alpha 插件的实现

```cpp
#include <memory>
#include <string>

#include "ch3_plugin_base/pluginbase.hpp"
#include "pluginlib/class_list_macros.hpp"
#include "rclcpp/rclcpp.hpp"

namespace ch3
{
namespace plugin
{
class PluginAlphaA : public PluginBase
{
public:
  PluginAlphaA(){}
  void say_hello(const int32_t & times)override
  {
    auto times_(times);
    while (--times_ >= 0){
      RCLCPP_INFO(rclcpp::get_logger("PluginAlphaA"), "Hello A alpha");
    }
  }
  bool say_something(const std::string & something)override
  {
    if (something.size()== 0){
      return false;
    } else {
      RCLCPP_INFO_STREAM(rclcpp::get_logger("PluginAlphaA"), something);
```

```
      return true;
    }
  }
};

class PluginAlphaB : public PluginBase
{
public:
  PluginAlphaB(){}
  void say_hello(const int32_t & times)override
  {
    auto times_(times);
    while (--times_ >= 0){
      RCLCPP_INFO(rclcpp::get_logger("PluginAlphaB"), "Hello B alpha");
    }
  }
  bool say_something(const std::string & something)override
  {
    if (something.size() == 0){
      return false ;
    } else {
      RCLCPP_INFO_STREAM(rclcpp::get_logger("PluginAlphaB"), something);
      return true;
    }
  }
};
}    // namespace plugin
}    // namespace ch3

PLUGINLIB_EXPORT_CLASS(ch3::plugin::PluginAlphaA, ch3::plugin::PluginBase)
PLUGINLIB_EXPORT_CLASS(ch3::plugin::PluginAlphaB, ch3::plugin::PluginBase)
```

除了在.cpp 中添加注册，还需要新建 XML 对插件进行描述，用于在动态加载时 class loader 进行查找。代码 3-48 给出了插件 Alpha 的插件导出描述，本示例中，该项目在功能包的根目录，即和 CMakeLists.txt 同级目录，实际项目中，可以根据需要修改其路径。该文件中，必须给出的描述内容如下。

1）library：path，用于约束查找插件类的库文件，该库文件的名称对应 CMake 中最后编译生成的动态库文件名，如库文件名最后生成为 libabc.so，则该值应该是 abc。

2）class：type，用于约束插件类的命名空间和类名；base_class_type，用于约束插件基类的命名空间和类名。

3）description：插件类的描述。

在 class 标签，可选择性地给出 name 属性的值，如果有，则调用时优先使用属性作为插件的名字，如果没有，则选择 type。

代码 3-48　Alpha 插件的 XML 导出，命名为 alpha_defines.xml

```
<library path="plugins_alpha">
  <class type="ch3::plugin::PluginAlphaA" base_class_type="ch3::plugin::PluginBase">
    <description>Alpha A plugin</description>
  </class>
  <class name="AlphaB" type="ch3::plugin::PluginAlphaB" base_class_type="ch3::plugin::
PluginBase">
    <description>Alpha B plugin</description>
  </class>
</library>
```

在功能包的 CMake 中，需要注意依赖的导入，必须包含基类的功能包和 pluglib 功能包；不同的插件可以编译在同一个库文件中，但需要保证库文件是 SHARED 类型，即动态库；在最后，需要对插件的 XML 进行导出，导出指令是 pluginlib_export_plugin_description_file，其参数中第 1 个是基类功能的目录，通常就是基类功能包的名称，第 2 个是插件实现类导出 XML 文件夹的相对路径（相对 CMake 文件，在该 CMake 宏定义中会使用 $CMAKE_CURRENT_SOURCE_DIR 来调用第 2 个参数）。在代码 3-49 中保留了测试的配置，即插件的实现功能包是可以支持自动化测试的。

代码 3-49　Alpha 插件的 CMake 配置

```
cmake_minimum_required(VERSION 3.8)
project(ch3_plugin_alpha)

#Default to C99
if(NOT CMAKE_C_STANDARD)
  set(CMAKE_C_STANDARD 99)
endif()

#Default to C++17
if(NOT CMAKE_CXX_STANDARD)
  set(CMAKE_CXX_STANDARD 17)
endif()

if (CMAKE_COMPILER_IS_GNUCXX OR CMAKE_CXX_COMPILER_ID MATCHES "Clang")
  add_compile_options(-Wall -Wextra -Wpedantic)
endif()

#find dependencies
find_package(ament_cmake REQUIRED)
find_package(ch3_plugin_base REQUIRED)
find_package(pluginlib REQUIRED)
find_package(rclcpp REQUIRED)

set(lib_alpha plugins_alpha)
set(dependencies
  ch3_plugin_base
  pluginlib
```

```
  rclcpp
)

add_library(${lib_alpha} SHARED
  src/pluginalpha.cpp
)

ament_target_dependencies(${lib_alpha}
  ${dependencies}
)

install(
  TARGETS ${lib_alpha}
  LIBRARY DESTINATION lib
)

if(BUILD_TESTING)
  find_package(ament_lint_auto REQUIRED)
  ament_lint_auto_find_test_dependencies()
endif()

ament_export_libraries(${lib_alpha})
ament_export_dependencies(${dependencies})
pluginlib_export_plugin_description_file(ch3_plugin_base alpha_defines.xml)
ament_package()
```

最后，还需要在 package.xml 中添加依赖项，以控制构建顺序，如代码 3-50 所示。

代码 3-50　Alpha 插件的 package.xml

```
<depend>ch3_plugin_base</depend>
<depend>rclcpp</depend>
<depend>pluginlib</depend>
```

读者可如法炮制 Beta 插件的实现，在本节示例中，Beta 插件与 Alpha 插件的不同实现在于所有关键字从 "Alpha" 和 "alpha" 替换为了 "Beta" 和 "beta"，以及导出的插件名为 "BetaPluginNewName"。

插件调用的实现则简单许多，在 ch3_plugin_main 中，仅需一个 .cpp 文件，其中需要使用 pluginlib 的 ClassLoader 类对插件基类的加载器进行声明，在声明时，需要使用基类的功能包名、命名空间和类名；并需要通过字符串获取插件实现类的命名空间和名称，进而在运行时加载插件。实际项目中可以根据用途选择 createUniqueInstance、createSharedInstance 和 createUnmanagedInstance，它们分别会返回插件类实例的 Unique 指针、Shared 指针和裸指针。代码 3-51 中实现了 3 次调用，分别调用 Alpha、Beta 和不存在的 Gamma 插件。

代码 3-51　不使用节点调用插件

```
#include <iostream>
#include <memory>
```

```cpp
#include "pluginlib/class_loader.hpp"
#include "ch3_plugin_base/pluginbase.hpp"

int main(int argc, char ** argv)
{
  (void)argc;
  (void)argv;

  pluginlib::ClassLoader<ch3::plugin::PluginBase> loader(
    "ch3_plugin_base",
    "ch3::plugin::PluginBase");

  try {
    auto alpha_a = loader.createUniqueInstance("ch3::plugin::PluginAlphaA");
    auto alpha_b = loader.createUniqueInstance("AlphaB");

    alpha_a->say_hello(2);
    alpha_b->say_hello(1);
  } catch (pluginlib::PluginlibException & ex){
    printf("Failed to load PluginAlpha.Error: %s \n", ex.what());
  }

  try {
    auto beta_name = loader.createUniqueInstance("BetaPluginNewName");
    beta_name->say_something("using plugin name");
  } catch (pluginlib::PluginlibException & ex){
    printf("Failed to load PluginBeta.Error: %s \n", ex.what());
  }

  try {
    auto gamma = loader.createUniqueInstance("ch3::plugin::PluginGamma");
    gamma->say_hello(1);
  } catch (pluginlib::PluginlibException & ex){
    printf("Failed to load PluginGamma.Error: %s \n", ex.what());
  }

  return 0;
}
```

其 CMake 和 package.xml 文件较为简单，此处不再赘述。在 CMake 中，仅需添加 "pluginlib"
和 "ch3_plugin_base" 的依赖，并对可执行文件进行定义和安装即可。但在 package.xml 中，可以选
择性地添加所有插件的依赖类型为 "exec_depend"，以便控制编译顺序，确保运行依赖。

构建完毕后，运行测试应如代码 3-52 所示，其中日志的第 1 行和第 2 行是 AlphaA 插件输出，
第 3 行是 AlphaB 插件输出，第 4 行是 Beta 插件输出，最后一行则是异常报错。在异常报错中，提
示了找不到对应的插件，并给出了环境中声明的几个插件名称，如 AlphaB、BetaPluginNewName 和
ch3::plugin::PluginAlphaA。

代码 3-52　插件运行测试

```
$ ros2 run ch3_plugin_main run_plugin_withoutnode
---
[INFO] [1645286029.050526280] [PluginAlphaA]: Hello A alpha
[INFO] [1645286029.050562056] [PluginAlphaA]: Hello A alpha
[INFO] [1645286029.050565804] [PluginAlphaB]: Hello B alpha
[INFO] [1645286029.050733955] [PluginBeta]: using plugin name
Failed to load PluginGamma.Error: According to the loaded plugin descriptions the class ch3::
plugin::PluginGamma with base class type ch3::plugin::PluginBase does not exist.Declared types
are AlphaB BetaPluginNewName ch3::plugin::PluginAlphaA
---
```

总结，使用 ROS 2 的 C++插件功能需要注意以下几点。

- 用作插件基类的虚基类目前不可以（也许未来可以）使用 template 特性，但可以用其他形式代替，如 variant。
- 所有需要暴露的插件接口都需要在基类中定义为纯虚函数。
- 插件的基类和实现类可以拥有不同的命名空间。
- 插件实现类需要编译成动态库。
- 插件实现类的动态库名应与导出 XML 中 library 的 path 属性一致。
- 插件实现类导出 XML 的 class 标签中，name 属性优先级大于 type 属性。
- 调用插件的应用程序在构建上不需要依赖任意插件实现功能包，仅需依赖插件的基类功能包。
- 调用插件的方法实际上与 ROS 关系不大，所以在其他领域的编程中，也可以使用 pluginlib 和 class loader 的组合进行抽象。

▶▶ 3.4.2　动态加载插件

3.4.1 节中为读者展示了插件的基本使用方法，并在代码 3-51 中给出了基本的插件调用方式。通常情况下，插件的名称可以由 ROS 的参数或其他配置文件导入，并且可以在节点内部调用。例如，在 3-53 中提供了使用参数输入插件的方法，其在运行时会不断调用插件实现的 say_hello 方法输出 1 次日志，并支持在运行时通过 ros2param 修改其参数，如代码 3-54 展示的便是修改插件为 BetaPluginNewName 的方法。

代码 3-53　使用参数动态加载插件

```
#include <iostream>
#include <memory>
#include <string>

#include "pluginlib/class_loader.hpp"
#include "ch3_plugin_base/pluginbase.hpp"
#include "rclcpp/rclcpp.hpp"
```

```
class TestNode : public rclcpp::Node
{
public:
  explicit TestNode(const std::string & node_name)
  : Node(node_name)
  {
    using namespace std::chrono_literals;
    this->declare_parameter("plugin_name", "AlphaB");
    loader = std::make_shared<pluginlib::ClassLoader<ch3::plugin::PluginBase>>(
      "ch3_plugin_base",
      "ch3::plugin::PluginBase");
    auto printimer_callback =
    [&]()-> void {
      auto plugin_name = this->get_parameter("plugin_name").as_string();
      try {
        auto plugin_instance = loader->createUniqueInstance(plugin_name);
        plugin_instance->say_hello(1);
      } catch (pluginlib::PluginlibException & ex){
        printf("Failed to load PluginBeta.Error: %s \n", ex.what());
      }
    };
    timer_ = this->create_wall_timer(500ms, printimer_callback);
  }

private:
  rclcpp::TimerBase::SharedPtr timer_;
  std::shared_ptr<pluginlib::ClassLoader<ch3::plugin::PluginBase>> loader;
};

int main(int argc, char ** argv)
{
  rclcpp::init(argc, argv);
  auto node_ = std::make_shared<TestNode>("plugin_test_node");
  rclcpp::executors::SingleThreadedExecutor executor_;

  executor_.add_node(node_);
  executor_.spin();

  rclcpp::shutdown();
  return 0;
}
```

代码 3-54 动态修改插件

```
$ ros2 param set /plugin_test_node plugin_name BetaPluginNewName
```

除了通过 ROS 参数，还可以通过进程间通信的方式获取插件实现的名字，并通过异常处理
（try 和 catch）的方式获知插件实现是否存在，并且是否可以调用，进而完成插件实现的切换任务。

ROS 的进程间通信将会在下一章详细讲解，读者可以在学习第 4 章之后再思考：如何通过 ROS 的进程间通信方式实现应用程序在运行时动态加载插件？

▶▶ 3.4.3 插件的使用案例

ROS 和 ROS 2 的生态中，使用插件扩展软件功能的案例不胜枚举，这些案例为广大开发者提供了良好的教程。在许多使用插件的项目中，基类头文件都会需要一个独立的功能包来保存，并且以"_common"或"_core"等关键字结尾。

以 ROS 2 中一个导航的框架 Nav2 为例，该框架通过约束导航器的行为模式来统一机器人导航的设计和运作流程，并基于行为树和插件的模式，将完整的导航逻辑通过行为树实现，方便在运行时修改，将导航中可能因算法不同而经常修改的关键部件通过插件实现，方便根据实际情况替换。在 ros-planning/navigation2 中的 nav2_core 功能包中，提供了若干个用于约定插件内容的基类头文件，如代码 3-55 所示。

代码 3-55　nav2_core 中的基类头文件

```
$ ls nav2_core/include/nav2_core
---
behavior.hpp exceptions.hpp goal_checker.hpp smoother.hpp
controller.hpp global_planner.hpp progress_checker.hpp waypoint_task_executor.hpp
---
```

这些插件的基类头文件中都包含着一些导航算法通用的接口，包括通用的输入和输出，也包含着这些导航模块在运行过程中所需要统一实现的必要功能。以全局规划器的头文件为例，代码 3-56 中所展示的内容包含了规划器需要提供的构造全局路径的方法 createPath，以及规划器作为导航系统的组件在运行过程中所必备的生命周期模式的状态切换功能：configure、cleanup、activate 和 de-activate。

代码 3-56　nav2_core 中的 global_planner.hpp

```
class GlobalPlanner
{
public:
  using Ptr = std::shared_ptr<GlobalPlanner>;

  /**
   * @brief Virtual destructor
   */
  virtual ~GlobalPlanner(){}

  /**
   * @param parent pointer to user's node
   * @param name The name of this planner
   * @param tf A pointer to a TF buffer
   * @param costmap_ros A pointer to the costmap
```

```
 */
virtual void configure(
  const rclcpp_lifecycle::LifecycleNode::WeakPtr & parent,
  std::string name, std::shared_ptr<tf2_ros::Buffer> tf,
  std::shared_ptr<nav2_costmap_2d::Costmap2DROS> costmap_ros) = 0;

/**
 * @brief Method to cleanup resources used on shutdown.
 */
virtual void cleanup() = 0;

/**
 * @brief Method to active planner and any threads involved in execution.
 */
virtual void activate() = 0;

/**
 * @brief Method to deactive planner and any threads involved in execution.
 */
virtual void deactivate() = 0;

/**
 * @brief Method create the plan from a starting and ending goal.
 * @param start The starting pose of the robot
 * @param goal The goal pose of the robot
 * @return The sequence of poses to get from start to goal, if any
 */
virtual nav_msgs::msg::Path createPlan(
  const geometry_msgs::msg::PoseStamped & start,
  const geometry_msgs::msg::PoseStamped & goal) = 0;
};
```

以 ros2_control 为例，该框架为所有被控设备（如执行器或传感器等硬件）设计了统一的抽象接口，并通过插件暴露。开发者可以使用该框架的统一接口直接设计并实现抽象的控制算法，而无需编写任何有关硬件的代码（但不是不考虑硬件）。所有有关硬件的代码都会在实现硬件接口插件时实现。当前版本（#683）提供了三种硬件接口。

- System（系统）级接口：主要面向整合完备且多自由度的机器人，整合完备意味着它包含了传感器级和执行器级的组件，并将其抽象，它可以是一个机械臂，也可以是一个移动机器人。
- Sensor（传感器）级接口：主要面向一般的传感器，如关节的编码器或力传感器等。
- Actuator（执行器）级接口：主要面向电机、液压执行器和气压阀等单自由度的执行器。

这三种基类头文件都维护在该项目的 "hardware_interface" 功能包中，以执行器级别的接口为例，其基类的头文件主要包含代码 3-57 所示的内容。由于 ros2_control 依旧继承使用了生命周期节点的方法，所以在硬件接口的基类定义中，也对生命周期相关的必要功能进行了封装和设计，并要求设计硬件插件的工程师对其进行实现。由于 ros2_control 受到了 ROSIN（ROS-Industrial，ROS 工业）的支持与认可，所以其注释相比其他项目更为标准和完善。

代码 3-57　hardware_interface 中的 actuator_interface.hpp

```
namespace hardware_interface
{
/// Virtual Class to implement when integrating a 1 DoF actuator into ros2_control.
/**
 * The typical examples are conveyors or motors.
 *
 * Methods return values have type rclcpp_lifecycle::node_interfaces::LifecycleNodeInter-
face::CallbackReturn
 * with the following meaning:
 *
 * \returns CallbackReturn::SUCCESS method execution was successful.
 * \returns CallbackReturn::FAILURE method execution has failed and and can be called again.
 * \returns CallbackReturn::ERROR critical error has happened that should be managed in
 * "on_error" method.
 *
 * The hardware ends after each method in a state with the following meaning:
 *
 * UNCONFIGURED(on_init, on_cleanup):
 * Hardware is initialized but communication is not started and therefore no interface is a-
     vailable.
 *
 * INACTIVE (on_configure, on_deactivate):
 * Communication with the hardware is started and it is configured.
 * States can be read and non-movement hardware interfaces commanded.
 * Hardware interfaces for movement will NOT be available.
 * Those interfaces are: HW_IF_POSITION, HW_IF_VELOCITY, HW_IF_ACCELERATION, and HW_IF_
     EFFORT.
 *
 * FINALIZED (on_shutdown):
 * Hardware interface is ready for unloading/destruction.
 * Allocated memory is cleaned up.
 *
 * ACTIVE (on_activate):
 * Power circuits of hardware are active and hardware can be moved, e.g., brakes are disabled.
 * Command interfaces for movement are available and have to be accepted.
 * Those interfaces are: HW_IF_POSITION, HW_IF_VELOCITY, HW_IF_ACCELERATION, and HW_IF_
     EFFORT.
 * /

using CallbackReturn = rclcpp_lifecycle::node_interfaces::LifecycleNodeInterface::Callback-
Return;
```

```cpp
class ActuatorInterface : public rclcpp_lifecycle::node_interfaces::LifecycleNodeInterface
{
public:
  ActuatorInterface()
  : lifecycle_state_(rclcpp_lifecycle::State(
      lifecycle_msgs::msg::State::PRIMARY_STATE_UNKNOWN, lifecycle_state_names::UNKNOWN))
  {
  }

  /// ActuatorInterface copy constructor is actively deleted.
  /**
    * Hardware interfaces are having a unique ownership and thus can't be copied in order to a-
        void
    * failed or simultaneous access to hardware.
    */
  ActuatorInterface(const ActuatorInterface & other) = delete;

  ActuatorInterface(ActuatorInterface && other) = default;

  virtual ~ActuatorInterface() = default;

  /// Initialization of the hardware interface from data parsed from the robot's URDF.
  /**
    * \param[in] hardware_info structure with data from URDF.
    * \returns CallbackReturn::SUCCESS if required data are provided and can be parsed.
    * \returns CallbackReturn::ERROR if any error happens or data are missing.
    */
  virtual CallbackReturn on_init(const HardwareInfo & hardware_info)
  {
    info_ = hardware_info;
    return CallbackReturn::SUCCESS;
  };

  /// Exports all state interfaces for this hardware interface.
  /**
    * The state interfaces have to be created and transferred according
    * to the hardware info passed in for the configuration.
    *
    * Note the ownership over the state interfaces is transferred to the caller.
    *
    * \return vector of state interfaces
    */
  virtual std::vector<StateInterface> export_state_interfaces() = 0;

  /// Exports all command interfaces for this hardware interface.
  /**
    * The command interfaces have to be created and transferred according
    * to the hardware info passed in for the configuration.
    *
```

```
 * Note the ownership over the state interfaces is transferred to the caller.
 *
 * \return vector of command interfaces
 * /
virtual std::vector<CommandInterface> export_command_interfaces() = 0;

/// Prepare for a new command interface switch.
/**
 * Prepare for any mode-switching required by the new command interface combination.
 *
 * \note This is a non-realtime evaluation of whether a set of command interface claims are
 * possible, and call to start preparing data structures for the upcoming switch that will occur.
 * \note All starting and stopping interface keys are passed to all components, so the func-
   tion should
 * return return_type::OK by default when given interface keys not relevant for this component.
 * \param[in] start_interfaces vector of string identifiers for the command interfaces
    starting.
 * \param[in] stop_interfaces vector of string identifiers for the command interfacs stop-
    ping.
 * \return return_type::OK if the new command interface combination can be prepared,
 * or if the interface key is not relevant to this system.Returns return_type::ERROR otherwise.
 * /
virtual return_type prepare_command_mode_switch(
  const std::vector<std::string> & /* start_interfaces* /,
  const std::vector<std::string> & /* stop_interfaces* /)
{
  return return_type::OK;
}


// Perform switching to the new command interface.
/**
 * Perform the mode-switching for the new command interface combination.
 *
 * \note This is part of the realtime update loop, and should be fast.
 * \note All starting and stopping interface keys are passed to all components, so the func-
   tion should
 * return return_type::OK by default when given interface keys not relevant for this component.
 * \param[in] start_interfaces vector of string identifiers for the command interfaces
    starting.
 * \param[in] stop_interfaces vector of string identifiers for the command interfacs stopping.
 * \return return_type::OK if the new command interface combination can be switched to,
 * or if the interface key is not relevant to this system.Returns return_type::ERROR otherwise.
 * /
virtual return_type perform_command_mode_switch(
  const std::vector<std::string> & /* start_interfaces* /,
  const std::vector<std::string> & /* stop_interfaces* /)
{
  return return_type::OK;
}
```

```cpp
  /// Read the current state values from the actuator.
  /**
   * The data readings from the physical hardware has to be updated
   * and reflected accordingly in the exported state interfaces.
   * That is, the data pointed by the interfaces shall be updated.*
   * \return return_type::OK if the read was successful, return_type::ERROR otherwise.
   * /
  virtual return_type read() = 0;

  /// Write the current command values to the actuator.
  /**
   * The physical hardware shall be updated with the latest value from
   * the exported command interfaces.
   *
   * \return return_type::OK if the read was successful, return_type::ERROR otherwise.
   * /
virtual return_type write() = 0;

  /// Get name of the actuator hardware.
  /**
   * \return name.
   * /
  virtual std::string get_name()const { return info_.name; }

  /// Get life-cycle state of the actuator hardware.
  /**
   * \return state.
   * /
  const rclcpp_lifecycle::State & get_state()const { return lifecycle_state_; }

  /// Set life -cycle state of the actuator hardware.
  /**
   * \return state.
   * /
  void set_state(const rclcpp_lifecycle::State & new_state){ lifecycle_state_ = new_state; }
protected:
  HardwareInfo info_;
  rclcpp_lifecycle::State lifecycle _state_;
};

}    // namespace hardware_interface
```

3.5 ROS 2 的组件系统

在 ROS 中，除了节点（node）外，还有一种存在叫 nodelet，即为了提升 ROS 通信效率，在一个进程中动态加载和运行多个节点的一种方法。在 ROS 2 中，节点被委托给节点执行器，一个进程可以拥有多个节点，但不代表不再需要类似 nodelet 的方法实现动态加载节点。ROS 2 中，实现动态加载和运行多个节点的方法是组件（component）。从实现上，nodelet 是基于 pluginlib 实现的，组件是基于 class loader 实现的。由于 pluginlib 是基于 class loader 实现的，所以在 ROS 2 中，组件应被认为是与 pluginlib 同一级别的功能包。但使用组件的方法要比使用 pluginlib 简单得多，由于组件是面向节点动态加载设计的，所以不需要像使用插件那样注册和导出，只需要在设计好的节点后面添加一句宏指令，并按照格式添加一句 CMake 脚本配置即可。

但是，由于现阶段组件功能较为初级，在节点的继承上，仅支持参数为"（const rclcpp::NodeOptions）"的节点。如代码 3-58 所示，是 IntelRealSense/realsense-ros 仓库中 RealSense 的工厂类定义。

代码 3-58　RealSenseNodeFactory 的类定义

```
namespace realsense2_camera
{
    class RealSenseNodeFactory : public rclcpp::Node
    {
    public:
        explicit RealSenseNodeFactory(const rclcpp::NodeOptions & node_options = rclcpp::Node-
          Options());
        RealSenseNodeFactory(
          const std::string & node_name, const std::string & ns,
          const rclcpp::NodeOptions & node_options = rclcpp::NodeOptions());
        virtual ~RealSenseNodeFactory();
// ...
```

本节所有代码将实现在名为"ch3_component"的功能包中。

3.5.1　单组件的实现流程

目前组件功能仅在 rclcpp 中完成了实现，rclpy 的组件功能还在开发中（参考 rclpy 的#575 和 #599）。实现一个组件功能非常简单，仅需三步。需要注意的是，一个组件只能注册一个节点。

1）使用代码 3-59 将节点注册为组件。

2）在 CMakeLists.txt 中添加代码 3-60，注册组件为指定可执行文件。其中"$PROJECT_NAME"是节点.cpp 文件生成的库的代号，"PLUGIN"是组件名称，"EXECUTABLE"是可执行文件的名称。

3）在 CMakeLists.txt 和 package.xml 中添加"rclcpp_components"的依赖。

代码 3-59　在.cpp 文件中注册

```
# include "rclcpp_components/register_node_macro.hpp"

RCLCPP_COMPONENTS_REGISTER_NODE(demo_nodes_cpp::Talker)
```

代码 3-60　在 CMakeLists.txt 中注册

```
rclcpp_components_register_node(${PROJECT_NAME}
  PLUGIN "realsense2_camera::RealSenseNodeFactory"
  EXECUTABLE realsense2_camera_node
)
```

在组件注册的过程中，用户除了可以通过这句 CMake 指令设置可执行文件的名字外，还可以通过 "EXECUTOR" 参数设置节点执行器的类型，默认情况下，组件会选择使用单线程节点执行器，即 SingleThreadedExecutor。读者可以查询 ros2/rclcpp 中 rclcpp_components 的 cmake 目录了解更详细的实现机理。

▶▶ 3.5.2　实现自定义的组件

基于上述介绍，读者可以参考代码 3-61 和代码 3-62，实现三个简单的组件。其中前者是一个 .cpp 文件包含了两个组件，后者仅包含一个组件。

代码 3-61　组件 1 和组件 3

```
#include <unistd.h>
#include <chrono>
#include <string>
#include <thread>

#include "rclcpp/rclcpp.hpp"
#include "rclcpp_components/register_node_macro.hpp"
#include "sys/types.h"

namespace ros_beginner
{
using namespace std::chrono_literals;

class Component1 : public rclcpp::Node
{
public:
  explicit Component1(const rclcpp::NodeOptions & node_options)
  : Node("component_1", node_options)

  {
    auto printimer_cb =
      [&]()-> void {
        pid_t pid = getpid();
        RCLCPP_INFO_STREAM(
          this->get_logger(),
          this->get_name()<< ": pid is " << pid << ", thread id is " <<
            std::this_thread::get_id());
      };
```

```
    printimer_ = this->create_wall_timer(500ms, printimer_cb);
  }

private:
  rclcpp::TimerBase::SharedPtr printimer_;
};
class Component3 : public rclcpp::Node
{
public:
  explicit Component3(const rclcpp::NodeOptions & node_options)
  : Node("component_3", node_options)
  {
    auto printimer_cb =
      [&]()-> void {
        pid_t pid = getpid();
        RCLCPP_INFO_STREAM(
          this->get_logger(),
          this->get_name()<< ": pid is " << pid << ", thread id is " <<
            std::this_thread::get_id()); };
      printimer_ = this->create_wall_timer(500ms, printimer_cb);
  }

private:
  rclcpp::TimerBase::SharedPtr printimer_; };
} // namespace ros_beginner

RCLCPP_COMPONENTS_REGISTER_NODE(ros_beginner::Component1)
RCLCPP_COMPONENTS_REGISTER_NODE(ros_beginner::Component3)
```

代码 3-62　组件 2

```
#include <unistd.h>
#include <chrono>
#include <string>
#include <thread>

#include "rclcpp/rclcpp.hpp"
#include "rclcpp_components/register_node_macro.hpp"
#include "sys/types.h"

namespace ros_beginner
{
using namespace std::chrono_literals;

class Component2 : public rclcpp::Node
{
public:
  explicit Component2(const rclcpp::NodeOptions & node_options)
  : Node("component_2", node_options)
```

```
  {
    auto printimer_cb =
      [&]()-> void {
        pid_t pid = getpid();
        RCLCPP_INFO_STREAM(
          this->get_logger(),
          this->get_name()<< ": pid is " << pid << ", thread id is " <<
            std::this_thread::get_id());
      };
    printimer_ = this->create_wall_timer(500ms, printimer_cb);
  }

private:
  rclcpp::TimerBase::SharedPtr printimer_;
};
}    // namespace ros_beginner

RCLCPP_COMPONENTS_REGISTER_NODE(ros_beginner::Component2)
```

配置 CMake 的方式如代码 3-63 所示，其中应切记不可将动态库的代号命名为 "library_name"，否则将会导致奇怪的报错，因为在注册组件的 CMake 指令中也有着相同的变量名称。在 CMake 中无需使用 install 指令对组件合成的可执行文件进行安装，因为所有的链接和安装步骤都在注册时完成了。

代码 3-63　ch3_component 的 CMakeLists.txt

```
cmake_minimum_required(VERSION 3.8)
project(ch3_component)

if(CMAKE_COMPILER_IS_GNUCXX OR CMAKE_CXX_COMPILER_ID MATCHES "Clang")
  add_compile_options(-Wall -Wextra -Wpedantic)
endif()

#find dependencies
find_package(ament_cmake REQUIRED)
find_package(rclcpp REQUIRED)
find_package(rclcpp_components REQUIRED)
set(library_components component_test)
set(dependencies
  rclcpp
  rclcpp_components
)

add_library(${library_components} SHARED
  src/com1.cpp
  src/com2.cpp
)
```

```
ament_target_dependencies(${library_components}
  ${dependencies}
)

rclcpp_components_register_node(${library_components}
  PLUGIN "ros_beginner::Component1"
  EXECUTABLE componentest1)

rclcpp_components_register_node(${library_components}
  PLUGIN "ros_beginner::Component2"
  EXECUTABLE componentest2)

rclcpp_components_register_node(${library_components}
  PLUGIN "ros_beginner::Component3"
  EXECUTABLE componentest3)

install(TARGETS ${library_components}
  ARCHIVE DESTINATION lib
  LIBRARY DESTINATION lib
  RUNTIME DESTINATION bin
)

if (BUILD_TESTING)
  find_package(ament_lint_auto REQUIRED)
  ament_lint_auto_find_test_dependencies()
endif()

ament_package()
```

保存后构建，便可通过 ros2run 运行这些可执行文件进行测试。如果成功，则可以通过代码 3-64 找到三个组件。

代码 3-64　通过 ros2component 列举组件类型

```
$ ros2 component types
---
ch3_component
  ros_beginner::Component1
  ros_beginner::Component2
  ros_beginner::Component3
#...
```

▶▶ 3.5.3　使用组件容器加载多个组件

如果读者细心，可以发现在 rclcpp_components 中的 cmake 路径下有两个不同的指令定义，分别用于单一节点和多节点的组件注册。这二者从设计上有着显著的区别。组件提供的功能是运行时动态加载节点，并非直接生成可加载多个节点的可执行程序。那么组件是如何实现多个节点动态加载的呢？答案是使用组件容器（component container）。在 rclcpp 中提供了一个可用的组件容器程序，读者可通过代码 3-65 中的任何一句运行，并通过代码 3-66 在另一个终端查看。容器名即节点名，通过 ros2node 也可获取到同样的结果。组件容器中，扩展名"mt"代表"MultiThreaded"，扩展名"isolated"代表隔离。

代码 3-65　运行 rclcpp 中的组件容器

```
$ ros2 run rclcpp_components component_container
$ ros2 run rclcpp_components component_container_mt
$ ros2 run rclcpp_components component_container_isolated
$ ros2 run rclcpp_components component_container_isolated --use_multi_threaded_executor
```

代码 3-66　使用 ros2component 查看容器

```
$ ros2 component list
---
/ComponentManager
---
$ ros2 node list
/ComponentManager
```

一个组件容器可以动态加载若干个节点组件，而实际上，一个容器即为一个节点执行器，并在节点执行器中默认会加载一个名为"ComponentManager"的节点。代码 3-67 展示了"component_container"组件容器的主函数实现，代码 3-68 展示了"ComponentManager"节点的构造函数。

代码 3-67　component_container 的主函数实现

```
#include <memory>

#include "rclcpp/rclcpp.hpp"

#include "rclcpp_components/component_manager.hpp"

int main(int argc, char * argv[])
{
  /// Component container with a single-threaded executor.
  rclcpp::init(argc, argv);
  auto exec = std::make_shared<rclcpp::executors::SingleThreadedExecutor>();
  auto node = std::make_shared<rclcpp_components::ComponentManager>(exec);
  exec->add_node(node);
  exec->spin();
}
```

代码 3-68　ComponentManager 的构造函数

```
ComponentManager::ComponentManager(
  std::weak_ptr<rclcpp::Executor> executor,
  std::string node_name,
  const rclcpp::NodeOptions & node_options)
: Node(std::move(node_name), node_options),
```

```
  executor_(executor)
{
  loadNode_srv_ = create_service<LoadNode>(
    "~/_container/load_node",
    std::bind(&ComponentManager::on_load_node, this, _1, _2, _3));
  unloadNode_srv_ = create_service<UnloadNode>(
    "~/_container/unload_node",
    std::bind(&ComponentManager::on_unload_node, this, _1, _2, _3));
  listNodes_srv_ = create_service<ListNodes>(
    "~/_container/list_nodes",
    std::bind(&ComponentManager::on_list_nodes, this, _1, _2, _3));

  {
    rcl_interfaces::msg::ParameterDescriptor desc{};
    desc.description = "Number of thread";
    rcl_interfaces::msg::IntegerRange range{};
    range.from_value = 1;
    range.to_value = std::thread::hardware_concurrency();
    desc.integer_range.push_back(range);
    desc.read_only = true;
    this->declare_parameter(
      "thread_num", static_cast<int64_t>(std::thread::hardware_concurrency()), desc);
  }
}
```

在代码 3-65 中共有三种容器，component_container 是最简单的一种，其中节点执行器的共享智能指针作为参数被传入了节点中，并在节点中用于加载其他组件节点。代码 3-69 给出了加载组件 service 回调函数的写法。加载组件节点是基于 service 实现的，每一次名为"load_node"的 service 回调都会加载一个新组件节点，并通过代码 3-70 函数添加至节点执行器。在上面展示的三种组件容器中，前两个（不带任何扩展名和带 mt 扩展名的）组件容器会将所有的节点，包括管理节点和加载的节点，用同一个节点执行器进行加载和维护，带有"isolated"扩展名的，会将每个新增的组件节点隔离在不同的节点执行器中，这便是三者的不同。

代码 3-69　加载组件 service 的服务端回调函数（片段）

```
void
ComponentManager::on_load_node(
  const std::shared_ptr<rmw_request_id_t> request_header,
  const std::shared_ptr<LoadNode::Request> request,
  std::shared_ptr<LoadNode::Response> response)
{
//...
  add_node_to_executor(node_id);
//...
}
```

代码 3-70　添加节点函数

```
void
ComponentManager::add_node_to_executor(uint64_t node_id)
{
  if (auto exec = executor_.lock()){
    exec->add_node(node_wrappers_[node_id].get_node_base_interface(), true);
  }
}
```

通过组件容器和 ros2component 可以快速加载环境中的任意组件。首先可以查看一下 ros2component 的所有功能，如代码 3-71 所示。

代码 3-71　ros2component 的帮助信息

```
$ ros2 component -h
---
usage: ros2 component [-h] Call 'ros2 component <command> -h' for more detailed usage. …

Various component related sub-commands

optional arguments:
  -h, --help            show this help message and exit

Commands:
  list        Output a list of running containers and components
  load        Load a component into a container node
  standalone  Run a component into its own standalone container node
  types       Output a list of components registered in the ament index
  unload      Unload a component from a container node

Call 'ros2 component <command> -h' for more detailed usage.
---
```

- list：列举当前运行的组件容器及其运行的组件。
- load：加载组件节点到指定容器。
- standalone：在独立的容器中运行一个组件，默认使用 component_container。
- types：列举当前环境中的所有组件类型。
- unload：从指定容器卸载指定组件节点。

确保环境统一，即均可通过 ros2component 的 types 指令找到 3.5.2 节中的三个组件。在一个窗口运行任何一个组件容器，再在另一个窗口运行代码 3-72，如果返回结果一致，且运行容器的窗口如预期不断输出日志，则说明加载成功。卸载的方式同理，不再赘述。

代码 3-72　加载组件到组件容器

```
$ ros2 component load /ComponentManager ch3_component ros_beginner::Component3
---
```

```
Loaded component 1 into '/ComponentManager' container node as '/component_3'
---
```

如果只希望导出组件，而不希望通过组件生成独立的可执行文件，可以将代码 3-60 中的那三句相同功能的指令更换为代码 3-73 中的一句，在其中已经通过注释指出是哪三句，这便是本节开头所提到的两句不同的 CMake 指令。

代码 3-73　仅导出组件信息

```
#rclcpp_components_register_node(${library_components}
#PLUGIN "ros_beginner::Component1"
#EXECUTABLE componentest1)

#rclcpp_components_register_node(${library_components}
#PLUGIN "ros_beginner::Component2"
#EXECUTABLE componentest2)

#rclcpp_components_register_node(${library_components}
#PLUGIN "ros_beginner::Component3"
#EXECUTABLE componentest3)

rclcpp_components_register_nodes(${library_components}
"ros_beginner::Component1"
"ros_beginner::Component2"
"ros_beginner::Component3")
```

使用上述方法通过容器运行组件过于烦琐，需要至少打开两个窗口，如果使用 launch 来解决，则事半功倍。代码 3-74 给出了使用 ROS 2 启动系统快速启动组件容器及其组件的方式，读者可以参考。

代码 3-74　使用 launch 文件启动组件

```
import launch
from launch_ros.actions import ComposableNodeContainer
from launch_ros.descriptions import ComposableNode

def generate_launch_description():
    """Generate launch description with multiple components."""
    container = ComposableNodeContainer(
        name='CompositionDemo',
        namespace=",
        package='rclcpp_components',
        executable='component_container',
        composable_node_descriptions=[
                ComposableNode(
                    package='ch3_component',
                    plugin='ros_beginner::Component1',
                    name='c1'),
                ComposableNode(
```

```
                    package='ch3_component',
                    plugin='ros_beginner::Component2',
                    name='c2'),
                ComposableNode(
                    package='ch3_component',
                    plugin='ros_beginner::Component3',
                    name='c3')
            ],
            output='screen',
        )

    return launch.LaunchDescription([container])
```

3.6 实战：RealSense 与 ROS 的桥接

本章介绍了一系列节点的体系化和扩展功能，这些功能在实际的产品中被广泛应用，本节将结合 RealSense 的 ROS 层封装来介绍这些特性都是如何在实际产品中设计和实现的。

RealSense 是 Intel 集团推出的一系列深度和 RGB 多模态相机，它既支持输出深度图像，也支持输出普通的 RGB 图像，从发售至今被广泛应用于机器人和物联网等有立体视觉需求的领域。调用 RealSense 相机的接口并不需要使用 ROS，Intel 的工程师们为其设计了一整套调用的 SDK，名为 librealsense，而 ROS 层的封装实际上是作为桥接 librealsense 到 ROS 的转换器，用于将 librealsense 中的数据结构和数据，转换为 ROS 中的数据结构和数据。该项目名为 "realsense-ros"，被维护在 Intel-RealSense 组织下。

realsense-ros 同时支持了 D400 系列、L500 系列、SR300 和 T265 跟踪等相机模组，并在一个仓库内同时维护了支持 ROS 和 ROS 2 的代码。在其 ros2 分支下维护的就是支持 ROS 2 的代码。项目中共分为三个功能包。

- realsense2_camera：SDK 封装的主体代码，内部包含了用于封装的动态库的源代码和相关示例的源代码。
- realsense2_camera_msgs：包含 RealSense 中除了通用传感器数据外的数据定义。
- realsense2_description：包含支持的 RealSense 系列相机的建模数据，如 URDF 和 Mesh 数据。

在 realsense2_camera 中维护着所有封装 librealsense 的代码，并提供了若干参数文件示例、启动文件示例、节点示例和可视化文件示例等。这些示例其实并不是为了方便开发者开箱即用，而是为了加速工程和算法验证。通过该功能包，开发者无需了解如何使用 librealsense 从 USB 设备中读取彩色图像或深度图像，只需要通过 ROS 的消息直接获取数据即可。

在它的整体设计逻辑中，用户可以直接运行包含在功能包内的可执行程序，也可以通过加载组件的方式动态启动和关闭，还可以通过启动系统运行 launch 脚本。三种方式都可以使用参数文件或外部参数的输入，并且支持运行时动态的参数修改。所有支持的 RealSense 相机模组在程序中被分为两类节点实现：BaseRealSenseNode 和 T265RealsenseNode。有这种区别的原因在于后者会额外输出一个里程计数器的数据，数据来源于相机内部计算的视觉里程计数器。在功能包中的组件，也就是可执行程序运行的节点并不是直接运行这两种节点，而是先运行 RealSenseNodeFactory 节点，并在其中根据设备情况实例化一个 BaseRealSenseNode 或 T265RealsenseNode。大部分的相机操作都是在 BaseRealSenseNode 或 T265RealsenseNode 中完成操作的，而非前者，这样做的好处是为了减轻外部调用的负担，提高层次感，降低外部的开发量。RealSenseNodeFactory 节点作为组件，如果用户对其不满意，也可以重新设计并将其替换。代码 3-75 展示的是根据不同设备的 ID 选择实例化的对象，其中 T265RealsenseNode 是继承了 BaseRealSenseNode 的子类。

代码 3-75　根据设备 PID 实例化对象

```
void RealSenseNodeFactory::startDevice()
{
  if (_realSenseNode){_realSenseNode.reset();}
  std::string pid_str(_device.get_info(RS2_CAMERA_INFO_PRODUCT_ID));
  uint16_t pid = std::stoi(pid_str, 0, 16);
  try {
    switch (pid){
      case SR300_PID:
      case SR300v2_PID:
      case RS400_PID:
      case RS405_PID:
      case RS410_PID:
      case RS460_PID:
      case RS415_PID:
      case RS420_PID:
      case RS420_MM_PID:
      case RS430_PID:
      case RS430_MM_PID:
      case RS430_MM_RGB_PID:
      case RS435_RGB_PID:
      case RS435i_RGB_PID:
      case RS455_PID:
      case RS465_PID:
      case RS_USB2_PID:
      case RS_L515_PID_PRE_PRQ:
      case RS_L515_PID:
      case RS_L535_PID:
        _realSenseNode =
          std::unique_ptr<BaseRealSenseNode>(new BaseRealSenseNode(*this, _device, _parame-
ters));
        break;
      case RS_T265_PID:
        _realSenseNode =
          std::unique_ptr<T265RealsenseNode>(new T265RealsenseNode(*this, _device, _parame-
ters));
        break;
```

```
      default:
        ROS_FATAL_STREAM("Unsupported device!" << " Product ID: 0x" << pid_str);
        rclcpp::shutdown();
        exit(1);
    }
  } catch (const rs 2::backend_error & e){
    std::cerr << "Failed to start device: " << e.what()<<'\n';
    _device.hardware_reset();
    _device = rs2::device();
  }
}
```

该功能包内的日志体系封装得也很易用，为了兼容 ROS，开发人员将 ROS 日志的方法通过宏定义封装了 ROS 和 ROS 2 的日志方法，以确保在逻辑代码中二者的统一，便于维护，如代码 3-76 所示。

代码 3-76　封装的日志方法宏

```
#define ROS_DEBUG(...)RCLCPP_DEBUG(_logger, __VA_ARGS__)

#define ROS_INFO(...)RCLCPP_INFO(_logger, __VA_ARGS__)

#define ROS_WARN(...)RCLCPP_WARN(_logger, __VA_ARGS__)

#define ROS_ERROR(...)RCLCPP_ERROR(_logger, __VA_ARGS__)

// ...
#define ROS_DEBUG_STREAM(msg)RCLCPP_DEBUG_STREAM(_logger, msg)
#define ROS_INFO_STREAM(msg)RCLCPP_INFO_STREAM(_logger, msg)
#define ROS_WARN_STREAM(msg)RCLCPP_WARN_STREAM(_logger, msg)
#define ROS_ERROR_STREAM(msg)RCLCPP_ERROR_STREAM(_logger, msg)
#define ROS_FATAL_STREAM(msg)RCLCPP_FATAL_STREAM(_logger, msg)
#define ROS_DEBUG_STREAM_ONCE(msg)RCLCPP_DEBUG_STREAM_ONCE(_logger, msg)
#define ROS_INFO_STREAM_ONCE(msg)RCLCPP_INFO_STREAM_ONCE(_logger, msg)
#define ROS_WARN_STREAM_COND(cond, msg)RCLCPP_WARN_STREAM_EXPRESSION(_logger, cond,
    msg)
//...
#define ROS_WARN_ONCE(msg)RCLCPP_WARN_ONCE(_logger, msg)
```

在参数方面，realsense2_camera 中实现了一个动态参数类，并在其中设计了自动动态加载所有参数的方法，如代码 3-77 所示。Parameters 类通过参数导入节点的引用，进而通过该节点操作其参数内容。BaseRealSenseNode 的构造函数声明（如代码 3-78 所示）和 RealSenseNodeFactory 节点的初始化函数（如代码 3-79 所示）展示了这一点。

代码 3-77　动态加载参数的方法

```
Parameters::Parameters(rclcpp::Node & node)
: _node(node),
  _logger(node.get_logger()),
  _params_backend(node)
{
  _params_backend.add_on_set_parameters_callback(
```

```
[ this ](const std::vector<rclcpp::Parameter> & parameters)
{
  for (const auto & parameter: parameters){
    if (_param_functions.find(parameter.get_name())!=_param_functions.end()){
      auto functions = _param_functions[parameter.get_name()];
      if (functions.empty()){
        ROS_WARN_STREAM(
          "Parameter " << parameter.get_name()<<
            " can not be changed in runtime."); } else {
      for (auto func: _param_functions[parameter.get_name()]){
        func(parameter); }
      }
    }
  }
  rcl_interfaces::msg::SetParametersResult result;
  result.successful = true;
  return result ;
});
}
```

代码 3-78   **BaseRealSenseNode** 的构造函数声明

```
BaseRealSenseNode(
  rclcpp::Node & node,
  rs2::device dev, std::shared_ptr < Parameters > parameters);
```

代码 3-79   **RealSenseNodeFactory** 节点的初始化函数

```
void RealSenseNodeFactory::init()
{
  try {
    _is_alive = true;
    _parameters = std::make_shared<Parameters>(* this);
    // …
  }
}
```

在启动脚本的设计上，realsense2_camera 提供了若干种选项，包括单独调用 T265 系列模组、单独调用 D400 系列模组、通过 RViz 可视化查看点云和同时开启多个相机等多种例子。名为 "rs_launch" 的脚本是该功能包中最基本的启动脚本，其他脚本会在过程中调用该脚本实现启动 RealSenseNodeFactory 节点的组件可执行程序，并按照情况（是否提供参数配置文件）来选择参数来源。由于 RealSense 的参数内容非常丰富，所以脚本中都会维护一个对于该脚本较为重要的几个参数及其默认值，如代码 3-80 便是 T265 系列相机模组的启动脚本。

代码 3-80   **T265** 相机的启动脚本

```
# …
local_parameters = [{'name':'device_type','default':'t265','description':'choose device by type'},
```

```
            {'name':'enable_pose','default':'true','description':'enable pose stream'},
            {'name':'enable_fisheye1','default':'true','description':'enable fisheye1 stream
                '},
            {'name':'enable_fisheye2','default':'true','description':'enable fisheye2 stream
                '},
            ]

def generate_launch_description():
    return LaunchDescription(
        rs_launch.declare_configurable_parameters(local_parameters)+
        [
        IncludeLaunchDescription(
            PythonLaunchDescriptionSource([ThisLaunchFileDir(),'/rs_launch.py']),
            launch_arguments=rs_launch.set_configurable_parameters(local_parameters).items(),
        ),
    ])
```

灵活使用 ROS 的各类体系化和扩展功能可以极大程度提高节点的伸展能力和功能数量，也能减轻重复造轮子的负担和工作量。读者可以尝试阅读更多 ROS 开源社区项目的代码，以加深理解，提升使用熟练度。

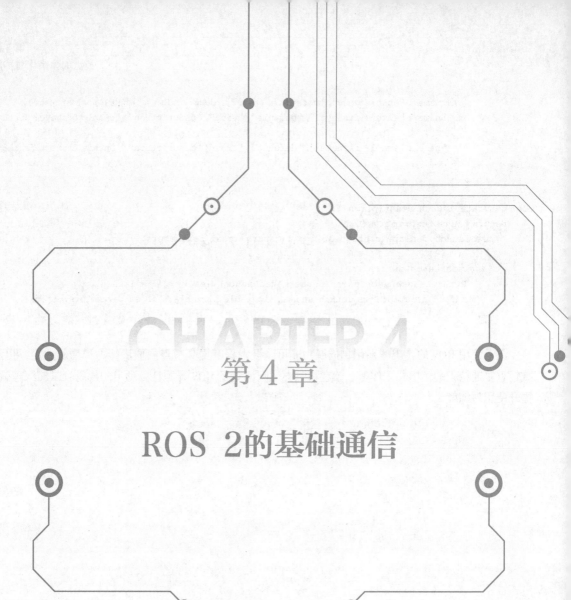

第4章

ROS 2的基础通信

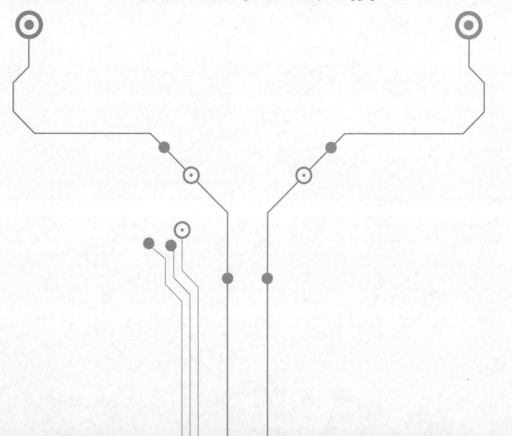

ROS 2 的通信概念与 ROS 有很多共同点，如基于发布订阅的 topic（主题），不同的节点之间按照提前约定的 topic 名字，对消息进行发布和订阅，以完成不同节点或进程间的消息同步的任务。基于主从式架构的 service（服务）和 action（动作）也是 ROS 具备的基础通信方式，和 topic 相似，service 和 action 也会有约定的名称，并按照身份（服务端或客户端）对消息进行请求和分发，和 topic 的区别在于，topic 是广播，而 service 和 action 则是点对点。在 ROS 2 中，这些基本的概念如旧，但底层的实现方式发生了巨变，并且带来了一些新的特性，如 QoS（服务质量）和 Domain ID 等。和 ROS 不同，ROS 2 使用了 DDS 作为核心的通信组件，DDS 提供了分布式的通信架构标准，使 ROS 2 摆脱了节点通信对主节点（Master Node）的强依赖，令 ROS 通信的拓扑结构从星型拓扑结构演化为网状拓扑结构。

网状拓扑的结果是，在 ROS 2 中，工程师无需再去考虑所谓 Master 节点的稳定性或健壮性，因为在 ROS 2 中不存在负责托管维护消息传递的中心节点。只要是约束在同一局域网内的节点，任意二者之间都可以互相自发现并传输消息。而这种自发现的机制，都得益于 DDS 这一体系的引入。

DDS 作为一种分布式的通信架构标准，目前已经在船舶、航空、医用设备和汽车等领域应用，其旨在实现可靠、高性能、可互操作、实时的通信，并使用发布订阅模式的可扩展数据交换。通过 DDS，应用程序间无需了解彼此的信息（如存在或位置），即可完成数据的交付与获取。与此同时，DDS 可以帮助应用程序完成消息寻址、数据序列化、数据传递、流控制和重试等操作。DDS 允许用户指定服务质量（Quality of Service，QoS）以预先配置对消息的发现和操作机制，并支持单播和多播的网络通信模式，目前大多数的 DDS 供应商都选择支持了 TCP/IP 和 UDP 两种网络通信协议，在 ROS 2 中，默认使用的是基于 UDP 的 DDS，但由于效率问题，一些供应商也推出共享内存的方案，甚至零拷贝的方案，以提高相同设备上数据的传输效率和带宽。除此之外，也有一些 DDS 供应商提供了控制器局域网（Controller Area Network，CAN）总线的 DDS 实现，以兼容更多的嵌入式平台。

ROS 2 在 DDS 的基础之上，实现了包括 topic、service、action 和 transform 等多种不同的消息传递方式和规则，并且支持高度定制化。这些机制的最基础单位便是基于发布订阅模式的 topic 和基于主从式架构的 service，本章主要讲解这两种通信方式，其余通信方式会在第 5 章介绍。

由于篇幅限制，本章和之后的章节不会沿用前面章节中 C++项目的分别创建库与可执行文件的形式，而是将所有代码写在一个.cpp 文件中。

4.1 基于发布订阅模式的 topic 通信

ROS 2 中的 topic（一般可译为话题，但由于可能会有其他的译法，本书中皆维持英文原文的表达方法）通信是一种基于发布订阅机制的消息传递方式，不同或相同的节点都可以建立面向某一特定 topic 的发布器或订阅器，并通过该特定的 topic 作为唯一识别依据和桥梁交换数据。如图 4-1 所示，通常，发布器（publisher）的建立是基于节点实体的，一个节点可以建立若干个发布器，并需要主动调用发布器的发布方法，将消息发布到指定的 topic 中；订阅器（subscriber）的建立也是基于节点实体的，一个节点可以建立若干个订阅器，并且同时需要提供订阅器的回调函数，每个订阅器实体在建立时都需要提供其相应的回调函数，每收到一次消息，运行的节点便会执行一次回调函数。

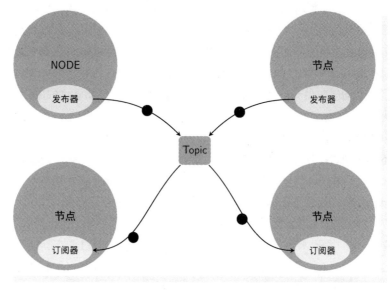

● 图 4-1　topic 的运行模式

　　按照 ROS 2 的默认配置，topic 的通信方式是基于 UDP 实现的 DDS，与 ROS 中使用的 TCP 不同，UDP 的特点是无连接、单包传输和广播。TCP 默认支持失败重传、错误检查、字节流传输和送达确认等机制，而 UDP 只提供了简单的错误检查，其优势在于简单、高效和速度快。UDP 的这些特性恰恰适合机器人内部各个模块组织上的通信策略，在一台功能复杂的机器人上，大部分消息都需要以尽可能短的延时发送至目的地，且每条消息并不会占用很大的体积（当然也有例外，如图像数据和视频数据，所以面向这类数据，ROS 2 中还提供了基于共享内存的通信方案）。所以 DDS 在 UDP 的基础之上，添加了 QoS 和消息序列化等机制，并提供了不同的消息历史保存机制，以满足不同应用场景在即时送达消息和确保送达消息之间灵活配置。在 ROS 2 中，QoS 是 topic、service 和 action 中一个非常重要的属性，并且给出了若干个配置参数和若干个默认配置方案。

　　当然，仅凭 UDP 是无法满足机器人工程中丰富的功能需求的。在有关图像、视频和点云的数据传输上，使用基于 UDP 的 DDS 传输远没有使用 TCP 的 Socket 效率高，这归结于二者的实现机制不同。所以如 iceoryx 和 FastDDS 等一些中间件，提供了基于共享内存的实现，提高了大数据和高频数据的传输效率，并降低了一定的 CPU 和内存的占用率。在 4.1.5 节中将会给出相应的例子供读者参考。

　　ROS 2 中，topic 支持多发布和多接收，这意味着多个不同名字的节点（同名字也可以，不过会报警）在同一个环境内可以同时（在一个时间范围内）发布 topic 消息，多个节点也可以对这些消息进行订阅和处理，如 ROS 2 中的 transform 功能的实现便是基于这种机制。一般情况，多节点发布同一 topic 时，在消息中至少会有一个字段是用于区分不同消息来源的，以确保不同来源的消息不会被混淆在一起，导致订阅端无法辨认。

本节的所有功能将会使用名为 "ch4_topic_cpp" 或 "ch4_topic_py" 的功能包实现。

▶▶ 4.1.1　尝试发布和订阅

基于 topic 通信，最基础的内容是为节点添加发布和订阅功能。在项目 ch4_topic_cpp 中，可以通过分别建立两个 C++文件来实现发布节点和订阅节点。如代码 4-1 和代码 4-2 所示。

代码 4-1　发布节点代码

```cpp
#include <memory>
#include <string>

#include "rclcpp/rclcpp.hpp"

class PubNode: public rclcpp::Node
{
public:
  explicit PubNode(const std::string & node_name)
  : Node(node_name)
  {
    using namespace std::chrono_literals;
    publisher_ = this->create_publisher<builtin_interfaces::msg::Time>(
      "current_time",
      rclcpp::SystemDefaultsQoS());
    auto topictimer_callback =
      [&]()-> void {
        timestamp_ = this->get_clock()->now();
        RCLCPP_INFO_STREAM(
          this->get_logger(),
          "pub: Current timestamp is: " <<
          std::to_string(timestamp_.sec)<<
          " seconds, " <<
          std::to_string(timestamp_.nanosec)<<
          " nanoseconds.");
        publisher_->publish(timestamp_);
      };
    timer_ = this->create_wall_timer(1s, topictimer_callback);
  }

private:
  builtin_interfaces::msg::Time timestamp_;
  rclcpp::TimerBase::SharedPtr timer_;
  rclcpp::Publisher<builtin_interfaces::msg::Time>::SharedPtr publisher_;
};

int main(int argc, char ** argv)
```

```
{
  rclcpp::init(argc, argv);
  auto node_ = std::make_shared<PubNode>("topic_pub");
  rclcpp::executors::SingleThreadedExecutor executor_;

  executor_.add_node(node_);
  executor_.spin();

  rclcpp::shutdown();
  return 0;
}
```

代码 4-2 订阅节点代码

```cpp
#include <memory>
#include <string>

#include "rclcpp/rclcpp.hpp"

class SubNode : public rclcpp::Node
{
public:
  explicit SubNode(const std::string & node_name)
  : Node(node_name)
  {
    subsciber_ = this->create_subscription<builtin_interfaces::msg::Time>(
    "current_time",
    rclcpp::SystemDefaultsQoS(),
    std::bind(&SubNode::count_sub_callback, this, std::placeholders::_1));
  }

private:
  rclcpp::Subscription<builtin_interfaces::msg::Time>::SharedPtr subsciber_;
  void count_sub_callback(const std::shared_ptr<builtin_interfaces::msg::Time> msg)
  {
    RCLCPP_INFO_STREAM(
      this->get_logger(),
      "Sub: Current timestamp is: " <<
      std::to_string(msg->sec) <<
      " seconds, " <<
      std::to_string(msg->nanosec) <<
      " nanoseconds.");
  }
};

int main(int argc, char ** argv)
{
  rclcpp::init(argc, argv);
  auto node_ = std::make_shared<SubNode>("topic_sub");
```

```cpp
rclcpp::executors::SingleThreadedExecutor executor_;

executor_.add_node(node_);
executor_.spin();

rclcpp::shutdown();
return 0;
}
```

上述代码中，仅需依赖 rclcpp 一种基础库。一般情况下，无论 topic、service 还是 action，这些通信使用的消息类型都需要单独构建，即定义消息的格式，并且作为仅维护消息的独立功能包优先构建。在 5.2 节会详细介绍该内容。这里使用的消息类型是基于 builtin_interfaces 功能包构建的，即该功能包是构建在 rclcpp 功能包内的，并且通过 ament_export_dependencies 导出，故所有依赖 rclcpp 的功能包无需再添加其依赖了。下面列举了建立 topic 通信的几条必要条件，适用于任何一种 RCL。

- topic 的名称，在上述示例中为 "current_time"。
- topic 的类型，在上述示例中为 "builtin_interfaces::msg::Time"，一般情况下需要单独使用功能包编写并提前构建。
- 基于上述 topic 建立 Publisher，并提供 QoS，上述示例中为系统默认，有关 QoS 的介绍将在 4.1.3 节中展开。
- 基于上述 topic 建立 Subscription 及其回调函数，并需要保证 QoS 兼容（并不一定一致）。

topic 的消息格式是通过 ROS 的消息文件配置的，如代码 4-3 所示，是 builtin_interfaces::msg::Time 的消息格式定义。其中 int32 和 uint32 是数据类型，sec 和 nanosec 是数据名称。

代码 4-3　builtin_interfaces::msg::Time 的消息格式

```
# This message communicates ROS Time defined here:
# https://design.ros2.org/articles/clock_and_time.html

# The seconds component, valid over all int32 values.
int32 sec

# The nanoseconds component, valid in the range [0, 10e9).
uint32 nanosec
```

和节点一样，topic 也有一些命名规则约束，并且支持重映射（remapping）、命名空间和 DDS 的域 ID 配置。在不同的域 ID 间，消息是不互通的，也是不可发现的。

专题 4-1　Topic 的命名规则

topic 的命名规则包括如下几点。
- 不能为空。
- 可以包含字母、数字字符（[0~9 | a~z | A~Z]），下画线（_）或正斜杠（/）。
- 可以使用对称花括号（{}）以用于替换。

- 可以使用波浪号（~）开头，即私有命名空间替换字符。
- 不得以数字字符（[0~9]）开头。
- 不得以正斜杠（/）结尾。
- 不得包含任何数量的连续重复正斜杠（/）。
- 不得包含任何数量的连续重复下画线（_）。
- 必须用正斜杠（/）将波浪号（~）与名称的其余部分分开，即可以是/abc而不能是abc。
- 使用时必须是对称的花括号（||），即可以是sub/foo而不能是sub/abc或/abc，并且替换的内容应满足以下条件。
  - 不能为空。
  - 可以包含字母、数字字符（[0~9| a~z| A~Z]）和下画线（_）。
  - 不得以数字字符（[0~9]）开头。
- 使用下画线（_）开头的topic默认为隐藏topic。

运行代码4-1和代码4-2需要使用两个控制台终端启动进程，并且需要保证其命名空间和域 ID 一致。运行结果如代码4-4和4-5所示，其中由于选择的 QoS 是系统默认的，并且先运行的发布节点，故发布节点的日志输出要比订阅节点的日志输出多几行，这是由 QoS 决定的。在 QoS 的选项中，提供了若干条约束，用于配置 DDS 的消息传递策略，其中包含是否保存完整历史消息，或若干条历史消息，如果配置得当，则所有该 topic 的发布消息都可以保存在当前的节点中，如代码4-6和4-7中所示的修改。

代码 4-4   测试发布节点

```
$ ros2 run ch4_topic_cpp pub_node
---
[INFO][1645887000.395458704][topic_pub]: pub: Current timestamp is: 1645887000 seconds, 395413770
    nanoseconds.
[INFO][1645887001.395353680][topic_pub]: pub: Current timestamp is: 1645887001 seconds, 395332260
    nanoseconds.
[INFO][1645887002.395300480][topic_pub]: pub: Current timestamp is: 1645887002 seconds, 395278030
    nanoseconds.
[INFO][1645887003.395400495][topic_pub]: pub: Current timestamp is: 1645887003 seconds, 395377985
    nanoseconds.
[INFO][1645887004.395389063][topic_pub]: pub: Current timestamp is: 1645887004 seconds, 395350187
    nanoseconds.
[INFO][1645887005.395383309][topic_pub]: pub: Current timestamp is: 1645887005 seconds, 395355837
    nanoseconds.
[INFO][1645887006.395384225][topic_pub]: pub: Current timestamp is: 1645887006 seconds, 395350763
    nanoseconds.
---
```

代码 4-5　测试订阅节点

```
$ ros2 run ch4_topic_cpp sub_node
---
[INFO] [1645887002.395888521] [topic_sub]: Sub: Current timestamp is: 1645887002 seconds, 395278030
    nanoseconds.
[INFO] [1645887003.395779522] [topic_sub]: Sub: Current timestamp is: 1645887003 seconds, 395377985
    nanoseconds.
[INFO] [1645887004.395987821] [topic_sub]: Sub: Current timestamp is: 1645887004 seconds, 395350187
    nanoseconds.
[INFO] [1645887005.395817887] [topic_sub]: Sub: Current timestamp is: 1645887005 seconds, 395355837
    nanoseconds.
[INFO] [1645887006.395805295] [topic_sub]: Sub: Current timestamp is: 1645887006 seconds, 395350763
    nanoseconds.
---
```

代码 4-6　KeepAll 的发布端修改

```
publisher_ = this->create_publisher<builtin_interfaces::msg::Time>(
    "current_time",
    rclcpp::QoS(0).keep_all().transient_local().reliable());
```

代码 4-7　KeepAll 的订阅端修改

```
subsciber_ = this->create_subscription<builtin_interfaces::msg::Time>(
    "current_time",
    rclcpp::QoS(0).keep_all().transient_local().reliable(),
    std::bind(&SubNode::count_sub_callback, this, std::placeholders::_1));
```

　　读者可以尝试运行发布节点若干秒后再运行订阅节点，此时，所有发布节点曾经发布过的消息都会被订阅节点收到。其中的 0 代表缓存 0 条历史记录，因为该值对 keep_all 的配置无效，keep_all 代表缓存所有的历史记录；transient_local 是局部瞬态的意思，意为发布端会为晚连接的订阅端保留数据；而 reliable 是可靠的意思，配置它可以保证消息被反复重传以保证数据成功送达。

　　rclpy 中 topic 的订阅与发布与 rclcpp 很相似，也是建立节点后，通过节点的内部 API 建立发布器和订阅器，借此发布和订阅 topic。代码 4-8 提供了一个自发自收的节点示例。

代码 4-8　自发自收的 Python 节点

```
from builtin_interfaces.msg import Time

import rclpy

from rclpy.node import Node

class PubNodePy(Node):

    def __init__(self, name):
```

```
        super().__init__(name)
        self.publisher_ = self.create_publisher(Time, 'current_time', 10)
        self.subscription_ = self.create_subscription(Time, 'current_time', self.sub_
callback, 10)
        timer_period = 0.5
        self.timer = self.create_timer(timer_period, self.timer_callback)
    def timer_callback(self):
        msg = self.get_clock().now().to_msg()
        self.publisher_.publish(msg)
        self.get_logger().info(
            'pub: Current timestamp is: ' +
            str(msg.sec) +
            ' seconds, ' +
            str(msg.nanosec) +
            ' nanoseconds.')
    def sub_callback(self, msg):
        self.get_logger().info(
            'sub: Current timestamp is: ' +
            str(msg.sec) +
            ' seconds, ' +
            str(msg.nanosec) +
            ' nanoseconds.')
```

▶▶ 4.1.2 调试 topic 的方法

调试 topic 的方式也可以使用 ros2cli 系列工具，其中的 ros2topic 提供了这一调试功能。和前面的指令一样，可以使用 help 查阅其功能。ros2topic 的功能如代码 4-9 所示。

代码 4-9　ros2topic 的功能

```
$ ros2 topic -h
---
usage: ros2 topic [-h] [--include-hidden-topics] Call 'ros2 topic <command> -h' for more detailed
usage. …

Various topic related sub-commands

optional arguments:
  -h, --help              show this help message and exit
  --include-hidden-topics
                          Consider hidden topics as well

Commands:
  bw     Display bandwidth used by topic
  delay  Display delay of topic from timestamp in header
  echo   Output messages from a topic
  find   Output a list of available topics of a given type
  hz     Print the average publishing rate to screen
```

```
info    Print information about a topic list Output a list of available topics
pub     Publish a message to a topic
type Print a topic's type

Call 'ros2 topic <command> -h' for more detailed usage.
---
```

截至目前，ros2topic 支持了如下指令。

- bw：输出特定 topic 的带宽。
- delay：输出从 header 中的时间戳到 topic 发布时刻的延时，需要 topic 中包含 std_msgs 中的 Header 才可以使用该指令。
- echo：输出特定 topic 的消息。
- find：查找并输出给定类型的 topic 列表。
- hz：输出消息的平均发布频率。
- info：输出 topic 的基本信息。
- list：输出可访问的 topic 列表。
- pub：向特定 topic 发布消息。
- type：输出特定 topic 的类型。

这些指令在运作时都会临时建立至少一个节点，并在节点中完成所有的指令工作。如 ros2 topic hz 是统计消息发布的平均频率，虽然从设计上发布端使用了定时器，并设置了确定的周期，但是由于测试环境使用的并不是实时系统（Real Time Operating System，RTOS），故长期运行的节点可能不会严格按照设定的频率工作。当然，是否按照预设的频率工作，除了操作系统的影响外，还有内存分配、CPU 性能和 DDS 配置等多方面的影响。代码 4-10 中的测试环境是 Windows 11，WSL2 中的 Ubuntu 20.04，所以在后台运行了一段时间后，消息的发布频率有所衰减。

代码 4-10　查看 topic 的发布频率

```
$ ros2 topic hz /current_time
---
average rate: 2.000
        min: 0.500s max: 0.501s std dev: 0.00054s window: 4
average rate: 2.000
        min: 0.499s max: 0.501s std dev: 0.00074s window: 6
average rate: 2.000
        min: 0.499s max: 0.501s std dev: 0.00073s window: 9
average rate: 2.000
        min: 0.499s max: 0.501s std dev: 0.00070s window: 11
average rate: 2.000
        min: 0.499s max: 0.501s std dev: 0.00066s window: 13
average rate: 2.000
        min: 0.499s max: 0.501s std dev: 0.00066s window: 16
# ...
average rate: 1.848
```

```
        min: 0.498s max: 242.500s std dev: 3.15996s window: 5864
average rate: 1.848
        min: 0.498s max: 242.500s std dev: 3.15915s window: 5867
average rate: 1.848
        min: 0.498s max: 242.500s std dev: 3.15861s window: 5869
average rate: 1.848
        min: 0.498s max: 242.500s std dev: 3.15808s window: 5871
average rate: 1.848
        min: 0.498s max: 242.500s std dev: 3.15727s window: 5874
---
```

通常，调试 topic 使用最频繁的是 list 指令和 info 指令，如代码 4-11 和代码 4-12 所示，即通过 list 查找某个节点，再通过 info 查看这个节点的相关信息。在 list 指令中，"-t" 代表显示 topic 的类型，"-c" 代表统计当前的 topic 数量。在 topic 的命名规则中，使用下画线（_）开头的 topic 为隐藏 topic，故在 list 和 find 中也存在，如 "--include-hidden-topics" 这一参数，用于查找和查看隐藏的 topic。info 指令默认只输出 topic 的订阅和发布数量信息，需要在其后添加 "--verbose"，才会输出较为详细的 topic 信息，包括 topic 类型及与该 topic 相关的节点信息，如节点的名字、节点的命名空间、节点中发布器或订阅器的全局标识符（Global IDentifier，GID，是一个 24 个字节的数组）和节点中发布器或订阅器的详细 QoS。

代码 4-11　使用 ros2 topic list

```
$ ros2 topic list
---
/current_time
/parameter_events
/rosout
---
$ ros2 topic list -t
---
/current_time [builtin_interfaces/msg/Time]
/parameter_events [rcl_interfaces/msg/ParameterEvent]
/rosout [rcl_interfaces/msg/Log]
---
$ ros2 topic list -c
---
3
---
```

代码 4-12　使用 ros2 topic info

```
$ ros2 topic info /current_time
---
Type: builtin_interfaces/msg/Time
Publisher count: 1
Subscription count: 0
---
```

```
$ ros2 topic info /current_time --verbose
---
Type: builtin_interfaces/msg/Time

Publisher count: 1

Node name: topic_pub
Node namespace: /
Topic type: builtin_interfaces/msg/Time
Endpoint type: PUBLISHER
GID: 58.e4.10.01.e0.82.66.fc.b1.45.c5.12.00.00.15.03.00.00.00.00.00.00.00.00
QoS profile:
  Reliability: RELIABLE
  Durability: VOLATILE
  Lifespan: 9223372036854775807 nanoseconds
  Deadline: 9223372036854775807 nanoseconds
  Liveliness: AUTOMATIC
  Liveliness lease duration: 9223372036854775807 nanoseconds

Subscription count: 0
---
```

　　echo 和 pub 也常用于调试 topic 的指令，使用 echo 指令仅需要了解 topic 的名字，而使用 pub 指令，需要写清 topic 的名字、类型，以及具体的数据格式及内容。所谓具体的数据格式及内容指的是需要在命令行中按照 JSON 的格式写出消息中每个字段的名字和它的值。如代码 4-13 所示，由于 Time 的类型较为简单，所以并不会给阅读者十分难懂的感受，但是当消息复杂到通过花括号难以编写时，使用 pub 来调试 topic 将成为工程人员的噩梦。所以，如果消息格式过于复杂，建议读者可以通过 rclpy 编写调试程序或脚本，以提高调试效率。

代码 4-13　使用 ros2 topic pub

```
$ ros2 topic pub /current_time builtin_interfaces/msg/Time '{sec: 1, nanosec: 2}'
---
publisher: beginning loop
publishing #1: builtin_interfaces.msg.Time(sec=1, nanosec=2)

publishing #2: builtin_interfaces.msg.Time(sec=1, nanosec=2)

publishing #3: builtin_interfaces.msg.Time(sec=1, nanosec=2)
---
```

▶▶ 4.1.3　消息的服务质量

　　ROS 2 的 QoS 是基于 DDS 的 QoS 设计的，它提供了丰富多样的 QoS 策略，允许工程人员调整节点之间的通信。使用正确的服务质量策略集，ROS 2 可以像 TCP 一样可靠，也可以像 UDP 一样高效，在这两者之间有很多可能的状态。通过组合不同的 QoS 策略，可以形成不同的 QoS 配置，以适用于不同的应用环境。ROS 2 默认提供了若干 QoS 的配置，如系统默认配置（用于兼容 ROS）、传感器默认配置和参数事件配置等。不同的配置有可能兼容有可能不兼容，需要按照规定的兼容规则来判定，不兼容的配置会导致彼此无法正常通信，所以正确得当的 QoS 配置在 ROS 2 的开发中至关重要。QoS 不仅适用于 topic 通信，还适用于 service 通信和 action 通信。

目前，ROS 2 中的 QoS 策略包括如下几项。

- 历史记录（History）。
  - 保持最后（Keep Last）：仅存储最多 N 个样本（需要通过深度确定）。
  - 保持所有（Keep All）：存储所有样本，受底层中间件配置的资源限制。
- 深度（Depth），历史队列深度，是一个正整型变量，需要也只能与 Keep Last 配合使用。
- 可靠性（Reliability）。
  - 尽力的（Best effort）：尝试传输数据但不保证成功传输（当网络不稳定时可能丢失数据）。
  - 可靠的（Reliable）：反复重传以保证数据成功传输。
- 持续性（Durability）。
  - 局部瞬态（Transient local）：发布器为晚连接的订阅器保留数据。
  - 易变态（Volatile）：不保留任何数据。
  - 截止时间（Deadline）：预计发送/接收消息的时间段。
  - 有效期（Lifespan）：即消息的有效期，超过有效期的 topic 将不再有效。其值是一个持续时间（duration），包含 s 和 ns。
- 活跃性（Lifeliness）：分为默认、自动和手动。
  - 默认：通常与自动相同。
  - 自动：从中间件 RMW 层获取 topic 的活跃性。
  - 手动：从 topic 的发布情况或外部应用程序信号获取 topic 的活跃性。
- 活跃租期（Liveliness lease duration）：中间件 RMW 节点或发布器约定的 topic 处于活跃状态的时间，也是一个持续时间的变量。
- 是否规避 ROS 命名空间惯例（Avoid ROS namespace conventions）：该功能与 ROS 2 和 DDS 的命名空间约定有关，是一个布尔变量，"是"代表规避，"否"代表不规避。

在 ROS 2 中存在几种预置的 QoS 配置，定义在 ros2/rmw 项目中的 qos_profiles.h 文件中，配置包括下述内容，为了方便读者阅读（中文含义不利于一一对应），这里使用了 ros2/rmw 中 rmw/types.h 中的定义。在 rclcpp 和 rclpy 中，也对这些默认的配置进行了封装，如前面使用的 "rclcpp::SystemDefaultsQoS()" 便是 rclcpp 中封装的系统默认 QoS 配置。

- 系统默认（rmw_qos_profile_system_default）：与 DDS 的实现有关，不同的 DDS 供应商实现可能会存在不同的默认值，其他配置中的默认值同理。
  - History：RMW_QOS_POLICY_HISTORY_SYSTEM_DEFAULT。

- Depth：RMW_QOS_POLICY_DEPTH_SYSTEM_DEFAULT。
- Reliability：RMW_QOS_POLICY_RELIABILITY_SYSTEM_DEFAULT。
- Durability：RMW_QOS_POLICY_DURABILITY_SYSTEM_DEFAULT。
- Deadline：RMW_QOS_DEADLINE_DEFAULT。
- Lifespan：RMW_QOS_LIFESPAN_DEFAULT。
- Liveliness：RMW_QOS_POLICY_LIVELINESS_SYSTEM_DEFAULT。
- Liveliness lease duration：RMW_QOS_LIVELINESS_LEASE_DURATION_DEFAULT。
- Avoid ROS namespace conventions：false。
- 兼容默认（rmw_qos_profile_default）。
  - History：RMW_QOS_POLICY_HISTORY_KEEP_LAST。
  - Depth：10。
  - Reliability：RMW_QOS_POLICY_RELIABILITY_RELIABLE。
  - Durability：RMW_QOS_POLICY_DURABILITY_VOLATILE。
  - Deadline：RMW_QOS_DEADLINE_DEFAULT。
  - Lifespan：RMW_QOS_LIFESPAN_DEFAULT。
  - Liveliness：RMW_QOS_POLICY_LIVELINESS_SYSTEM_DEFAULT。
  - Liveliness lease duration：RMW_QOS_LIVELINESS_LEASE_DURATION_DEFAULT。
  - Avoid ROS namespace conventions：false。
- 服务默认（rmw_qos_profile_services_default）。
  - History：RMW_QOS_POLICY_HISTORY_KEEP_LAST。
  - Depth：10。
  - Reliability：RMW_QOS_POLICY_RELIABILITY_RELIABLE。
  - Durability：RMW_QOS_POLICY_DURABILITY_VOLATILE。
  - Deadline：RMW_QOS_DEADLINE_DEFAULT。
  - Lifespan：RMW_QOS_LIFESPAN_DEFAULT。
  - Liveliness：RMW_QOS_POLICY_LIVELINESS_SYSTEM_DEFAULT。
  - Liveliness lease duration：RMW_QOS_LIVELINESS_LEASE_DURATION_DEFAULT。
  - Avoid ROS namespace conventions：false。
- 参数（rmw_qos_profile_parameters）：
  - History：RMW_QOS_POLICY_HISTORY_KEEP_LAST。
  - Depth：1000。
  - Reliability：RMW_QOS_POLICY_RELIABILITY_RELIABLE。
  - Durability：RMW_QOS_POLICY_DURABILITY_VOLATILE。
  - Deadline：RMW_QOS_DEADLINE_DEFAULT。
  - Lifespan：RMW_QOS_LIFESPAN_DEFAULT。

- Liveliness：RMW_QOS_POLICY_LIVELINESS_SYSTEM_DEFAULT。
- Liveliness lease duration：RMW_QOS_LIVELINESS_LEASE_DURATION_DEFAULT。
- Avoid ROS namespace conventions：false。
- 参数事件（rmw_qos_profile_parameter_events）。
  - History：RMW_QOS_POLICY_HISTORY_KEEP_LAST。
  - Depth：1000。
  - Reliability：RMW_QOS_POLICY_RELIABILITY_RELIABLE。
  - Durability：RMW_QOS_POLICY_DURABILITY_VOLATILE。
  - Deadline：RMW_QOS_DEADLINE_DEFAULT。
  - Lifespan：RMW_QOS_LIFESPAN_DEFAULT。
  - Liveliness：RMW_QOS_POLICY_LIVELINESS_SYSTEM_DEFAULT。
  - Liveliness lease duration：RMW_QOS_LIVELINESS_LEASE_DURATION_DEFAULT。
  - Avoid ROS namespace conventions：false。
- 传感器数据（rmw_qos_profile_sensor_data）。
  - History：RMW_QOS_POLICY_HISTORY_KEEP_LAST。
  - Depth：5。
  - Reliability：RMW_QOS_POLICY_RELIABILITY_BEST_EFFORT。
  - Durability：RMW_QOS_POLICY_DURABILITY_VOLATILE。
  - Deadline：RMW_QOS_DEADLINE_DEFAULT。
  - Lifespan：RMW_QOS_LIFESPAN_DEFAULT。
  - Liveliness：RMW_QOS_POLICY_LIVELINESS_SYSTEM_DEFAULT。
  - Liveliness lease duration：RMW_QOS_LIVELINESS_LEASE_DURATION_DEFAULT。
  - Avoid ROS namespace conventions：false。

QoS 的兼容性遵从表 4-1 和表 4-2，发布器和订阅器可以替换为 service 或 action 中的客户端和服务端，只有当配置兼容时，二者才能建立连接并传输消息。配置的兼容取决于 Reliability（可靠性）和 Durability（持续性），对于一个 topic、service 或 action，必须满足 Reliability 和 Durability 都兼容，才能够正常工作。

表 4-1　QoS 的 Reliability 兼容性

Publisher	Subscriber	Connection	Result
Best effort	Best effort	Yes	Best effort
Best effort	Reliable	No	
Reliable	Best effort	Yes	Best effort
Reliable	Reliable	Yes	Reliable

表 4-2　QoS 的 Durability 兼容性

Publisher	Subscriber	Connection	Result
Volatile	Volatile	Yes	Volatile
Volatile	Transient local	No	
Transient local	Volatile	Yes	Volatile
Transient local	Transient local	Yes	Transient local

▶▶ 4.1.4　进程内高效通信

如果在同一进程中，两个节点之间交换数据依旧使用典型的 topic 发布订阅，则听起来就像是住在同一个房间里的两个人，依然需要通过寄快递来交换物品一样。所以在 ROS 2 中，开发者为同一进程内的通信设计了一个更好的策略，即 intra processing。这个选项位于节点的选项中，即 Node-Option，这个参数在前面章节并未详细介绍过，因为一般情况下的使用都会保持该选项为默认值，并不需要特别设定。

节点选项用于封装所有的节点初始化选项，在 rclcpp 中较为完善，其中目前包括了如下几个部分，但随着项目代码的更新，未来可能会发生变化，读者可以查阅 ROS 2 的 rclcpp 的 API 网站，并结合 rclcpp 的源码进行详细了解。

- 上下文（context）：类型是 rclcpp::Context。用于记录节点和其他类似实体之间共享状态的上下文信息，上下文还表示 rclcpp 的初始化和关闭之间的生命周期。它通常与 rclcpp::init、rclcpp::init_local 和 rclcpp::shutdown 结合使用。该选项默认值为 "rclcpp::contexts::get_global_default_context()"。
- 参数（argument）：类型是 std::vector<std::string>。这些参数用于提取节点使用的重映射和其他 ROS 特定设置，以及用户定义的非 ROS 参数。该选项默认值为 "{}"。
- 参数覆盖（parameter_overrides）：类型是 std::vector<rclcpp::Parameter>。参数覆盖用于更改节点内声明参数的初始值，必要时覆盖默认硬编码值。该选项默认值为 "{}"。
- 使用全局参数（use_global_arguments）：类型是 bool。默认值为 true。这里的参数是广义的 ROS 2 中的参数，即包括任意方式输入的命名空间（namespace）、节点参数、安全区域（security enclave）和日志等级（log level）等，这些参数可以通过 ros2cli（即--ros-args）输入。这些参数被定义在 ros2/rcl 中的 "arguments.h" 头文件中。
- 使用进程内通信（use_intra_process_comms）：类型是 bool。如果为 true，则在此上下文中发布和订阅的主题消息将通过特殊的进程内通信代码路径，可以避免序列化和反序列化、不必要的复制，并在某些情况下实现更低的延迟。该选项默认值为 false。
- 允许 topic 统计（enable_topic_statistics）：类型是 bool。如果为 true，将为所有订阅启用主题统计信息收集和发布。这可用于覆盖全局主题统计设置。该选项默认值为 false。
- 开启参数服务（start_parameter_services）：类型是 bool。如果为 true，则创建 ROS 服务以允

许外部节点列出、获取和请求设置该节点的参数。如果为 false，参数仍将在本地工作，但无法远程访问。该选项默认值为 true。

- 开启参数事件服务（start_parameter_event_publisher）：类型是 bool。如果为 true，则创建一个发布者，每次参数状态更改时都会在该发布器上发布事件消息。这用于记录和自省，但可与其他参数服务分开配置。该选项默认值为 true。

- 时钟的 QoS（clock_qos）：类型是 rclcpp::QoS。用于"/clock"主题发布器的 QoS 设置（如果启用）。该选项默认值为"rclcpp::ClockQoS()"。

- 使用时钟线程（use_clock_thread）：类型是 bool。如果为真，将使用专用线程订阅"/clock"主题。该选项默认值为 true。

- rosout 的 QoS（rosout_qos）：类型是 rclcpp::QoS。用于"/rosout"主题发布器的 QoS 设置（如果启用）。该选项默认值为"rclcpp::RosoutQoS()"。

- 参数事件的 QoS（parameter_event_qos）：类型是 rclcpp::QoS。用于参数事件发布器的 QoS 设置（如果启用）。该选项默认值为"rclcpp::ParameterEventQoS"。

- 参数事件发布器的选项（parameter_event_publisher_options）：类型是 rclcpp::PublisherOptionsBase。用于配置参数事件发布器。该选项默认值为"rclcpp::PublisherOptionsBase"。

- 允许未声明的参数（allow_undeclared_parameters）：类型是 bool。通常与下一条（自动声明覆盖的参数）同时使用。如果为 true，则允许在节点中使用任意名称的参数而无需提前声明。否则，使用未声明或未设置的参数将会引发异常。此选项为 true 不会影响参数覆盖功能。该选项默认值为 false。

- 自动声明覆盖的参数（automatically_declare_parameters_from_overrides）：类型是 bool。如果为 true，则自动遍历节点的参数覆盖并隐式声明任何尚未声明的参数。否则，传递给节点的 parameter_overrides 的参数和或未显式声明的全局参数（如来自 YAML 文件的参数覆盖）根本不会出现在节点上，即使 allow_undeclared_parameters 为真。已经声明的参数不会被重新声明，这样声明的参数会使用默认构造的 ParameterDescriptor。该选项默认值为 false。

- 内存分配器（allocator）：类型是 rcl_allocator_t。可以替换为其他内存分配器，用于节点的内存分配。默认使用"rcl_get_default_allocator()"。

由上述内容便可容易理解，在构建节点时添加"使用进程内通信"选项，即可启用该功能。如代码 4-14 中所示的初始化方式。

代码 4-14　使能节点的进程内通信

```
Node(node_name, rclcpp::NodeOptions().use_intra_process_comms(true));
```

在代码 4-15 中展示了一对使用 intra processing 的节点，包括一个具有发布器的节点和一个具有订阅器的节点，二者均使能了节点的进程内通信，并且通过 Unique 指针打印了其地址。可以通过代码 4-16 查看其构建结果：每次通信时，二者消息指针的地址是一致的，即消息并没有通过 UDP 传输，而是通过直接读写内存区块传输的。

代码 4-15　进程内通信示例

```cpp
#include <memory>
#include <string>
#include <utility>

#include "rclcpp/rclcpp.hpp"

class PubNode : public rclcpp::Node
{
public:
  explicit PubNode(const std::string & node_name)
  : Node(node_name, rclcpp::NodeOptions().use_intra_process_comms(true))
  {
    using namespace std::chrono_literals;
    publisher_ = this->create_publisher<builtin_interfaces::msg::Time>(
      "current_time",
      10);
    auto topictimer_callback =
      [&]()-> void {
      builtin_interfaces::msg::Time::UniquePtr timestamp_ =
        std::make_unique<builtin_interfaces::msg::Time>(this->get_clock()->now());
      RCLCPP_INFO_STREAM(
        this->get_logger(),
        "pub: Addr is:" <<
          reinterpret_cast<std::uintptr_t>(timestamp_.get()));
      publisher_->publish(std::move(timestamp_));
    };
    timer_ = this->create_wall_timer(500ms, topictimer_callback);
  }

private:
  rclcpp::TimerBase::SharedPtr timer_;
  rclcpp::Publisher<builtin_interfaces::msg::Time>::SharedPtr publisher_;
};

class SubNode : public rclcpp::Node
{
public:
  explicit SubNode(const std::string & node_name)
  : Node(node_name, rclcpp::NodeOptions().use_intra_process_comms(true))
  {
    subsciber_ = this->create_subscription<builtin_interfaces::msg::Time>(
      "current_time",
      10,
      std::bind(&SubNode::count_sub_callback, this, std::placeholders::_1));
  }

private:
```

```
rclcpp::Subscription<builtin_interfaces::msg::Time>::SharedPtr subsciber_;
void count_sub_callback(const builtin_interfaces::msg::Time::UniquePtr msg)
{
  RCLCPP_INFO_STREAM(
  this->get_logger(),
  "sub: Addr is:" <<
    reinterpret_cast<std::uintptr_t>(msg.get()));
  }
};

int main(int argc, char ** argv)
{
  rclcpp::init(argc, argv);
  auto pub_node_ = std::make_shared<PubNode>("topic_pub");
  auto sub_node_ = std::make_shared<SubNode>("topic_sub");
  rclcpp::executors::SingleThreadedExecutor executor_;

  executor_.add_node(pub_node_);
  executor_.add_node(sub_node_);
  executor_.spin();

  rclcpp::shutdown();
  return 0;
}
```

代码 4-16　测试进程内通信

```
$ ros2 run ch4_topic_cpp intra_nodes
---
[INFO] [1646139565.522464938] [topic_pub]: pub: Addr is:94132979770752
[INFO] [1646139565.522660531] [topic_sub]: sub: Addr is:94132979770752
[INFO] [1646139566.022490274] [topic_pub]: pub: Addr is:94132979770752
[INFO] [1646139566.022726822] [topic_sub]: sub: Addr is:94132979770752
[INFO] [1646139566.522422281] [topic_pub]: pub: Addr is:94132979770176
[INFO] [1646139566.522575481] [topic_sub]: sub: Addr is:94132979770176
[INFO] [1646139567.022553241] [topic_pub]: pub: Addr is:94132979770176
[INFO] [1646139567.022821336] [topic_sub]: sub: Addr is:94132979770176
---
```

　　intra processing 与节点执行器无直接关系，仅与是否为同一进程有关。如代码 4-17，其主函数中新增了一个独立的线程，单独运作一个节点执行器，并将订阅节点置于其中。测试结果并无改变。

代码 4-17　隔离节点执行器

```
void another_executor()
{
  rclcpp::executors::SingleThreadedExecutor executor_;
  auto sub_node_ = std::make_shared<SubNode>("topic_sub");
```

```
  executor_.add_node(sub_node_);
  executor_.spin();
}

int main(int argc, char ** argv)
{
  rclcpp::init(argc, argv);
  auto pub_node_ = std::make_shared<PubNode>("topic_pub");
  rclcpp::executors::SingleThreadedExecutor executor_;

  std::thread another(another_executor);

  executor_.add_node(pub_node_);
  executor_.spin();

  another.join();
  rclcpp::shutdown();
  return 0;
}
```

需要注意的是，如果使用 C++ 11 的线程，需要添加头文件<thread>，如代码 4-18 所示。

代码 4-18　添加 thread 头文件

```
#include <thread>
```

使用 intra processing 的节点，其中的 topic 可同时支持进程内和进程外的通信，只不过进程外的通信仍使用 UDP 作为媒介，如果需要在进程外也使用共享内存的高效方案，则需要考虑在 DDS 的中间件上下功夫了。

▶▶ 4.1.5　尝试共享内存

随着 ROS 2 使用了 DDS，许多中间件的供应商都涌现出来，各家中间件供应商都宣传自己提供的性能更快、更优秀，并尝试提供更多的可选项。FastDDS 提供了包括 UDPv4，UDPv6，TCPv4，TCPv6 和 SHM（共享内存）共 5 种方案。CycloneDDS 也提供了 TCP 和 UDP 的解决方案，但其共享内存方案是基于另一个中间件 "iceoryx" 实现的，该中间件实现了一种零拷贝的消息传递技术，即相比共享内存更为高效的消息传输技术。FastDDS 同样也支持了零拷贝技术（Zero copy）。

和中间件原生支持的方案不同的是，如果想在 ROS 2 中透过 RCL 层的 API 使用零拷贝技术，是需要中间件的 RMW 层支持才可以的。截至 2022 年的 Galactic 版本，支持 SHM 和零拷贝技术最好的是 iceoryx 及其中间件。本节的示例也将基于这个中间件测试和实现，希望未来其他中间件能够提供更完善和更易用的方案。

支持一个新的 DDS 中间件需要为这个中间件实现 RMW 和 IDL。RMW 是中间件实现，如 FastDDS 的 rmw_fastrtps 和 CycloneDDS 的 rmw_cyclonedds。如果读者使用的是 Ubuntu，则这些可以很容易通过 apt 工具下载到，一般的软件包都被叫作 "ros-version-rmw-xxxx"。其中，version 需要替换为 ROS

2 的版本，如 galactic；xxxx 需要被替换为中间件实现的功能包名，如 fastrtps-cpp。很遗憾的是，作为 iceoryx 的 RMW 实现，rmw_iceoryx 在当前并没有被打包到 Ubuntu 的源中，所以需要从源码构建。IDL 是接口定义语言实现，如 rosidl_typesupport_fastrtps 是 FastDDS 的 IDL 实现。IDL 实现提供了如何从 ROS 的统一接口文件生成适用于其 DDS 中间件的消息文件。

代码 4-19 展示了从 GitHub 下载源码并构建的过程。这里使用了环境变量"$ROS_DISTRO"，rmw_iceoryx 是从 Eloquent 版本开始支持的，所以当前支持的版本有 Eloquent、Foxy、Galactic 和 Rolling。如果读者使用的是 Rolling 版本的 ROS 2，可以手动修改 $ROS_DISTRO 为 master，以确保下载任务正常运作。

构建 rmw_iceoryx 的过程需要查找 iceoryx 功能包：iceoryx_posh。该功能包仅从 Galactic 版本随着 apt 发行，如果读者使用的是之前的版本，则也需要将 iceoryx 的源码下载到本地，与 rmw_iceoryx 共同完成构建。

代码 4-19　下载并构建 iceoryx 中间件

```
$ mkdir -p ~/iceoryx_ws/src
$ cd $_
$ git clone --branch $ROS_DISTRO https://github.com/ros2/rmw_iceoryx.git
$ cd ..
$ colcon build --merge-install --cmake-args -DCMAKE_BUILD_TYPE=Release -DBUILD_TESTING=OFF
```

和其他中间件不同，iceoryx 需要额外运行一个进程，以确保内存会被提前分配。如代码 4-20 所示。使用 verbose 参数更有助于观察被加入其中管理的发布器和订阅器，以及其资源利用情况。

代码 4-20　开启 iox-roudi

```
$ iox-roudi -l verbose
```

修改运行进程的中间件可以修改 $RMW_IMPLEMENTATION 环境变量，可以直接修改环境中的该变量，或在运行进程的指令前添加修改该变量的参数。如代码 4-21 和代码 4-22 所示。

代码 4-21　修改环境中的 RMW 配置

```
$ export RMW_IMPLEMENTATION=rmw_iceoryx_cpp
```

代码 4-22　运行指令时修改 RMW

```
$ RMW_IMPLEMENTATION=rmw_iceoryx_cpp ros2 run demo_nodes_cpp talker
```

使用 iceoryx 需要注意，消息中必须都是普通旧数据类型（Plain Old Datatype，POD），即其数据长度和内存分配大小在编译时已经确定，如定长的数组、浮点数、整型数和布尔值等，禁止使用动态长度的数据类型，如字符串和变长数组等。消息中可以使用复杂的结构体，只需满足定长需求即可。

利用共享内存技术发布和订阅需要使用发布器的"borrow_loaned_message"函数，整个流程的操作逻辑是借和取的过程，消息的内存分配都在中间件中完成，如图 4-2 所示。需要发布消息时，发布器会从中间件获取这段内存的写权限，并将消息写入该内存区块后归还，订阅器则通过中间件获取该内存区块的读权限，进而获得消息内容。所谓的中间件便是前文中运行的 iox-roudi，RouDi 是 Routing 和 Discovery 的缩写，iox 是 iceoryx 的缩写。RouDi 负责配置通信相关的内容，但并不直接参与发布者和订阅者之间的通信。RouDi 可被认为是 iceoryx 的总操作员，如配置共享内存的空间和管理空间的利用。它作为守护进程持续运行，并负责辅助应用程序交换数据，即跟踪正在运行或异常崩溃的应用程序。当跟踪的应用程序崩溃，RouDi 会清理掉其所有资源。

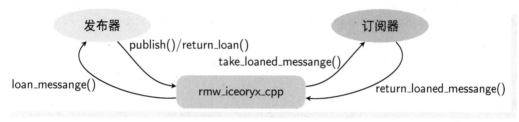

● 图 4-2 iceoryx 的工作机制⊖

代码 4-23 展现了如何使用 ROS 2 的 API 调用 SHM 机制进行 topic 通信。其中实际的操作只有三步。

1）通过"borrow_loaned_message"获取消息写入权。

2）将数据写入消息。

3）通过 std::move 将左值转为右值后发送。

代码 4-23 适配 SHM 通信

```
class PubNode : public rclcpp::Node
{
public:
  explicit PubNode(const std::string & node_name)
  : Node(node_name)
  {
  using namespace std::chrono_literals;
  publisher_ = this->create_publisher<builtin_interfaces::msg::Time>(
    "current_time",
    rclcpp::SystemDefaultsQoS());
  auto topictimer_callback =
    [&]()-> void {
    auto loan_time_ = publisher_->borrow_loaned_message();
    loan_time_.get() = this->get_clock()->now();
    RCLCPP_INFO_STREAM(
      this->get_logger(),
      "pub: Current timestamp is: " <<
      std::to_string(loan_time_.get().sec)<<
      " seconds, " <<
```

⊖ 详见 https://github.com/ros2/rmw_iceoryx。

```
        std::to_string(loan_time_.get().nanosec) <<
        " nanoseconds.");
      publisher_->publish(std::move(loan_time_));
    };
    timer_ = this->create_wall_timer(500ms, topictimer_callback);
  }

private:
  rclcpp::TimerBase::SharedPtr timer_;
  rclcpp::Publisher<builtin_interfaces::msg::Time>::SharedPtr publisher_;
};
```

　　代码 4-24 展示了未使用 iceoryx 中间件运行 SHM 通信应用程序的示例，其中提示了"当前中间件不能使用 loan messages，并将使用本地内存分配器"。代码 4-25 展示了使用 iceoryx 中间件运行 SHM 通信应用程序的示例，其中会提示队列容积。并且在 RouDi 的运行控制台终端上会提示创建有关发布和订阅器的信息，以及节点和应用程序端口的信息等。

代码 4-24　直接运行 SHM 示例

```
$ ros2 run ch4_topic_cpp loan_pub
---
[INFO] [1646149651.905773878] [rclcpp]: Currently used middleware can't loan messages. Local alloca-
    tor will be used.
[INFO] [1646149651.906062388] [topic_pub]: pub: Current timestamp is: 1646149651 seconds, 906032102
    nanoseconds.
# …
---
```

代码 4-25　使用 rmw_iceoryx_cpp 运行 SHM 示例

```
$ RMW_IMPLEMENTATION=rmw_iceoryx_cpp ros2 run ch4_topic_cpp loan_pub
---
Log level set to: [Warning]
2022-03-01 23:54:07.323 [Warning]: Requested queue capacity 1000 exceeds the maximum possible
    one for this subscriber, limiting from 1000 to 256
[INFO] [1646150047.824346138] [topic_pub]: pub: Current timestamp is: 1646150047 seconds,
    824323048 nanoseconds.
[INFO] [1646150048.324302981] [topic_pub]: pub: Current timestamp is: 1646150048 seconds,
    324283379 nanoseconds.
# …
---
```

　　订阅器端无需修改任何内容，RCL 层已经对此做了兼容，只需要在运行时加入 RMW 的配置修改，或在运行前修改环境变量中的 RMW_IMPLEMENTATION 即可。如果没有配置 RMW，则无法找到发布器发布的 topic。如代码 4-26 展示了使用代码 4-2 中的订阅器获取消息的指令。

代码 4-26　使用 rmw_iceoryx_cpp 运行订阅器

```
$ RMW_IMPLEMENTATION=rmw_iceoryx_cpp ros2 run ch4_topic_cpp sub_node
```

基于 iceoryx 的方案相比其他基于 UDP 的方案可以在极大程度上降低 CPU 和内存的使用率，并在极高消息带宽传输的过程中保持绝对低的延时。在其测试中，随着单数据包的增大和数据发送频率的增加，iceoryx 可以保证数据从发送到送达的延时始终保持在 1us 左右，而使用其他 UDP 方案的应用程序的延时会随着数据包的增大和数据发送频率的增加而大幅度增加。这在对延时要求严苛的场景中，使用该方案会提高任务的时间确定性。但是 iceoryx 仍有许多缺憾，如不可以使用堆，不可以使用动态内存分配器等，以及必须持续开启守护进程，如果守护进程崩溃，则通信会中断。鱼与熊掌难以兼得，SHM 方案与 UDP 方案可以形成互补，在实际的项目中，读者可以根据需求选择使用哪种中间件。

使用不同的
RMW 实现
SHM/Zero Copy

▶▶ 4.1.6 统计 Topic 状态

ROS 2 中为 topic 通信提供了统计的 API，如从发布器端获取是否有 topic 订阅，或从订阅器端获取 topic 的发布状态。前者是 RCL 层提供的功能，目前 rclcpp 和 rclpy 都具备此 API；后者目前只实现在 rclcpp 中，该功能由功能包 ros-tooling/libstatistics_collector 提供。本节着重讲解后者。

从发布器端获取是否有 topic 订阅的方法，是通过发布器 publisher 实现的。在 rclcpp 中，可以使用如代码 4-27 所示的方式，获取类型为 size_t 的订阅者数量；在 rclpy 中，可以使用如代码 4-28 所示的方式，获取类型为 int 的订阅者数量。

代码 4-27　在 rclcpp 中获取订阅计数数据

```
auto sub_count_ = this->publisher_->get_subscription_count();
```

代码 4-28　在 rclpy 中获取订阅计数数据

```
sub_count_ = self.publisher_.get_subscription_count()
```

能够从发布器端了解到是否有订阅器，可以有效地节约资源。例如，通过查看是否有订阅器订阅，如果 count 大于等于 1，则开始发布消息，否则不发布。

从订阅器端获取 topic 的发布状态的方法使用到了创建发布器时的另一个参数。如前文所述，创建订阅器需要提供如下五项内容。

- 节点：在 rclcpp 和 rclpy 中都需要使用实例化的节点创建订阅器。
- topic 类型：在 rclcpp 中是模板参数，在 rclpy 中是函数参数。
- topic 名字：在 rclcpp 和 rclpy 中都是函数参数。
- 订阅回调函数：在 rclcpp 和 rclpy 中都是函数参数。
- QoS 配置：在 rclcpp 和 rclpy 中都是函数参数。

rclcpp 中还额外为订阅器提供了两个参数。

- 订阅器选项（options）：即创建订阅器时的一些额外参数选项。
- 消息内存分配策略（msg_mem_strat）：用于改变的消息内存策略。

在 options 中，rclcpp 提供了若干个选项供修改。

- allocator：可选自定义的内存分配器，该值接收内存分配器的指针。ROS 2 支持用户自定义内存分配器，以满足不同需求，如为满足实时要求支持的 TLSF（Two Level Segregate Fit）内存分配器。

- callback_group：回调组，用于配置订阅器在执行回调函数时的并发规则。目前支持的两个规则是 MutuallyExclusive 和 Reentrant，前者是互斥，后者是可重入。区别在于同一时刻是否允许多个回调同时运行，互斥代表不允许，可重入代表允许。

- event_callbacks：订阅器的事件回调，目前订阅器支持四种事件回调，如下。

    - deadline_callback：消息截止时间到达的事件。

    - liveliness_callback：消息生命期限到达的事件。

    - incompatible_qos_callback：不兼容 QoS 配置的事件。

    - message_lost_callback：消息丢失的事件。

- use_default_callbacks：当用户未在 event_callbacks 中提供任何回调时，是否使用默认回调。默认为 true。

- ignore_local_publications：忽略本地发布的消息，需要传入布尔值，true 代表忽略，false 代表不忽略。

- use_intra_process_comm：使用进程内通信，和 4.1.4 节中介绍的内容一样，在订阅器中可以单独配置使用进程内高效通信，同样，发布器也有这个选项。

- intra_process_buffer_type：在 4.1.4 节的例子中使用了 Unique 指针的方法，目的是为读者展示零拷贝的效果，此外，intra processing 还支持 Shared 指针的方法。

- qos_overriding_options：该选项用于支持重载 QoS。它为外部或其他参数配置提供如下几个接口，同样，发布器也有这个选项。

    - policy_kinds：将声明的 QoS 策略类型参数。

    - validation_callback：一个可选回调，将调用它来验证最终的 QoS 配置文件。

    - Id：一个可选的 ID。如果两个发布器/订阅器需要不同的 QoS 相同的主题，这个 ID 将允许它们消除歧义。

- require_unique_network_flow_endpoints：该选项用于支持特别的网络流，如不同的网络协议和网络地址，如 4G、5G 等。默认不开启。

- rmw_implementation_payload：该选项用于在创建订阅器时使用 RMW 实现特定负载。

- topic_stats_options：该选项用于统计 topic 的配置，并将统计的计算数据发布到特定的 topic。它提供了三个子选项。

    - state：启用和禁用 topic 统计计算和发布。默认不开启。

    - publish_topic：统计数据发布 topic 名，默认为/statistics。

    - publish_period：主题统计发布周期，以 ms 为单位。默认为 1s。

使能统计 topic 计算的方法很简单，如代码 4-29 所示，需要单独配置一个 rclcpp::Subscription-

Options 选项后，再将选项添加到创建订阅器函数的最后一个参数中即可。该代码继承了代码 4-2 中的函数和设计。

代码 4-29　统计 topic 选项的使能

```
auto sub_options = rclcpp::SubscriptionOptions();
sub_options.topic_stats_options.state = rclcpp::TopicStatisticsState::Enable;
sub_options.topic_stats_options.publish_period = std::chrono::seconds(10);
subsciber_ = this->create_subscription<builtin_interfaces::msg::Time>(
  "current_time",
  rclcpp::SystemDefaultsQoS(),
  std::bind(&SubNode::count_sub_callback, this, std::placeholders::_1),
  sub_options);
```

　　运行进程后，可以通过 ros2topic 查看到新增了一个名为/statistics 的 topic。通过 echo 查看它的内容，如代码 4-30 所示。

代码 4-30　查看统计结果

```
$ ros2 topic echo / statistics
---
measurement_source_name: statistic_sub
metrics_source: message_age
unit: ms
window_start:
  sec: 1646227618
  nanosec: 682864041
window_stop:
  sec: 1646227628
  nanosec: 682918482
statistics:
- data_type: 1
  data: .nan
- data_type: 3
  data: .nan
- data_type: 2
  data: .nan
- data_type: 5
  data: 0.0
- data_type: 4
  data: .nan
---
# ...
---
measurement_source_name: statistic_sub
metrics_source: message_period
unit: ms
window_start:
  sec: 1646227648
  nanosec: 682959666
window_stop:
```

```
  sec: 1646227658
  nanosec: 682856753
statistics:
- data_type: 1
  data: 499.5999698333334
- data_type: 3
  data: 500.35958
- data_type: 2
  data: 495.348008
- data_type: 5
  data: 12.0
- data_type: 4
  data: 1.3055962288436642
---
```

其中的值分别为以下几种。

- window 相关：开始和结束的窗口时间戳。因为该统计使用了滑动窗口计算。
- data_type 1：平均延时。
- data_type 2：最小延时。
- data_type 3：最大延时。
- data_type 4：标准差。
- data_type 5：采样个数。

topic 的统计功能允许使用者快速收集订阅统计信息，有助于快速表征其系统的性能和帮助诊断任何有关性能的问题。除此之外，其他的选项也提供了很多扩展性极强的功能，读者可根据兴趣进行尝试。同样，发布器的额外选项与订阅器的很相似，在此不再赘述，读者可参考 rclcpp 中相关 SubscriptionOptions 和 PublisherOptions 的 API 进行尝试。

除了使用编程来统计 topic 的数据外，使用 rqt 工具也是不错的方式，在已经运行节点进程的环境中，使用终端运行命令"rqt_graph"，可在其中查看当前环境中能够发现的所有节点、topic、service 和 action，及其之间的操作关系。

4.2 基于主从式架构的 service 通信

基于 service 的通信，是一种基于主从式架构，又称客户端-服务器（Client Server，C/S）架构的通信方式。和 topic 不同，相同名字的 service 服务器在同一环境中（同一 namespace 和同一 DDS 域）只允许有一个，但客户端可以有很多。这与大家常识中的 C/S 结构的通信是一致的。service 常常使用在一些单次任务，如修改配置参数、获取当前状态和查找某些数据等，在嵌入式的机器人系统中，使用 service 可以极大程度地减少不必要的消息在环境中持续发布所导致的资源浪费。一次完整的 service 工作流程如下。

1）在节点建立服务器。
2）客户端发起请求。

3）服务端接收到请求后，对请求进行处理，并应答结果。

4）客户端接收到应答，并对应答进行处理。

如上述流程，service 的工作是单次的消息回环，即每当客户端向服务端发起一次请求，则服务端会响应一次。请求和应答都是单条消息，在 service 的配置中依然存在 QoS 这一选项，service 的 QoS 与 4.1.3 节中介绍的内容一致，只不过默认的 QoS 被设置为了服务级别的 QoS。如图 4-3 所示，service 的建立需要依托节点，一个节点可以建立多个 service 的客户端和服务端，也可以同时并发处理多个客户端请求，但这需要多线程节点执行器的支持。在默认的配置中，大部分 DDS 为 ROS 2 提供的 service 实现都是基于 UDP 完成的，只有少数的中间件（如 iceoryx）在尝试为 service 提供 SHM 的解决方案，但由于 service 的消息带宽并不大，所以并不造成什么影响。

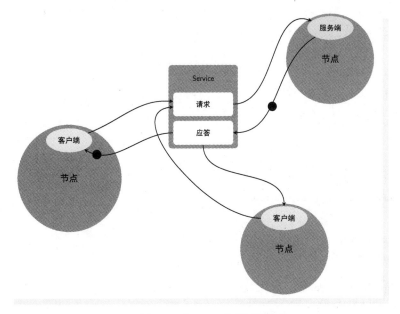

• 图 4-3　service 的运行模式

在同一个工作环境，即同一 namespace 且同一 DDS 域，service 服务端的 service 名称必须唯一，如果需要同时运行多个相同 service 名称的服务，可以考虑利用 remapping 在不同的命名空间建立。服务端只负责接收到请求后执行，并返回应答结果。

在同一工作环境，即同一 namespace 且同一 DDS 域，可以同时存在多个同一名称的 service 客户端，但是需要由服务端来决定如何同时处理这几个客户端的请求。客户端负责：

• 将请求发送到 service 服务端。

• 可选地从 service 服务端获取异步结果。

Service 在 ROS 2 中应用非常广泛，如节点的参数机制和生命周期节点的管理机制，以及 action 通信的一些实现，都是基于 service 完成的。

本节的所有功能将会使用名为 "ch4_service_cpp" 的功能包实现。

▶▶ 4.2.1　实现 service 服务端和客户端

service 的客户端和服务端在一般的设计中都会存在于不同节点或不同进程，甚至不同设备，二者需要有相同的配置才能进行通信，包括：

使用 rclpy
实现 service

- 相同的 service 名字。
- 相同的 service 类型。
- 兼容的 QoS。
- 相同的 namespace。
- 相同的 DDS 域。

只要同一网络下，可以互相发现的客户端和服务端具备上述这 5 条相同的条件即可通信。代码 4-31 中展示了一对使用 rclcpp 实现的自发自收节点。

代码 4-31　自发自收 service

```cpp
#include <memory>
#include <string>
#include <thread>
#include <utility>

#include "rclcpp/rclcpp.hpp"

class ServerNode: public rclcpp::Node
{
public:
  explicit ServerNode(const std::string & node_name)
  : Node(node_name)
  {
    using namespace std::chrono_literals;
    auto logtimer_callback =
      [&]()-> void {
        RCLCPP_INFO_STREAM(this->get_logger(), "Hello world");
      };
    timer_ = this->create_wall_timer(500ms, logtimer_callback);
    server_ = this->create_service<rcl_interfaces::srv::GetParameters>(
      "get_para",
      std::bind(&ServerNode::service_callback, this, std::placeholders::_1, std::placeholders::_2));
  }

private:
  rclcpp::TimerBase::SharedPtr timer_;
  rclcpp::Service<rcl_interfaces::srv::GetParameters>::SharedPtr server_;
  void service_callback(
    const std::shared_ptr<rcl_interfaces::srv::GetParameters::Request> request,
    std::shared_ptr<rcl_interfaces::srv::GetParameters::Response> response)
```

```cpp
  {
    rcl_interfaces::msg::Parameter para_;
    para_.value.bool_value = ! request->names.empty();
    response->values.push_back(para_.value);
    RCLCPP_INFO_STREAM(
      this->get_logger(),
      "Response: " << std::to_string(response->values[0].bool_value));
  }
};

class ClientNode : public rclcpp::Node
{
public:
  explicit ClientNode(const std::string & node_name)
  : Node(node_name)
  {
    using namespace std::chrono_literals;
    client_ = this->create_client<rcl_interfaces::srv::GetParameters>("get_para");
    auto clientimer_callback =
      [&]()-> void {
        auto req = std::make_unique<rcl_interfaces::srv::GetParameters::Request>();
        req->names.push_back("abc");
        RCLCPP_INFO_STREAM(this->get_logger(), "Ready to send req");
        client_->async_send_request(std::move(req));
        RCLCPP_INFO_STREAM(this->get_logger(), "Sent req");
      };
    clientimer_ = this->create_wall_timer(500ms, clientimer_callback);
    auto logtimer_callback =
      [&]()-> void {
        RCLCPP_INFO_STREAM(this->get_logger(), "Hello earth");
      };
    logtimer_ = this->create_wall_timer(500ms, logtimer_callback);
  }

private:
  rclcpp::TimerBase::SharedPtr clientimer_;
  rclcpp::TimerBase::SharedPtr logtimer_;
  rclcpp::Client<rcl_interfaces::srv::GetParameters>::SharedPtr client_;
};

int main(int argc, char ** argv)
{
  rclcpp::init(argc, argv);
  auto srv_node_ = std::make_shared<ServerNode>("srv_server");
  auto clt_node_ = std::make_shared<ClientNode>("srv_client");
  rclcpp::executors::SingleThreadedExecutor executor_;

  executor_.add_node(srv_node_);
  executor_.add_node(clt_node_);
```

```
executor_.spin();

rclcpp::shutdown();
return 0;
}
```

这里使用的 service 接口来自于 rcl_interfaces 中的"GetParameters"，是设计用于获取节点参数的 service 接口。和 topic 不同，service 的路径一般在这些功能包中的 srv 目录。由于 rcl_interfaces 是内建功能包，故不需要对其添加依赖，只需依赖 rclcpp 即可。

如果构建正确，执行结果应与代码 4-32 一致，会循环地打出这几行内容。

代码 4-32　测试自发自收 service

```
$ ros2 run ch4_service_cpp self_exec
---
[INFO] [1646322272.372061010] [srv_server]: Hello world
[INFO] [1646322272.373758915] [srv_client]: Ready to send req
[INFO] [1646322272.373870045] [srv_client]: Sent req
[INFO] [1646322272.373907894] [srv_client]: Hello earth
[INFO] [1646322272.374000955] [srv_server]: Response: 1
[INFO] [1646322272.872174824] [srv_server]: Hello world
[INFO] [1646322272.873747727] [srv_client]: Ready to send req
[INFO] [1646322272.873910676] [srv_client]: Sent req
[INFO] [1646322272.874064354] [srv_client]: Hello earth
[INFO] [1646322272.874216466] [srv_server]: Response: 1
# …
---
```

建立一个可以正常工作的 service 需要满足如下几项要求。

- 符合规则的 service 的名字，在上述示例中为"get_para"。service 的命名规则与 topic 相同。
- 符合规则的 service 的类型，在上述示例中为"rcl_interfaces::srv::GetParameters"，一般情况需要单独使用功能包编写并提前构建。
- 基于上述 service 建立的 service 服务端及其回调函数，并提供 QoS，上述示例中为系统默认，service 的 QoS 规则与 topic 相同，但默认 QoS 有所差异，并选择合适的回调分组（互斥或可重入），如果不输入回调组参数，则默认为节点的回调组。
- 基于上述 service 建立的 service 客户端需要保证 QoS 兼容（并不一定一致）。

代码 4-31 中，service 类型使用了 GetParameters，由于该消息依然属于内建库之一的"rcl_interfaces"，故仅需在构建时和运行时依赖 rclcpp 一种库。通常，service 的消息格式需要由设计者自行定义，即约束哪些是请求，哪些是应答。GetParameters 这个 service 类型来自于 ros2/rcl_interfaces 功能包的 srv 目录，其内容如代码 4-33 所示。由于 service 分为两个部分，即请求（request）和应答（response），所以消息的定义上也用三个减号"---"做了区分。分隔线上面的是请求部分的内容，分隔线下面的是应答部分的内容，写法与 topic 的写法一致。

代码 4-33　**GetParameters** 的格式

```
# A list of parameter names to get.
string [ ] names

---
# List of values which is the same length and order as the provided names.If a
# parameter was not yet set, the value will have PARAMETER_NOT_SET as the
# type.
ParameterValue[ ] values
```

在上述例子中，使用了一个单线程节点执行器，同时启动两个节点完成自发自收的 service 请求应答，由于请求和应答都是在很短的时间完成的，所以从整体的运行效果看并没有什么不妥。但如果在服务端的回调函数添加延时（如代码 4-34 所示）后，其问题便开始体现。

代码 4-34　延时函数

```
std::this_thread::sleep_for(std::chrono::seconds(3));
```

执行结果参考代码 4-35 中的时间戳，从第 1646452750s 请求定时器回调函数中输出的"Hello earth"后，第 1646452753s，服务端才做了应答。如果按照设计的流程，后台应该持续运行定时器回调函数，并打印出相应的输出。

代码 4-35　测试添加延时的 service 服务端

```
$ ros2 run ch4_service_cpp self_exec
---
[INFO] [1646452750.212630327] [srv_server]: Hello world
[INFO] [1646452750.214025117] [srv_client]: Ready to send req
[INFO] [1646452750.214154439] [srv_client]: Sent req
[INFO] [1646452750.214186046] [srv_client]: Hello earth
[INFO] [1646452753.214527967] [srv_server]: Response: 1
[INFO] [1646452753.214803913] [srv_server]: Hello world
[INFO] [1646452753.214838890] [srv_client]: Ready to send req
[INFO] [1646452753.214874419] [srv_client]: Sent req
[INFO] [1646452753.214896568] [srv_client]: Hello earth
[INFO] [1646452756.215167763] [srv_server]: Response: 1
# ...
---
```

这个结果中牵扯到了单线程的节点执行器，它保证了所有的回调都在同一个线程中完成，如果某一个回调函数被卡住或添加了延时，则其他回调函数便无法被按时执行。但如果将其更换为多线程节点执行器，则运行结果便会如代码 4-36 所示。一部分回调函数仍在按时执行，而 service 的应答回调函数则每隔 3s 完成一次应答。这个结果又会导致另一个问题，即请求拥堵。

代码 4-36　测试多线程节点执行器中的延时 service 服务端

```
$ ros2 run ch4_service_cpp self_exec
---
```

```
[INFO] [1646453522.256694312] [srv_server]: Hello world
[INFO] [1646453522.257838561] [srv_client]: Ready to send req
[INFO] [1646453522.257923353] [srv_client]: Sent req
[INFO] [1646453522.258299835] [srv_client]: Hello earth
[INFO] [1646453522.757845393] [srv_client]: Ready to send req
[INFO] [1646453522.758033580] [srv_client]: Sent req
[INFO] [1646453522.758753961] [srv_client]: Hello earth
[INFO] [1646453523.257835873] [srv_client]: Ready to send req
[INFO] [1646453523.258052363] [srv_client]: Sent req
[INFO] [1646453523.258725330] [srv_client]: Hello earth
[INFO] [1646453523.757946446] [srv_client]: Ready to send req
[INFO] [1646453523.758192036] [srv_client]: Sent req
[INFO] [1646453523.758642831] [srv_client]: Hello earth
[INFO] [1646453524.257852398] [srv_client]: Ready to send req
[INFO] [1646453524.258037571] [srv_client]: Sent req
[INFO] [1646453524.258626707] [srv_client]: Hello earth
[INFO] [1646453524.757870538] [srv_client]: Ready to send req
[INFO] [1646453524.758072938] [srv_client]: Sent req
[INFO] [1646453524.758504761] [srv_client]: Hello earth
[INFO] [1646453525.257861994] [srv_client]: Ready to send req
[INFO] [1646453525.257970271] [srv_client]: Sent req
[INFO] [1646453525.258164397] [srv_server]: Response: 1
[INFO] [1646453525.258312402] [srv_client]: Hello earth
[INFO] [1646453525.258417585] [srv_server]: Hello world
---
```

　　请求拥堵这种情况在日常使用中经常出现，解决办法有两个：一是修改服务端应答机制，如降低应答延时和提高应答效率；二是通过配置回调组，使用可重入模式，利用多线程改善该问题。这里简单讲解下后者。和 topic 订阅的回调组一样，service 的应答回调组也分为互斥（MutuallyExclusive）和可重入（Reentrant）。互斥指的是所有的请求都是互斥的，同一时刻只能执行一个请求的应答。而可重入意味着所有的请求，无论是否在同一时刻，都可以被应答回调接受和处理，但这会增加一部分的资源消耗。使用回调组的方式如代码 4-37 所示，需要注意的是，在节点内使用的回调组必须使用节点建立，也就是在 C++中需要 this 指针或 node 指针建立；而回调组变量本身需要一个Shared 指针，并且不能是临时变量；回调组在选择可重入时必须使用多线程节点执行器；否则service 服务端无法正确运行，甚至会导致节点初始化失败。

代码 4-37　添加可重入的节点

```cpp
#include <memory>
#include <string>
#include <utility>

#include "rclcpp/rclcpp.hpp"

class SingleNode : public rclcpp::Node
{
```

```cpp
public:
  explicit SingleNode(const std::string & node_name)
  : Node(node_name)
  {
    using namespace std::chrono_literals;
    cb_group_ = this->create_callback_group(rclcpp::CallbackGroupType::Reentrant);
    client_ = this->create_client<rcl_interfaces::srv::GetParameters>("get_para");
    auto clientimer_callback =
      [&]()-> void {
        auto req = std::make_unique<rcl_interfaces::srv::GetParameters::Request>();
        req->names.push_back("abc");
        RCLCPP_INFO_STREAM(this->get_logger(), "Ready to send req");
        client_->async_send_request(std::move(req));
        RCLCPP_INFO_STREAM(this->get_logger(), "Sent req");
      };
    clientimer_ = this->create_wall_timer(500ms, clientimer_callback);
    auto logtimer_callback =
      [&]()-> void {
        RCLCPP_INFO_STREAM(this->get_logger(), "Hello earth");
      };
    logtimer_ = this->create_wall_timer(500ms, logtimer_callback);
    server_ = this->create_service<rcl_interfaces::srv::GetParameters>(
      "get_para",
      std::bind(&SingleNode::service_callback, this, std::placeholders::_1, std::placeholde-
rs::_2),
      rmw_qos_profile_services_default,
      cb_group_);
  }

private:
  rclcpp::TimerBase::SharedPtr clientimer_;
  rclcpp::TimerBase::SharedPtr logtimer_;
  rclcpp::Service<rcl_interfaces::srv::GetParameters>::SharedPtr server_;
  rclcpp::Client<rcl_interfaces::srv::GetParameters>::SharedPtr client_;
  rclcpp::CallbackGroup::SharedPtr cb_group_;
  void service_callback(
    const std::shared_ptr<rcl_interfaces::srv::GetParameters::Request> request,
    std::shared_ptr<rcl_interfaces::srv::GetParameters::Response> response)
  {
    rcl_interfaces::msg::Parameter para_;
    para_.value.bool_value = !request->names.empty();
    response->values.push_back(para_.value);
    std::this_thread::sleep_for(std::chrono::seconds(3));
    RCLCPP_INFO_STREAM(
      this->get_logger(),
      "Response: " << std::to_string(response->values[0].bool_value));
  }
};
```

```
int main(int argc, char ** argv)
{
  rclcpp::init(argc, argv);
  auto srv_node_ = std::make_shared<SingleNode>("srv_self");
  rclcpp::executors::MultiThreadedExecutor executor_;

  executor_.add_node(srv_node_);
  executor_.spin();

  rclcpp::shutdown();
  return 0;
}
```

代码 4-37 展示了通过一个节点完成 service 的服务端和客户端，并且满足可重入和服务端应答延时，以及两个定时器分别用于客户端定时请求和日志定时输出。如果构建正确，输出应如代码 4-38 所示。从时间线上分析，客户端是每隔 500ms 发起一次请求，服务端每隔 3s 完成一次回调，那么第一次应答一定是第一次请求后的 3s，并且之后会每隔 500ms 完成一次应答。

代码 4-38　可重入的测试结果

```
$ ros2 run ch4_service_cpp self_node
---
[INFO] [1646464334.935008290] [srv_self]: Ready to send req
[INFO] [1646464334.935184289] [srv_self]: Sent req
[INFO] [1646464334.935468977] [srv_self]: Hello earth
[INFO] [1646464335.434989874] [srv_self]: Ready to send req
[INFO] [1646464335.435086633] [srv_self]: Sent req
[INFO] [1646464335.435271993] [srv_self]: Hello earth
[INFO] [1646464335.935028437] [srv_self]: Ready to send req
[INFO] [1646464335.935162860] [srv_self]: Sent req
[INFO] [1646464335.935257330] [srv_self]: Hello earth
[INFO] [1646464336.435093030] [srv_self]: Ready to send req
[INFO] [1646464336.435373827] [srv_self]: Sent req
[INFO] [1646464336.435605697] [srv_self]: Hello earth
[INFO] [1646464336.935130778] [srv_self]: Ready to send req
[INFO] [1646464336.935259470] [srv_self]: Sent req
[INFO] [1646464336.935358603] [srv_self]: Hello earth
[INFO] [1646464337.435107403] [srv_self]: Ready to send req
[INFO] [1646464337.435285398] [srv_self]: Sent req
[INFO] [1646464337.435539081] [srv_self]: Hello earth
[INFO] [1646464337.935038215] [srv_self]: Ready to send req
[INFO] [1646464337.935205379] [srv_self]: Sent req
[INFO] [1646464337.935304324] [srv_self]: Hello earth
[INFO] [1646464337.935426600] [srv_self]: Response: 1
[INFO] [1646464338.435184074] [srv_self]: Ready to send req
[INFO] [1646464338.435436116] [srv_self]: Response: 1
[INFO] [1646464338.435441591] [srv_self]: Sent req
[INFO] [1646464338.436468351] [srv_self]: Hello earth
```

```
[INFO] [1646464338.935053106] [srv_self]: Ready to send req
[INFO] [1646464338.935158237] [srv_self]: Sent req
[INFO] [1646464338.935216689] [srv_self]: Hello earth
[INFO] [1646464338.935374030] [srv_self]: Response: 1
# …
---
```

▶▶ 4.2.2　在客户端处理应答

在了解处理应答的方法之前，先需要了解一些 ros2cli 中的 service 调试工具即 ros2service。和前面的指令一样，可以使用 help 查阅其功能。

代码 4-39　ros2service 的功能

```
$ ros2 service -h
---
usage: ros2 service [-h] [-- include-hidden-services] Call 'ros2 service <command> -h' for more de-
tailed usage. …

Various service related sub-commands

optional arguments:
  -h, --help            show this help message and exit
  --include-hidden-services
                        Consider hidden services as well

Commands:
  call    Call a service
  find    Output a list of available services of a given type
  list    Output a list of available services
  type    Output a service's type

  Call 'ros2 service <command> -h' for more detailed usage.
---
```

该工具目前提供了 4 个功能。

- call：手动发送 service 请求，并且可以通过参数约束发送频率。
- find：查找某一类型的 service。
- list：列出当前环境中所有的 service。
- type：查看某个 service 的类型。

运行这些指令时，至少需要保证环境中运行着一个节点，因为节点默认会开启几个 service 服务端。如代码 4-40 所示，除了单独建立的 "get_para" 外，其他 service 是节点自行建立的，这些 service 提供了 3.3 节介绍的节点参数功能。list 指令还提供了类型和计数的功能。

代码 4-40　ros2service 的 list 指令

```
$ ros2 service list
---
```

```
/get_para
/srv_self/describe_parameters
/srv_self/get_parameter_types
/srv_self/get_parameters
/srv_self/ list _parameters
/srv_self/set_parameters
/srv_self/set_parameters_atomically
---
$ ros2 service list -t
---
/get_para [rcl_interfaces/srv/GetParameters]
/srv_self/describe_parameters [rcl_interfaces/srv/DescribeParameters]
/srv_self/get_parameter_types [rcl_interfaces/srv/GetParameterTypes]
/srv_self/get_parameters [rcl_interfaces/srv/GetParameters]
/srv_self/ list _parameters [rcl_interfaces/srv/ListParameters]
/srv_self/set_parameters [rcl_interfaces/srv/SetParameters]
/srv_self/set_parameters_atomically [rcl_interfaces/srv/SetParametersAtomically]
---
$ ros2 service list -c
---
7
---
```

find 和 type 指令都比较简单，这里不做展开。读者可以自行尝试。

比较重要的一个功能是 call。这个指令提供了在控制台终端直接调试 service 服务端功能的条件，开发人员可以通过 ros2 service call 来发送任意 service 的请求内容，并且可以随时终止请求。格式如代码 4-41 所示，请求消息的内容需要按照 JSON 的格式在指令中编写。当服务端完成应答后，终端会显示最终结果，并输出所有应答信息。

代码 4-41　ros2service 的 call 指令

```
$ ros2 service call /get_para rcl_interfaces/srv/GetParameters "{names: "abc"}"
---
requester: making request: rcl_interfaces.srv.GetParameters_Request(names=['a','b','c'])

response:
rcl_interfaces.srv.GetParameters_Response(values=[rcl_interfaces.msg.ParameterValue(type
    =0, bool_value=True,integer_value=0, double_value=0.0, string_value=", byte_array_value
    =[], bool_array_value=[], integer_array_value=[], double_array_value=[], string_array_
    value=[])])
---
```

如果当前 service 并没有服务端在线，则会输出如下结果，直到 service 服务端上线，才会像代码 4-41 中的那样输出结果。当然，无论是哪种情况，用户都有权限从任意过程中取消执行，如关闭终端或使用〈Ctrl+C〉组合键。

代码 **4-42**　没有服务端在线的结果

```
$ ros2 service call /get_para rcl_interfaces/srv/GetParameters "{names: "abc"}"
---
waiting for service to become available...
---
```

前面提到的有关 call 的指令，其实现中利用 rclpy 中 client 的 wait_for_service 和 call_async 的返回值。如代码 4-43 所示，完整的源码可以参看 ros2/ros2cli 中的 ros2service 项目。

代码 **4-43**　ros2service 中 **call.py** 的部分代码

```
rclpy.init ()

node = rclpy.create_node (
    NODE_NAME_PREFIX +'_requester_%s_%s' % (package_name, srv_name))

cli = node.create_client (srv_module, service_name)

request = srv_module.Request ()

try:
    set_message_fields (request, values_dictionary)
except Exception as e:
    return 'Failed to populate field: {0}'.format (e)

if not cli.service_is_ready ():
    print ('waiting for service to become available …')
    cli.wait_for_service ()
while True:
    print ('requester: making request: %r \n' % request)
    last_call = time.time ()
    future = cli.call_async (request)
    rclpy.spin_until_future_complete (node, future)
    if future.result () is not None:
        print ('response: \n%r \n' % future.result ())
    else:
        raise RuntimeError (
            'Exception while calling service: %r' % future.exception ())
    if period is None or not rclpy.ok ():
        break
    time_until_next_period = (last_call + period) - time.time ()
    if time_until_next_period > 0:
        time.sleep (time_until_next_period)
```

在代码 4-43 中，"service_is_ready ( )"是用于判断 service 服务端是否存在且可用的方法，而"wait_for_service ( )"则是当服务端不可用，需要客户端等待的方法，当运行这个方法时，如果不输入参数，则默认持续等待，如输入参数，则可以设置等待时长，单位是 s，类型是 float。接收应答的方式需要使用到 rclpy 的 future 类，使用 future 可以很方便地获取到异步的返回结果，以及对异步行为进行操作，如取消和查看是否已取消或已完成异步消息等待（注意，是取消等待，并不是取消 service 请求）。但是光凭借 future 类并不能完成等待结果的任务，需要使用 spin_until_future_complete( ) 方法等待异步返回消息，该方法会将线程阻塞在方法内，直到返回消息到达，同样它支持设置等待时长，第三个参数可以设置超时时间，单位是 s，数据类型为 float。

通过客户端句柄对请求后的回复进行处理和操作，可以完成非常多复杂和有趣的事情，并且可以提高程序的健壮性与鲁棒性，在 rclcpp 也有相似的 API，读者可以自行探索。

▶▶ 4.2.3　service 的局限性

如本节所述，service 是一种一对一单次请求和单次应答的通信方案，并且支持在客户端进行超时设置。其局限性在于对于超时的处理，与其说有超时的处理，不如说是对超时的判断。客户端可以判断请求是否被应答，但无法判断请求的具体处理状态。例如，一个令机械臂末端移动到某个位置的请求，可能需要从遥操作端发送，途经多台计算设备，通过计算后，再到执行器一步步执行，最后返回结果。任何一环都可能出现问题而导致命令执行失败，服务端可以通过一系列方法获取到每一步的状态，但无法将每一步状态的结果都告知客户端，因为从服务端到客户端的消息只能有一次，并且消息类型中不可能将所有的中间结果都包含在内，因为那将导致消息严重浪费资源，这并不符合机器人作为嵌入式设备的资源利用策略。多客户端的复杂指令更会引起这类问题，如图 4-4 所示的场景，多客户端的指令会令只有一个执行器的服务端无法决定该执行哪条指令。

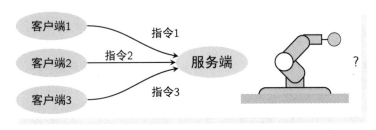

● 图 4-4　service 的局限性

所以，service 的局限性就在于此，作为 ROS 2 的通信策略之一，它并不适合复杂的指令下发或多个步骤的请求，而是适合单一任务的请求或指令。而复杂的指令应该交给更适合的方案，如 action。

此外，在 service 的应答回调和请求的设计上，也需要考虑消息堵塞的问题，适当的并发或多线程有助于解决这类问题，但并不代表应答回调中可以做很长时间的处理和等待。所以应答回调应尽可能消耗较短的时间，而请求的频率和方式上也应考虑是否会产生拥堵，两侧设计都应互相考虑，以达到最平衡的状态。

4.3　实战：级联生命周期节点

在 2.3.3 节中介绍了 ROS 2 引入的新节点类型：生命周期节点，该类型的节点可以通过内部和外部触发切换，以确保在适当的情况切换到适当的模式或状态。内部切换的触发方式通过 API 完成，而外部切换的触发方式是通过 service。在 ros2lifecycle 的工具中，实际就是通过 service 的请求完成的状态切换。代码 4-44 是 ros2lifecycle 中获取节点状态的 API，在其"get"指令中调用了该方法用于获取节点主状态。同理，通过 ros2service 工具也是可以操作和控制生命周期节点状态的。

代码 4-44   ros2lifecycle 中获取节点状态的 API

```python
def call_get_states(*, node, node_names):
    clients = {}
    futures = {}
    # create clients
    for node_name in node_names:
        clients[node_name] = \
            node.create_client(GetState, f'{node_name}/get_state')

    # wait until all clients have been called
    while True:
        for node_name in [n for n in node_names if n not in futures]:
            # call as soon as ready
            client = clients[node_name]
            if client.service_is_ready():
                request = GetState.Request()
                future = client.call_async(request)
                futures[node_name] = future

        if len(futures) == len(clients):
            break
        rclpy.spin_once(node, timeout_sec=1.0)

    # wait for all responses
    for future in futures.values():
        rclpy.spin_until_future_complete(node, future)

    # return current state or exception for each node
    states = {}
    for node_name, future in futures.items():
        if future.result() is not None:
            response = future.result()
            states[node_name] = response.current_state
        else:
            states[node_name] = future.exception()
    return states
```

在 fmrico/cascade_lifecycle 仓库中，作者 Francisco Martín Rico 设计了一种简易的级联生命周期节点，所谓级联，意为它会将不同的生命周期节点一级一级连接在一起，并通过 topic 广播的方式同步节点主状态。其原理非常简单，在级联的操作中分为主动方（activator）和被动方（activation），故所有连接的触发都是由主动方发起请求，待被动方同步成功后，方可认为连接完毕，否则将持续尝试。

在这一设计中共有两对发布器和订阅器，其 topic 名字分别如下。

- cascade_lifecycle_activations：用于更新节点间连接信息。
- cascade_lifecycle_states：用于更新节点状态。

代码 4-45 展示了这两种 topic 的 QoS 的差异，为了方便后加入的节点也能够完成节点级联，所以其中用于连接的 topic 的 QoS 使用了局部瞬态的属性，在 4.1.3 节中已经对此做过介绍。

代码 4-45　cascade_lifecycle 设计中的两对发布器和订阅器

```
CascadeLifecycleNode::CascadeLifecycleNode(
  const std::string & node_name,
  const std::string & namespace_,
  const rclcpp::NodeOptions & options)
: LifecycleNode(
    node_name,
    namespace_,
    options)
{
  using std::placeholders::_1;
  using namespace std::chrono_literals;

  activations_pub_ = create_publisher<cascade_lifecycle_msgs::msg::Activation>(
    "cascade_lifecycle_activations",
    rclcpp::QoS(1000).keep_all().transient_local().reliable());

  states_pub_ = create_publisher<cascade_lifecycle_msgs::msg::State>(
    "cascade_lifecycle_states", rclcpp::QoS(100));

  activations_sub_ = create_subscription<cascade_lifecycle_msgs::msg::Activation>(
    "cascade_lifecycle_activations",
    rclcpp::QoS(1000).keep_all().transient_local().reliable(),
    std::bind(&CascadeLifecycleNode::activations_callback, this, _1));

  states_sub_ = create_subscription<cascade_lifecycle_msgs::msg::State>(
    "cascade_lifecycle_states",
    rclcpp::QoS(100),
    std::bind(&CascadeLifecycleNode::states_callback, this, _1));
  // ...
}
```

这些发布器和订阅器在每个级联节点中都存在，也就是说，一个级联节点可同时作为 activator 和 activation。一个级联节点可以有多个连接的 activation，并通过状态更新的 topic 及时广播自身状态，确保这些作为 activation 的节点能够及时切换。所有的切换都是从内部发生的，并在切换时完成状态的更新发布。如代码 4-46 所示，在构造函数中，通过 register_on_ 将所有生命周期切换的方法均绑定到本地的方法，如配置（on_configure），其在级联节点中的方法如代码 4-47 所示。

代码 4-46　cascade_lifecycle 中的定时器初始化和内部切换方法绑定

```cpp
CascadeLifecycleNode::CascadeLifecycleNode(
  const std::string & node_name,
  const std::string & namespace_,
  const rclcpp::NodeOptions & options)
: LifecycleNode(
    node_name,
    namespace_,
    options)
{
  // ...
  timer_ = create_wall_timer(
    500ms,
    std::bind(&CascadeLifecycleNode::timer_callback, this));

  activations_pub_->on_activate();
  states_pub_->on_activate();

  register_on_configure(
    std::bind(
      &CascadeLifecycleNode::on_configure_internal,
      this , std::placeholders::_1));
  // ...
}
```

代码 4-47　cascade_lifecycle 中的 on_configure

```cpp
rclcpp_lifecycle::node_interfaces::LifecycleNodeInterface::CallbackReturn
CascadeLifecycleNode::on_configure_internal(
  const rclcpp_lifecycle::State & previous_state)
{
  cascade_lifecycle_msgs::msg::State msg;

  auto ret = on_configure(previous_state);

  if (ret == rclcpp_lifecycle::node_interfaces::LifecycleNodeInterface::CallbackReturn::
SUCCESS){
    cascade_lifecycle_msgs::msg::State msg;
    msg.state = lifecycle_msgs::msg::State::PRIMARY_STATE_INACTIVE;
    msg.node_name = get_name();

    states_pub_->publish(msg);
  }

  return ret ;
}
```

根据 activator 的状态，作为 activation 的节点会时刻跟进更新，更新状态的方法如代码 4-48 所示，该方法会每隔 500ms 执行一次，如代码 4-46 中的定时器初始化所示；该方法也会在状态更新的订阅器中被调用，如代码 4-49 所示。二者共同保证了状态的及时更新，也确保了实时的连接添加与删除时状态更新的时效性。

代码 4-48　cascade_lifecycle 中更新节点状态的方法

```cpp
void
CascadeLifecycleNode::update_state()
{
  bool parent_inactive = false;
  bool parent_active = false;

  for (const auto & activator: activators_state_){
    parent_inactive = parent_inactive ||
      activator.second == lifecycle_msgs::msg::State::PRIMARY_STATE_INACTIVE;
    parent_active = parent_active ||
    activator.second == lifecycle_msgs::msg::State::PRIMARY_STATE_ACTIVE;
  }

  switch (get_current_state().id()){
    case lifecycle_msgs::msg::State::PRIMARY_STATE_UNKNOWN:
      if (parent_active || parent_inactive){
        trigger_transition( lifecycle_msgs::msg::Transition::TRANSITION_CONFIGURE);
      }
      break;

    case lifecycle_msgs::msg::State::PRIMARY_STATE_UNCONFIGURED:
      if (parent_active || parent_inactive){
        trigger_transition( lifecycle_msgs::msg::Transition::TRANSITION_CONFIGURE);
      }
      break;

    case lifecycle_msgs::msg::State::PRIMARY_STATE_INACTIVE:
      if (parent_active){
        trigger_transition( lifecycle_msgs::msg::Transition::TRANSITION_ACTIVATE);
      }
      break;

    case lifecycle_msgs::msg::State::PRIMARY_STATE_ACTIVE:
      if (!parent_active && parent_inactive){
        trigger_transition( lifecycle_msgs::msg::Transition::TRANSITION_DEACTIVATE);
      }
      break;

    case lifecycle_msgs::msg::State::PRIMARY_STATE_FINALIZED:
      break;
  }
}
```

代码 **4-49**　**cascade_lifecycle** 中的状态更新订阅回调

```
void
CascadeLifecycleNode::states_callback(const cascade_lifecycle_msgs::msg::State::SharedPtr
msg)
{
  if (activators_state_.find(msg->node_name)!=activators_state_.end()&&
    msg->node_name !=get_name())
  {
    if (activators_state_[msg->node_name] !=msg->state){
      activators_state_[msg->node_name] = msg->state;
      update_state();
    }
  }
}
```

　　该例子只是一个简易的生命周期节点的应用，在小米的 CYBERDOG 项目中也使用到了该开源项目，并在此之上进行了稍许改进。读者可根据自己的需求，按照实际情况对生命周期节点或节点进行继承和改进，创造适用于自己应用场景的节点。

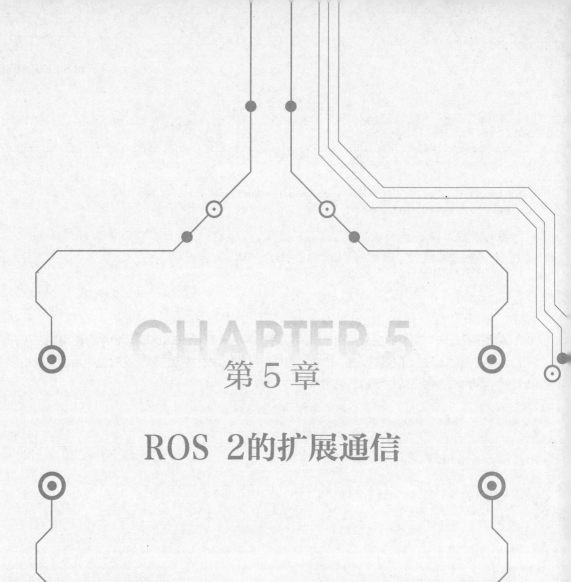

第 5 章

ROS 2的扩展通信

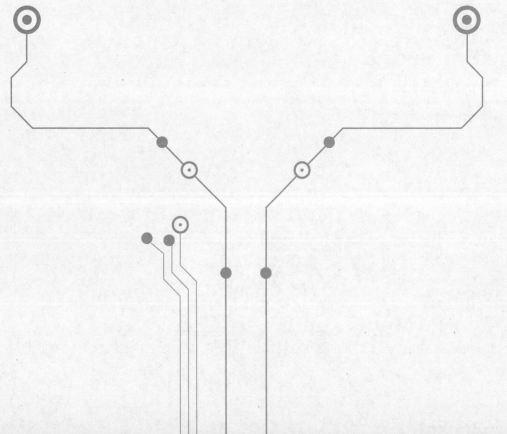

基于 topic 和 service 可以创建出各类有趣的通信方式，本章介绍的 action 和 tf2 便是非常好的例子。

虽然 action 是另一种基于主从式架构的通信，但它并不仅仅使用了 service，而是结合了 service 和 topic 于一身，将 service 原本的一发一收，改为了一发多收，这些接收有一部分通过 service 实现，有一部分通过 topic 实现。相比 service，action 更适用于复杂指令在机器人系统中的通信，比如，一个动作的执行指令，指令的发送者并不希望只能在最后收到执行的结果，而是希望在执行的过程中持续接收到所有的状态信息和指令的执行情况。如果只考虑使用 service 实现，则需要额外再实现若干个 service 和 topic 来满足这一想法，而如果使用 action，则一个 action 即可完成。

tf2 则是一个纯粹的，基于 topic 实现的功能，其核心并不是一个通信模式，而是随着 tf2 带来的一整套坐标参考系的维护和管理系统。tf2 中，坐标关系分为静态转换和动态转换，二者的区分在于是否易变。tf2 同时满足了单机器人系统和多机器人系统，所以使用一般的命名空间配置是无法直接改变 tf2 的 topic 名称的，而这也遵从设计目的，即所有同 DDS 域且同网络环境内的机器人可以共享一套坐标数据。

这些通信通过接口的自定义，可以满足各类不同的需求，并且因为 ROS 2 中对中间件的实现和调用做了非常好的隔离，无论使用什么通信中间件（基于网络还是基于内存），都可以通过抽象的 ROS 2 IDL（Interface Description Language）方案完成规范化定义。虽然有些 DDS 中间件会对这些接口按照自己的需求重新定义并重新构建，但这些对于使用者是无感的。

5.1 基于主从式架构的 action 通信

作为第三种基础的通信方式，action 在 ROS 中是作为独立的仓库实现的，而在 ROS 2 中，action 作为 RCL 层的一个功能实现，在每一种 RCL 实现中都是必需的一个模块。action 是一种基于 CS 结构的通信方案，如图 5-1 所示，它依托于节点，包含客户端和服务端，并支持一次目标（在 action 中称请求为目标）N 次应答。N 次应答包含 $N-1$ 次反馈和 1 次结果。和 service 一样，目前大部分的实现方案也只有基于 UDP 的设计，只有部分中间件在尝试使用 SHM 的技术方案。

Action，中文翻译可以是行动或动作，顾名思义，它的设计更倾向应用在一些复杂或烦琐的机器人行为动作上，因为对于这些应用场景，仅凭一条应答结果是无法满足设计需求的。一个 action 可以是一次路径规划，也可以是一次轨迹执行，或者是一次机器人的动作执行。如在 ros-planning/navigation2 中，其控制器、规划器、跟踪器和恢复器都是基于 action 实现的；在 ros-planning/moveit2 中，机械臂末端的轨迹规划和抓取也是基于 action 实现的。

一次完整的 action 工作流程可以参考图 5-1，action 的流程比 topic 和 service 都要复杂，因为这涉及一个状态机。一个目标经过客户端发送后，并不一定会被执行，它需要被 action 的服务端的目标处理函数接受后才可执行，如被拒绝，则目标便不会执行。此外，action 的服务端在构建时还需要提供取消的回调函数和执行目标的函数，并且可配置多达 5 个不同通信的 QoS。

如上述流程，action 的工作也是单次的消息回环，即每当客户端向服务端发送一次目标，则服务端会响应一次，但与 service 不同，虽然 action 的应答也是单条消息，但在应答前可以返回多次反馈消息，并且允许客户端在最后的应答前取消目标请求。

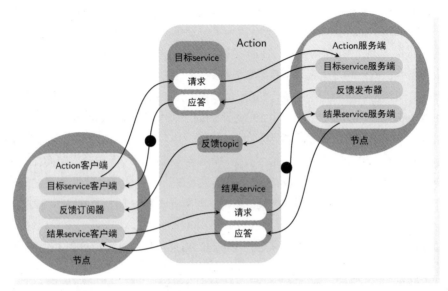

● 图 5-1　action 的运行模式

在同一个工作环境，即同一 namespace 且同一 DDS 域，action 服务端的 service 名称必须唯一。如果需要同时运行多个相同 action 名称的服务，可以考虑利用 remapping 在不同的命名空间建立。服务端负责：

- 将 action 通知给其他 ROS 实体。
- 接收或拒绝一个或多个 action 客户端的目标请求。
- 在收到并接收目标时执行 action。
- 可选地提供有关所有执行 action 进度的反馈。
- 可选地处理取消一个或多个动作的请求。
- 向发出结果请求的客户端发送已完成 action 的结果，包括它是成功、失败还是被取消。

在同一个工作环境，即同一 namespace 且同一 DDS 域，同一个 action 名称的客户端允许建立多个，但是，需要由服务端决定如何同时处理来自多个客户端的目标。客户端负责：

- 发送目标到 action 服务端。
- 可选地监听来自 action 服务端的目标反馈。
- 可选地从 action 服务端监听已被接收的目标的状态。
- 可选地向 action 服务端发送取消请求。
- 可选地检查从 action 服务端接收到的结果。

在 action 中，也有 QoS 的概念，但是由于 action 是基于 service 和 topic 实现的，所以它的 QoS 设定变得十分复杂，如果需要配置 action 的 QoS，需要进行单独配置。

- goal_service_qos：客户端发送目标，是基于 service 实现的，所以这里的 QoS 用于配置该 service。
- result_service_qos：客户端获取结果，是基于 service 实现的。
- cancel_service_qos：客户端取消目标，是基于 service 实现的。
- feedback_topic_qos：客户端监听 action 服务端的反馈，是基于 topic 实现的。
- status_topic_qos：客户端监听已被接收的目标状态，是基于 topic 实现的。

本节的所有功能将会使用名为 "ch5_action_py" 的功能包实现。

使用 rclcpp
实现 action

▶▶ 5.1.1 实现 action 服务端和客户端

和 service 不同，由于 action 并不是 DDS 层原生支持的通信方式，而是通过组合多个 topic 和 service 完成的通信模式，所以在 ROS 2 的内建通信消息中，并没有适合使用的 action 通信类型（目前仅有在 test_msgs 中有一个 action，但是过于烦琐，不便于讲解）。所以本节的示例会新建一个 action 消息，并将其作为独立的功能包 "ch5_action_interfaces" 构建。定义 action 需要提供 Goal（目标）、Result（结果）和 Feedback（反馈）。代码 5-1 是本节将使用的 action 类型定义，和 service 相似，需要使用三个减号 "---" 将目标、结果和反馈分隔开。

代码 5-1　Action 的消息定义，ch5_action_interfaces/action/Count.action

```
# Goal
uint32 goal_count
---
# Result
uint32 global_count
---
# Feedback
uint32 local_count
```

代码 5-1 中的内容需要被保存在名为 "Count.action" 的文件中，并放置在 ch5_action_interfaces 中的 action 路径下。此外，还需要对 CMakeLists.txt 和 package.xml 做修改。参考代码 5-2 和代码 5-3 中添加的内容。更详细的介绍参考 5.2 节。

Count.action 定义了一个计数的 action，目标是将要计数的值，结果是全局计数值，反馈是当前的局部计数值。对应的 action 流程是，服务端会记录一个全局的计数值，初始化为 0；客户端会不定期或定期地发起计数目标，服务端接受目标后开始执行，并初始化一个局部计数值，默认为 0，服务端的回调函数每隔一个周期计数一次，更新局部计数值，并反馈一次局部计数值；当局部计数值与目标计数值相等时，本次 action 计数结束，更新全局计数值为原全局计数值与局部计数值之和，并将更新后的全局计数值作为结果返回给客户端。

代码 5-2　消息功能包的 CMake 改动

```
find_package(rosidl_default_generators REQUIRED)

rosidl_generate_interfaces(${PROJECT_NAME}"action/Count.action")
ament_export_dependencies(rosidl_default_runtime)
```

代码 5-3　消息功能包的 XML 改动

```
<buildtool_depend>rosidl_default_generators</buildtool_depend>
<depend>action_msgs</depend>
<exec_depend>rosidl_default_runtime</exec_depend>
<member_of_group>rosidl_interface_packages</member_of_group>
```

使用 rclpy 实现 action 客户端和服务端的方式与前面都不同。由于 action 并不是作为 rclpy 默认功能存在的，需要单独导入 rclpy_action 库，通过 rclpy_action 的 API 定义和初始化，并不是通过节点的 API 建立（在未来会将其并入节点的 API 中）。建立一个可以正常工作的 action 需要满足如下几项要求。

- 符合规则的 action 的名字，在上述示例中为 "sec_count"。action 的命名规则与 topic 相同。
- 符合规则的 action 的类型，在上述示例中为 "ch5_action_interfaces::action::Count"，是前面建立的功能包中的消息。
- 基于上述 action 建立的 action 服务端及其回调函数。其中回调函数有三个，分别如下。
  - handle_goal：目标处理回调函数，决定是否应接受或拒绝目标的回调。
  - handle_cancel：取消处理回调函数，决定是否应尝试取消目标的回调。此回调的返回仅指示服务器是否会尝试取消目标，但它并不表示目标是否实际被取消。
  - handel_accepted：目标执行回调函数，接受目标后，实际进行处理的回调。

此外，实例化服务端时还支持修改 QoS，QoS 如上述介绍，需要输入 5 个，用于对应不同的通信；以及支持修改 action 的回调分组（互斥或可重入），如果不输入回调组参数，则默认为节点的回调组。

基于上述 action 建立的 action 客户端，需要保证 QoS 兼容（并不一定一致）。

在 rclpy 中，对回调函数进行了简化，并提供了默认的目标处理函数和取消处理回调函数，仅需用户提供执行回调函数即可，如代码 5-4 所示。但在 rclcpp 的 API 中，当前版本还比较原始，并且有很多没有必要的参数需要用户提供，所以在很多项目中，如前文提到的 navigation2 和 moveit2 中，都对 action 的 API 进行了二次封装，使其更加简洁和易用。

代码 5-4　自发自收的 action 节点

```
import time

from ch5_action_interfaces.action import Count

import rclpy
import rclpy.action

from rclpy.node import Node

class ActionNodePy(Node):

    def __init__(self, name):
```

```
    super().__init__(name)
    self.global_count_ = 0
    self.server_ = rclpy.action.ActionServer(
        self, Count, 'sec_count', self.count_callback)
    self.client_ = rclpy.action.ActionClient(self, Count, 'sec_count')
    timer_period = 9
    self.timer = self.create_timer(timer_period, self.timer_callback)

def timer_callback(self):
    goal = Count.Goal()
    goal.goal_count = 3
    self.client_.send_goal_async(goal)
    self.get_logger().info('Send goal: ' + str(goal.goal_count))

def count_callback(self, goal_handle):
    result = Count.Result()
    feedback = Count.Feedback()
    goal = goal_handle.request.goal_count
    local_count = 0
    self.get_logger().info('Got goal: ' + str(goal))
    while (local_count < goal):
        time.sleep(1)
        feedback.local_count = local_count
        goal_handle.publish_feedback(feedback)
        self.get_logger().info('Publish feedback: ' + str(local_count))
        local_count += 1
    goal_handle.succeed()
    self.global_count_ += local_count
    result.global_count = self.global_count_
    self.get_logger().info('Return result: ' + str(self.global_count_))
    return result

def main(args=None):
    rclpy.init(args=args)
    node = ActionNodePy('self_action')
    executor = rclpy.executors.MultiThreadedExecutor()
    executor.add_node(node)
    executor.spin()
    rclpy.shutdown()
```

此外，还需要添加 ch5_action_interfaces 的依赖到 ch5_action_py 的 package.xml 中，以确保构建顺序，如代码 5-5 所示。

代码 5-5　ch5_action_py 的 XML 改动

```
<depend>ch5_action_interfaces</depend>
```

如果构建顺利，则执行结果应与代码 5-6 一致。每隔 9s 会发起一次目标请求，每次请求会计数 3s。

代码 5-6　测试自发自收的 action 节点

```
$ ros2 run ch5_action_py self_action_py
---
[INFO] [1646548806.216571139] [self_action]: Send goal: 3
[INFO] [1646548806.219846366] [self_action]: Got goal: 3
[INFO] [1646548807.222620912] [self_action]: Publish feedback: 0
[INFO] [1646548808.227355478] [self_action]: Publish feedback: 1
[INFO] [1646548809.230224401] [self_action]: Publish feedback: 2
[INFO] [1646548809.231469310] [self_action]: Return result: 3
[INFO] [1646548815.208433052] [self_action]: Send goal: 3
[INFO] [1646548815.211408673] [self_action]: Got goal: 3
[INFO] [1646548816.213848952] [self_action]: Publish feedback: 0
[INFO] [1646548817.216213142] [self_action]: Publish feedback: 1
[INFO] [1646548818.218865790] [self_action]: Publish feedback: 2
[INFO] [1646548818.220394974] [self_action]: Return result: 6
[INFO] [1646548824.208204946] [self_action]: Send goal: 3
[INFO] [1646548824.211395902] [self_action]: Got goal: 3
[INFO] [1646548825.213506179] [self_action]: Publish feedback: 0
[INFO] [1646548826.216569330] [self_action]: Publish feedback: 1
[INFO] [1646548827.219647488] [self_action]: Publish feedback: 2
[INFO] [1646548827.221134206] [self_action]: Return result: 9
---
```

在运行时打开另一个终端，可以查看到实现该 action 的 topic 和 service 的名字，当然这些默认是隐藏的，需要使用特别参数查看，如代码 5-7 所示。

代码 5-7　查看实现 action 的 topic 和 service

```
$ ros2 topic list --include-hidden-topics
---
/parameter_events
/rosout
/sec_count/_action/feedback
/sec_count/_action/status
---
$ ros2 service list --include-hidden-services
---
/sec_count/_action/cancel_goal
/sec_count/_action/get_result
/sec_count/_action/send_goal
/self_action/describe_parameters
/self_action/get_parameter_types
/self_action/get_parameters
/self_action/list_parameters
/self_action/set_parameters
/self_action/set_parameters_atomically
---
```

代码 5-4 中提供的示例使用的是异步的发送方法，即"send_goal_async"，action 还支持同步请求，如 "send_goal" 方法。但是并不建议读者在不熟悉同步特性时使用同步方法，因为使用不当会造成死锁。例如，将同步方法放入回调函数中，可能会导致整个节点的回调工作无法正常进行。无论是同步方法还是异步方法，都会返回一个句柄，该句柄和 service 的返回句柄相似，可以用于获取请求的运行状态，但 action 的句柄功能更加丰富，如获取 action 的接受状态、action 的执行状态、是否被取消、是否已经完成和 action 的最终结果等。

▶▶ 5.1.2 在客户端获取反馈、状态和结果

在了解本节主题前，可以先了解一下 ros2cli 中为 action 提供的调试工具 ros2action。该工具目前提供了 3 种指令。

- info：输出 action 的基本信息。
- list：列举当前网络环境的所有 action。
- send_goal：通过命令行指令向某 action 服务端发送目标请求。

当然，也可以通过 help 指令查看帮助信息，如代码 5-8 所示。

代码 5-8 ros2action 帮助信息

```
$ ros2 action -h
---
usage: ros2 action [-h] Call 'ros2 action <command> -h' for more detailed usage. …

Various action related sub-commands

optional arguments:
  -h, --help           show this help message and exit

Commands:
  info     Print information about an action
  list     Output a list of action names
  send_goal Send an action goal

  Call 'ros2 action <command> -h' for more detailed usage.
---
```

这里需要着重讲的是 send_goal 指令，使用 send_goal 可以快速调试一个设计好的 action 服务端。如调试代码 5-7 中的 action。在调试前，需要在源程序的基础之上约束回调组，以确保程序结果的一致性。修改参考代码 5-9，其中使用的是可重入的回调组。

代码 5-9 添加回调组

```
class ActionNodePy(Node):

    def __init__(self, name):
        super().__init__(name)
        self.global_count_ = 0
        self.callback_group = rclpy.callback_groups.ReentrantCallbackGroup()
```

```
        self.server_ = rclpy.action.ActionServer(self, Count, 'sec_count', self.count_callback,
                                        callback_group=self.callback_group,
                                        cancel_callback=self.cancel_callback)
```

运行程序，并打开另一个控制台终端，参考代码 5-10 输入指令，send_goal 指令默认只会输出结果消息，需要添加 "-f" 或 "--feedback" 参数才可以输出 action 的反馈消息。

代码 5-10   使用 send_goal 向 sec_count 发送目标

```
$ ros2 action send_goal /sec_count ch5_action_interfaces/action/Count "{goal_count: 5}"
---
Waiting for an action server to become available…
Sending goal:
    goal_count: 5

Goal accepted with ID: 822df65e223b413aadfe30ee5f6e46bd

Result:
    global_count: 5

Goal finished with status: SUCCEEDED
---
$ ros2 action send_goal /sec_count ch5_action_interfaces/action/Count "{goal_count: 5}" -f
---
Waiting for an action server to become available…
Sending goal:
    goal_count: 5

Goal accepted with ID: 1ec6367b585a4332a6aec7309c98c971

Feedback:
    local_count: 0

Feedback:
    local_count: 1

Feedback:
    local_count: 2

Feedback:
    local_count: 3

Feedback:
    local_count: 4

Result:
    global_count: 13

Goal finished with status: SUCCEEDED
---
```

当执行指令的过程中，在结束前使用〈Ctrl+C〉组合键取消，可以看到取消失败的结果，如代码 5-11 所示，这是因为没有编写取消处理回调函数。修复该问题的方法是添加取消处理回调函数，并在执行过程中加入取消检查，如代码 5-12 所示。

代码 5-11　中途取消 action 请求失败

```
$ ros2 action send_goal /sec_count ch5_action_interfaces/action/Count "{goal_count: 5}" --feed-
back
---
Waiting for an action server to become available…
Sending goal:
    goal_count: 5

Goal accepted with ID: 05561d1c9fb344628f7f6c7efb7838dd

Feedback:
    local_count: 0

^CCanceling goal…
Failed to cancel goal
---
```

代码 5-12　添加取消检查和取消处理回调函数的部分代码

```
class ActionNodePy(Node):

    def __init__(self, name):
        super().__init__(name)
        self.global_count_ = 0
        self.callback_group = rclpy.callback_groups.ReentrantCallbackGroup()
        self.server_ = rclpy.action.ActionServer(
            self, Count, 'sec_count', self.count_callback, callback_group=self.callback_
group,
            cancel_callback=self.cancel_callback)
        self.client_ = rclpy.action.ActionClient(self, Count, 'sec_count')
        timer_period = 9
        self.timer = self.create_timer(timer_period, self.timer_callback)

    def timer_callback(self):
        goal = Count.Goal()
        goal.goal_count = 3
        self.client_.send_goal_async(goal)
        self.get_logger().info('Send goal: ' + str(goal.goal_count))

    def cancel_callback(self, goal_handle):
        self.get_logger().info('Received cancel request')
        return rclpy.action.CancelResponse.ACCEPT

    def count_callback(self, goal_handle):
```

```
        result = Count.Result()
        feedback = Count.Feedback()
        goal = goal_handle.request.goal_count
        local_count = 0
        self.get_logger().info('Got goal:' + str(goal))
        while (local_count < goal):
            if goal_handle.is_cancel_requested:
                break
            feedback.local_count = local_count
            goal_handle.publish_feedback(feedback)
            self.get_logger().info(' Publish feedback:' + str(local_count))
            local_count += 1
            time.sleep(1)
        goal_handle.succeed()
        self.global_count_ += local_count
        result.global_count = self.global_count_
        self.get_logger().info('Return result:' + str(self.global_count_))
        return result
```

这里主要添加了取消处理回调函数 "cancel_callback" 和检查 "is_cancel_requested"，保存后重新构建，再通过命令行取消后的结果有所改善，如代码 5-13 所示。

代码 5-13　中途取消 action 请求成功

```
$ ros2 action send_goal /sec_count ch5_action_interfaces/action/Count "{goal_count: 5}" --feed-
back
---
Waiting for an action server to become available…
Sending goal:
    goal_count: 5

Goal accepted with ID: 4c34adfda04845be83ba823e1f284704

Feedback:
    local_count: 0

Feedback:
    local_count: 1

Feedback:
    local_count: 2

^CCanceling goal…
Goal canceled.
---
```

在 ros2action 中，取消请求时由用户通过〈Ctrl+C〉组合键发起，即发送 SIGINT 中断信号到 send_goal 正在运行的进程，而 send_goal 进程的退出逻辑是先取消请求再退出进程。除了取消，最主要的功能是获得最终结果和当前状态，在 rclpy 中，句柄的 "get_result_async" 方法可以用于获取最终结果，使用方式和 service 的获取流程相似，因为这本身就是通过 service 实现的。读者可以自行尝试。

▶▶ 5.1.3　action 的抢占和队列

action 的出现补全了 topic 和 service 所无法填补的空白，使得 ROS 2 的通信可以面向一些复杂且烦琐的操作，使用者不再需要二次封装或三次封装 topic 和 service 来定义特殊的通信模式，只需要对 action 进行消息定义即可完成大部分的复杂操作功能。但是使用 action 时，也会出现很多麻烦。例如，大部分 action 的实际执行体可能是唯一的（如一个机械臂或一个移动机器人的底盘），但是客户端可能是多个并同时发送目标请求，或者一个客户端同时发送多个目标请求，如图 5-2 所示。当一个实体无法完成多个 action 任务时，便需要设计优先级算法了。优先级算法可以根据发起请求的时间戳排序，也可以根据任务的权重程度排序，甚至可以按照当前任务执行的百分比和任务权重混叠排序。最后再按照排序结果决定是否进行任务抢占。

● 图 5-2　为 action 设计队列

在任务的执行上，并非只存在抢占的情况，如机械臂的取放件任务，任务发出者可能希望机械臂依次执行每一个取放指令，这时 action 的服务端便不适合设计为抢占模式了，而是应该设计一个合理的任务队列，令所有的任务能够按照顺序如预期依次执行。

5.2　接口的使用及其自定义

前面几节依次介绍了 topic、service 和 action，ROS 2 中为这三种通信方式提供了极大的定制化自由，即消息的完全定制化。在 ROS 2 中定义了一种简化的描述语言，即接口定义语言（IDL）来描述这些接口。此描述使 ROS 工具可以轻松地为多种目标语言的接口类型自动生成源代码。所谓 ROS 2 的 IDL，便是前文中提及的利用消息文件编写的接口定义。接口文件按照通信方式的分为三种。

- msg：文件扩展名为.msg。可以作为 topic 的消息格式，或描述 ROS 消息最简单的文件。
- srv：文件扩展名为.srv。是描述 service 通信的消息文件，内容由两部分组成，即请求和应答，并使用"---"作为分隔。每一部分与 msg 的声明格式相同。
- action：文件扩展名为.action。是描述 action 通信的消息文件，内容由三部分组成，即目标、结果和反馈，并使用"---"作为分隔。每一部分与 msg 的声明格式相同。

▶▶ 5.2.1 自定义接口

在 5.1.1 节中介绍 action 时，由于 ROS 2 中没有合适的内建 action，故新建了一个功能包用于自定义 action 消息。在 ROS 2 中，所有的自定义消息都需要独立于其调用的功能包，单独创建接口功能包。一个接口功能包可以同时包含 msg、service 和 action 多种类型的消息文件，并且可以继承其他接口功能包的 msg 文件（service 和 action 无法嵌套）。

一个接口包至少包括以下几种功能。

- package.xml：需要添加以下属性。
  - buildtool_depend：rosidl_default_generators。
  - exec_depend：rosidl_default_runtime。
  - member_of_group：rosidl_interface_packages。
  - depend：action_msgs（仅当接口功能包包含 action 接口定义时添加）。
- CMakeLists.txt：需要在其中引入"rosidl_default_generators"库，并使用 rosidl_generate_interfaces 对所有消息进行生成导出。此外，还可通过 ament 语句导出 rosidl 的运行库以减少其他项目中对依赖的重复配置。
- 消息目录：msg 目录包含 topic 消息接口文件，srv 目录包含 service 消息接口文件，action 目录包含 action 消息接口文件。当然，如果不按照这种方式存储消息接口文件也是允许的，构建程序不会报错，并且会按照正常流程生成文件，但会有些难以维护，所以建议按照标准编写。
- 消息文件：topic 的接口文件扩展名为.msg，service 的消息扩展名为.srv，action 的消息扩展名为.action。消息文件命名可以使用大小写字母和数字组合，但必须以大写字母开头，不允许有下画线，只允许驼峰法命名。

下面来看一个例子，首先通过 ros2pkg 创建基于 ament_cmake 构建的功能包"ch5_v_interfaces"，然后删除 include 和 src 文件夹，分别创建 msg、srv 和 action 文件夹，并按照下述提示分别创建文件，如代码 5-14~代码 5-17 所示。

代码 5-14 msg/SE3Velocity.msg

```
# SE3 velocity
#
float64 linear_x
float64 linear_y
float64 linear_z
#
float64 angular_x
float64 angular_y
float64 angular_z
```

代码 5-15 srv/GetVelocity.srv

```
---
SE3Velocity velocity
```

代码 5-16　srv/SetVelocityLimit.srv

```
SE3Velocity max_velocity
---
bool succeed
```

代码 5-17　action/SpeedUpTo.action

```
SE3Velocity goal_velocity
---
SE3Velocity final_velocity
---
SE3Velocity current_velocity
```

CMake 文件和 5.1.1 节相似，需要依次添加每个消息文件的相对路径用于生成 IDL 配套的文件，如代码 5-18 所示。

代码 5-18　CMakeLists.txt

```
cmake_minimum_required(VERSION 3.8)
project(ch5_v_interfaces)

find_package(ament_cmake REQUIRED)
find_package(rosidl_default_generators REQUIRED)

rosidl_generate_interfaces(${PROJECT_NAME}
  "msg/SE3Velocity.msg"
  "srv/GetVelocity.srv"
  "srv/SetVelocityLimit.srv"
  "action/SpeedUpTo.action")

ament_export_dependencies(rosidl_default_runtime)
ament_package()
```

XML 文件需要添加如代码 5-19 中的几项。

代码 5-19　package.xml

```
<buildtool_depend>rosidl_default_generators</buildtool_depend>
<depend>action_msgs</depend>
<exec_depend>rosidl_default_runtime</exec_depend>
<member_of_group>rosidl_interface_packages</member_of_group>
```

修改完毕，可以使用"symlink-install"构建，便于独立查看路径结构。由于路径结构过于占篇幅，所以不在此展示。在产物的安装目录包含了.h 和.hpp 的 ROS 2 接口标准头文件，以及 Python 的库，其中对接口进行了初始化和默认值的设定，并将接口做了类的封装和操作符的重载（如 operate＝等），以及对应头文件的动态库，包括 C、C++和 Python。此外，还在 share 文件夹保留消息的源文件和中间文件.idl。

▶▶ 5.2.2　使用自定义接口

ros2cli 中也为接口提供了调试工具，即 ros2interface。ros2interface 目前提供了 5 个功能指令，通过 help 指令可以获取一些帮助信息，以及指令的用途，如代码 5-20 所示。

代码 5-20　ros2interface 的帮助信息

```
$ ros2 interface -h
---
usage: ros2 interface [-h] Call 'ros2 interface <command> -h' for more detailed usage. …

Show information about ROS interfaces

optional arguments:
  -h, --help          show this help message and exit

Commands:
  list      List all interface types available
  package   Output a list of available interface types within one package
  packages  Output a list of packages that provide interfaces
  proto     Output an interface prototype
  show      Output the interface definition

  Call 'ros2 interface <command> -h' for more detailed usage.
---
```

在更新上一节功能包产物的环境变量后，可以使用如代码 5-21 所示的几条指令查看设计的几个消息接口定义。通过该方法可以直接访问和查看环境内的所有可用接口，如内建接口、通用接口和用户自定义接口等。

代码 5-21　尝试 ros2interface 的指令

```
$ ros2 interface package ch5_v_interfaces
---
ch5_v_interfaces/msg/SE3Velocity
ch5_v_interfaces/srv/SetVelocityLimit
ch5_v_interfaces/srv/GetVelocity
ch5_v_interfaces/action/SpeedUpTo
---
$ ros2 interface proto ch5_v_interfaces/msg/SE3Velocity
---
"linear_x: 0.0
linear_y: 0.0
linear_z: 0.0
angular_x: 0.0
angular_y: 0.0
angular_z: 0.0
"
```

```
---
$ ros2 interface show ch5_v_interfaces/srv/SetVelocityLimit
---
SE3Velocity max_velocity
      #
      float64 linear_x
      float64 linear_y
      float64 linear_z
      #
      float64 angular_x
      float64 angular_y
      float64 angular_z

---
bool succeed
---
```

代码 5-22 中给出了当前环境所有包含接口定义的功能包,其中包括了本节建立的"ch5_v_in-terfaces"和上一节建立的"ch5_action_interfaces"。

代码 5-22   查看当前环境中所有包含接口的功能包

```
$ ros2 interface packages
---
action_msgs
action_tutorials_interfaces
actionlib_msgs
builtin_interfaces
ch5_action_interfaces
ch5_v_interfaces
composition_interfaces
diagnostic_msgs
example_interfaces
geometry_msgs
  libstatistics_collector
  lifecycle_msgs
logging_demo
map_msgs
nav_msgs
pcl_msgs
pendulum_msgs
rcl_interfaces
rmw_dds_common
rosbag2_interfaces
rosgraph_msgs
sensor_msgs
shape_msgs
  statistics _msgs
std_msgs
```

```
std_srvs
stereo_msgs
tf2_msgs
trajectory_msgs
turtlesim
unique_identifier_msgs
visualization_msgs
---
```

前文有所提及，接口功能包的产物包括.h、.hpp 和 Python 的库文件，这是由于 ROS 2 中默认只支持了 C、C++和 Python，所以接口默认也只支持了这三种语言进行编程。而 C 语言在 ROS 2 中更适合面向单片机嵌入式平台编程，如使用 rclc。所以在 Linux 的平台，rclcpp 和 rclpy 才是首选，因为足够方便。

在 rclcpp 的项目中，一般是使用 ament_cmake 进行构建，所以接口的依赖导入需要通过 XML 文件和 CMake 文件双重导入，在 XML 中，需要添加接口的依赖，CMake 文件中需要添加查找库和链接依赖两条指令，如代码 5-23 和代码 5-24 所示，其中 ${linked_name} 是需要链接部分的名字，通常是静态库、动态库或可执行程序。

代码 5-23　package.xml 需要添加的依赖

```
<depend>ch5_v_interfaces</depend>
```

代码 5-24　CMakeLists.txt 中需要添加的依赖

```
find_package(ch5_v_interfaces REQUIRED)
ament_target_dependencies(${linked_name}
  ch5_action_interfaces
)
```

在需要使用接口的位置，如某.hpp 或某.cpp 文件中，使用#include 将头文件引入，路径需要包含"功能包名/接口类型/接口名.hpp"。注意这些头文件并不属于 C++或 C 的标准库头文件，所以需要使用半角双引号（" "）包括，而不可以使用尖括号（<>），否则自动化测试时会提示错误。

在 rclpy 的项目中，一般是使用 ament_python 进行构建，在构建的过程中并不涉及预处理和编译等操作，以及接口是在运行时动态导入的，所以在这些项目中使用接口项目只考虑 XML 文件的导入即可。导入方式与代码 5-23 一致。

在需要使用接口的位置，如某.py 文件中，使用 import 导入。如前文中代码 5-4 中所展示的那样。

接口对象被定义后即完成初始化，如整型的值会被默认设置为 0，字符串的值会默认为空等。当然，如果一些应用里对接口的初始化有其他需求，则需要特别设置。

▶▶ 5.2.3　消息编写的基本规范

1. Topic 的消息定义

在 topic 消息接口文件中，消息格式都按照如代码 5-25 的规范编写。

代码 5-25　接口定义规范

```
# Description Specifications
fieldtype1 fieldname1
fieldtype2 fieldname2
fieldtype3 fieldname3

# Examples
int32 my_int
string my_string
int 32[] unbounded_integer_array
int32[5] five_integers_array
int32[<=5] up_to_five_integers_array

string string_of_unbounded_size
string<=10 up_to_ten_characters_string

string[<=5] up_to_five_unbounded_strings
string<=10[] unbounded_array_of_string_up_to_ten_characters each
string<=10[<=5] up_to_five_strings_up_to_ten_characters_each
```

其中包含字段的类型（fieldtype）和名称（fieldname），类型可以是内置类型，即内置类型的数组，如表 5-1 所示；也可以是通过内置类型组合成的自定义消息描述，如前文使用的 GetParameters 和 Time 等，即消息是可以嵌套其他自定义消息的。

表 5-1　ROS 2 中支持的内置类型

类　　型	C++	Python	DDS 类型
bool	bool	builtins.bool	boolean
byte	uint8_t	builtins.bytes *	octet
char	char	builtins.str *	char
float32	float	builtins.float *	float
float64	double builtins.float *	double	
int8	int8_t	builtins.int *	octet
uint8	uint8_t	builtins.int *	octet
int16	int16_t	builtins.int *	short
uint16	uint16_t	builtins.int *	unsigned short
int32	int32_t	builtins.int *	long

（续）

类　型	C++	Python	DDS 类型
uint32	uint32_t	builtins.int *	unsigned long
int64	int64_t	builtins.int *	long long
uint64	uint64_t	builtins.int *	unsigned long long
string	std::string	builtins.str	string
wstring	std::u16string	builtins.str	wstring
static array	std::array<T, N>	builtins.list *	T[N]
unbounded dynamic array	std::vector	builtins.list	sequence
bounded dynamic array	custom_class<T, N>	builtins.list *	sequence<T, N>
bounded string	std::string	builtins.str *	string

字段名称可以包含小写字母、数字字符和下画线，下画线可用于分隔单词。并且必须以字母字符开头，不能以下画线结尾，并且不能有两个连续的下画线。

字段的默认值在不设置的情况，可以被 IDL 程序配置，如数字类的默认值为 0，字符串默认为空等。也可在消息定义文件中设置，如代码 5-26 中所示，可初始化的内容包括所有内置类型及除了字符串数组外的数组类型。自定义类型暂时不支持设定默认值，这是 ROS 2 的 IDL 配置文件的局限性。

代码 5-26　设定默认值

```
# Specification
fieldtype fieldname fielddefaultvalue
# Examples
uint8 x 42
int16 y -2000
string full _name "John Doe"
int 32[] samples [-200, -100, 0, 100, 200]
```

除了设定默认值，字段还支持常量值。设定常量值与默认值的区别在于常量值的字段不可被编程修改，并且必须大写，以及使用"="而非空格作为连接，如代码 5-27 所示。

代码 5-27　设定常量值

```
# Specification
constanttype CONSTANTNAME=constantvalue
# Examples
int32 X=123
int32 Y=-123
string FOO="foo"
string EXAMPLE='bar'
```

2. Service 的消息定义

Service 的消息接口文件由请求和应答消息类型组成，以"---"分隔。任何两个.msg 用"---"

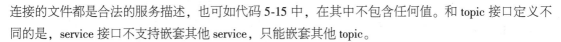

连接的文件都是合法的服务描述，也可如代码 5-15 中，在其中不包含任何值。和 topic 接口定义不同的是，service 接口不支持嵌套其他 service，只能嵌套其他 topic。

在代码 5-28 中，简单给出了一个简单的 service 消息接口定义。

代码 5-28　Service 接口示例

```
bool data # e.g. for hardware enabling / disabling
---
bool success    # indicate successful run of triggered service
string message  # informational, e.g. for error messages
```

Service 的接口定义也可以像代码 5-29 这样复杂，既包含常量值，还包含当前功能包和其他功能包的 topic 消息嵌套。需要注意的是，如果使用当前功能包的 topic 消息嵌套，则无需在消息前写功能包的名称。

代码 5-29　Service 接口示例

```
#request constants
int8 FOO=1
int8 BAR=2
#request fields
int8 foobar
another_pkg/AnotherMessage msg
---
#response constants
uint32 SECRET=123456
#response fields
another_pkg/YetAnotherMessage val
CustomMessageDefinedInThisPackage value
uint32 an_integer
```

3. Action 的消息定义

Action 和 service 的消息接口定义相似，只不过在 service 的请求和应答基础之上增加了第三个字段区间，即反馈。即使用 "---" 分隔，包含请求、结果和反馈三个消息类型。如代码 5-30 所示，其中提供的内容是来自 ROS 2 的测试接口功能包 test_msgs 的 "NestedMessage.action"。

代码 5-30　Action 接口示例

```
# goal definition
Builtins nested_field_no_pkg
test_msgs/BasicTypes nested_field
builtin_interfaces/Time nested_different_pkg
---
# result definition
Builtins nested_field_no_pkg
test_msgs/BasicTypes nested_field
builtin_interfaces/Time nested_different_pkg
```

```
---
# feedback
Builtins nested_field_no_pkg
test_msgs/BasicTypes nested_field
builtin_interfaces/Time nested_different_pkg
```

▶▶ 5.2.4 接口的使用技巧

在 ROS 2 的构建体系中存在着几类不同用途的接口功能包，在代码 5-22 中已悉数列出。其中包含了内建接口、通用接口和示例接口。

内建接口用于 ROS 2 的关键通信，如前文提及的 action 的实现和生命周期节点的实现，都使用了 topic 和 service 的接口定义，为了令使用者更加方便地调用，所以接口被"内建"在动态库中。所谓"内建"，也并不是静态链接在 rclcpp 的项目动态库中，而是通过 ament 的依赖工具导出其依赖关系，动态链接 rclcpp 的项目会动态链接 rclcpp 动态链接的项目。

通用接口用于机器人通用功能的通信。其中大部分都维护在 ros2/common_interfaces 项目中，其中包括了以下软件包。

- diagnostic_msgs：该软件包为 ROS 节点诊断提供了多种消息和服务。
- geometry_msgs：该包为常见的几何图元（如点、向量和位姿）提供消息，包括向量、速度矢量、四元数、位姿和加速度等。
- nav_msgs：该软件包为机器人导航提供了多种消息和服务，如里程计数器、规划的路径、地图和获取地图等。
- sensor_msgs：该软件包提供了丰富的传感器设备相关的消息和服务，如图像、惯性测量单元、气压计、罗盘、手柄、激光雷达、点云、距离传感器、光感传感器、温度和电池数据等。
- shape_msgs：该软件包提供了几个用于描述三维形状的消息和服务，如三角形网格和平面图等。
- std_msgs：该软件包提供了许多基本的消息类型，如头文件、时间戳和时间段等消息。
- std_srvs：该软件包提供了几个简单服务，如设置布尔值、空请求、空回复和切换服务等。
- stereo_msgs：该软件包提供了时差图像的消息接口。
- trajectory_msgs：该软件包提供了几个用于定义机器人关节轨迹的消息。
- visualization_msgs：该软件包提供了用于在 ROS 图形界面程序中可视化 3D 信息的消息，特别是 RViz。

5.3 基于 topic 实现的坐标系统

坐标变换（Coordinate Transforms）是机器人学中的一个基础概念。需要在运行态高频次地使用坐标变换是机器人与其他嵌入式设备或嵌入式机器的最大区别之一，所谓坐标变换，指的是在同一参考系或多个参考系下，任意两个或多个坐标之间的位姿变换。坐标变换可以是动态的，如移动机器人从地图中的 *A* 点移动到 *B* 点，或是一台机械臂的末端从 *P* 点移动到 *M* 点；坐标变换也可以是静态的，如惯性测量单元相对于机身参考系的坐标关系，或是从地球参考系到天球参考系的变换（如火箭从地球发射后，卫星的位置从地球参考系中的位姿变换到天球参考系中的位姿）。所谓静态和动态，并不是绝对的，而是相对的。相对的静态表示其坐标变换不变化或不经常变化，所以为了降低消息对带宽和资源的占用，仅在坐标发生变化时才发布更新。相对的动态表示，其坐标变换会经常变化，所以为了及时更新这些坐标状态，必须定期对其坐标进行更新。

在 ROS 2 中，坐标变换的功能是通过 ros2/geometry2 项目的功能包集合实现的，该项目继承自 ROS 中的同名项目，其中包含若干个功能包，用于实现参考系的基础功能（坐标关系广播与监听、坐标变换和坐标添加与删除等）、与 ROS 系统的耦合（tf2_ros 和 tf2_ros_py）和不同描述坐标关系格式的支持（KDL、Bullet 和 Eigen 等）。通常，将 geometry2 提供的一系列坐标变换的功能统称为 tf2，tf 是 transform 的缩写，2 代表第二代，在 ROS 中曾存在过 tf，并且有论文⊖做过介绍。tf2 系统通过 ROS 2 的分布式通信架构提供了一套完整的可以表达机器人任何部分和整体在各种参考系中随时间变化的坐标关系的框架。它可以为环境中的动态机器人提供地图参考系中的位姿变化；也可为不同参考系但具备坐标关系的两个实体提供变换计算；还可以通过历史记录查询过去的坐标关系。

tf2 的核心设计目标是让开发人员和用户不必担心数据存储在哪个参考系中，只要保证网络环境一致，就可以访问参考系数据，即可广播和监听。tf2 包括以下特点。

- 分布式体系：所有坐标关系都在监听端进行广播和重组。在同一个网络环境中，可以有多个 tf2 的数据源（多个 topic 的发布器/节点）。
- 使用时只在参考系之间变换数据。
- 支持对在当前时间以外的时间加盖时间戳的数据进行查询，这样可以优雅地处理数据处理的滞后。
- 只需知道参考系的名称 frame_id，即可处理数据，易于用户和开发者使用。
- 系统无需事先了解配置，可即时处理重新配置：tf2 使用有向树结构。在评估新的变换时，它允许快速遍历（*n* 阶，其中 *n* 是树的深度）。
- 线程安全接口：围绕每帧数据存储的互斥锁。frame_id 查找映射周围的互斥锁。每个都单独锁定和解锁，两者都不能阻止另一个。
- 多机器人支持：通过为每个机器人使用命名空间，可同时在一个网络中部署多个机器人的参考系统。

一般表示坐标变换有多种方法，在不同的坐标系统（如笛卡尔坐标系统、极坐标系统和球坐标系统等）中，有着不同的表达方式。如在笛卡尔坐标系中，可以使用 *x*、*y*、*z* 坐标和四元数的方式

⊖ 参见 Foote Tully 在 2013 IEEE Conference on Technologies for Practical Robot Applications（TePRA）会议上发表的论文 "tf: The transform library"。

来表达一个坐标变换。在 ROS 中，统一使用的是笛卡尔坐标系中的表示方式，即通用的参考系和坐标变换都是使用了 geometry_msgs 中的 Transform 消息作为接口，其中包含了三维向量 Vector3 消息和四元数 Quaternion 消息，如代码 5-31～代码 5-33 所示。

代码 5-31　Transform.msg

```
# This represents the transform between two coordinate frames in free space.

Vector3 translation
Quaternion rotation
```

代码 5-32　Vector3.msg

```
# This represents a vector in free space.

# This is semantically different than a point.
# A vector is always anchored at the origin.
# When a transform is applied to a vector, only the rotational component is applied.

float64 x
float64 y
float64 z
```

代码 5-33　Quaternion.msg

```
# This represents an orientation in free space in quaternion form.

float64 x 0
float64 y 0
float64 z 0
float64 w 1
```

　　但在实际使用中，还会添加标准的文件头（Header），ROS 中的文件头包含时间戳和参考系 ID，如代码 5-34 所示。它被定义在 ros2/common_interfaces 项目中的 std_msgs 功能包中。stamp 代表时间戳，其中包含秒（second）和纳秒（nanosecond），在前文中的例子中已经有过介绍。frame_id 代表参考系 ID，是字符串类型的变量，在 ROS 和 ROS 2 中，通过 REP 提前约定了一些通用的移动机器人（REP 105）和人型机器人（REP 120）的参考系和参考系关系，并在 REP 103 中约定了基本的量纲和坐标惯例，以确保不同 ROS 功能包中的坐标约定是一致的。

代码 5-34　Header.msg

```
# Standard metadata for higher-level stamped data types.
# This is generally used to communicate timestamped data
# in a particular coordinate frame.

# Two-integer timestamp that is expressed as seconds and nanoseconds.
builtin_interfaces/Time stamp
```

```
# Transform frame with which this data is associated.
string frame_id
```

通过组合 Header 和 Transform 可以得出 TransformStamped 这个消息，如代码 5-35 所示。在 ROS 和 ROS 2 的体系中，带有扩展名的 Stamped 的消息定义都是在原有消息的基础之上，添加时间戳和参考系 ID 的消息定义，如 AccelStamped、PoseStamped、QuaternionStamped 和 TwistStamped 等。

代码 5-35　TransformStamped.msg

```
# This expresses a transform from coordinate frame header.frame_id
# to the coordinate frame child_frame_id at the time of header.stamp
#
# This message is mostly used by the
# <a href="https://index.ros.org/p/tf2/">tf2</a> package.
# See its documentation for more information.
#
# The child_frame_id is necessary in addition to the frame_id
# in the Header to communicate the full reference for the transform
# in a self contained message.

# The frame id in the header is used as the reference frame of this transform.
std_msgs/Header header

# The frame id of the child frame to which this transform points.
string child_frame_id

# Translation and rotation in 3-dimensions of child_frame_id from header.frame_id.
Transform transform
```

本节的所有例程将使用名称为"ch5_tf2_cpp"的功能包实现。

▶▶ 5.3.1　广播静态坐标变换

在 ROS 2 中，静态变换指的是不变化或不经常变化的坐标变换。这意味着这一变换在系统中是相对恒定的，也是相对唯一的，所以无论什么时候获取这一变换的数值，其取值都会是最近的一个，而不会取到任何过去的值（即 topic 的历史队列深度为 1）。在 ROS 2 中，静态变换的广播类由 tf2_ros 功能包提供，其类名为"StaticTransformBroadcaster"。实际上该类是一个节点，并包含一个 topic 的发布器。发布器可以通过两种方式广播坐标关系，分别是单一的坐标广播和一个 vector 类型的坐标容器广播。在静态变换类中维护了一个名为"net_message_"的容器，该容器会维护该类生命周期内的所有广播过的静态变换。

如代码 5-36 所示，其节点和发布器的 QoS 是一个自定义的类型 StaticBroadcasterQoS，发布器的 topic 名为"/tf_static"，不支持直接输入命名空间（但可以使用 remap 对其重映射），因为 tf2 的整个体系默认支持多机器人。StaticBroadcasterQoS 的字义如代码 5-37 所示。

代码 5-36　**tf2_ros/static_transform_broadcaster.h** 中的类定义

```
/**  \brief This class provides an easy way to publish coordinate frame transform information.
 *  It will handle all the messaging and stuff i n of messages.And the function prototypes lay out
all the
 * necessary data needed for each message.* /
class StaticTransformBroadcaster
{
public:
  /**  \brief Node interface constructor * /
  template<class NodeT, class AllocatorT = std::allocator<void>>
  StaticTransformBroadcaster(
    NodeT && node,
    const rclcpp::QoS & qos = StaticBroadcasterQoS(),
    const rclcpp::PublisherOptionsWithAllocator<AllocatorT> & options = [](){
      rclcpp::PublisherOptionsWithAllocator<AllocatorT> options;
      options.qos_overriding_options = rclcpp::QosOverridingOptions{
        rclcpp::QosPolicyKind::Depth,
        rclcpp::QosPolicyKind::History,
        rclcpp::QosPolicyKind::Reliability};
      return options;
    } ())
  {
    publisher_ = rclcpp::create_publisher<tf2_msgs::msg::TFMessage>(
      node, "/tf_static", qos, options);
  }

  /**  \brief Send a TransformStamped message
   * The stamped data structure includes frame_id, and time, and parent_id already.* /
  TF2_ROS_PUBLIC
  void sendTransform(const geometry_msgs::msg::TransformStamped & transform);

  /**  \brief Send a vector of TransformStamped messages
   *  The stamped data structure includes frame_id, and time, and parent_id already.* /
  TF2_ROS_PUBLIC
  void sendTransform(const std::vector<geometry_msgs::msg::TransformStamped> & transforms);

private:
  /// Internal reference to ros::Node
  rclcpp::Publisher<tf2_msgs::msg::TFMessage>::SharedPtr publisher_;
  tf2_msgs::msg::TFMessage net_message_;
};
```

代码 5-37　**StaticBroadcasterQoS** 的定义

```
class TF2_ROS_PUBLIC StaticBroadcasterQoS : public rclcpp::QoS
{
public:
  explicit StaticBroadcasterQoS(size_t depth = 1)
```

```
: rclcpp::QoS(depth)
{
  transient_local();
}
};
```

使用静态变换的方式十分简单，首先需要实例化一个该类型的指针或变量，再使用其接口发布对应类型的变换数据即可。代码 5-38 展示了一个硬编码的坐标变换，其中沿着 x 移动了 1 个单位，沿着 y 移动了 2 个单位，沿着 z 移动了 3 个单位，绕着 Roll 轴旋转了 90°，绕着 Pitch 和 Yaw 旋转了 0°。

代码 5-38　使用静态变换

```
#include <memory>
#include <string>

#include "geometry_msgs/msg/transform_stamped.hpp"
#include "rclcpp/rclcpp.hpp"
#include "tf2/LinearMath/Quaternion.h"
#include "tf2_ros/static_transform_broadcaster.h"

class StaticTransform : public rclcpp::Node
{
public:
  explicit StaticTransform(const std::string & node_name)
  : Node(node_name)
  {
    tf_publisher_ = std::make_shared<tf2_ros::StaticTransformBroadcaster>(this);
    this->set_transform(
    "world", "map",    // frame ids
    1, 2, 3,    // translation
    90, 0, 0);    // rotation
  }

private:
  void set_transform(
    const std::string & source_frame,
    const std::string & target_frame,
    const double & trans_x,
    const double & trans_y,
    const double & trans_z,
    const double & rot_roll,
    const double & rot_pitch,
    const double & rot_yaw)
  {
    rclcpp::Time now = this->get_clock()->now();
    geometry_msgs::msg::TransformStamped trans;
    tf2::Quaternion quat;
```

```
    trans.header.stamp = now;
    trans.header.frame_id = source_frame;
    trans.child_frame_id = target_frame;
    trans.transform.translation.x = trans_x;
    trans.transform.translation.y = trans_y;
    trans.transform.translation.z = trans_z;
    quat.setRPY(rot_roll, rot_pitch, rot_yaw);
    trans.transform.rotation.x = quat.x();
    trans.transform.rotation.y = quat.y();
    trans.transform.rotation.z = quat.z();
    trans.transform.rotation.w = quat.w();

    tf_publisher_->sendTransform(trans);
  }
  std::shared_ptr<tf2_ros::StaticTransformBroadcaster> tf_publisher_;
};
```

构建前需要在 XML 文件和 CMake 文件中添加一些依赖，确保构建的顺利进行。在 CMake 中，还需要添加链接依赖，由于前面已经介绍很多，此处不再赘述，如代码 5-39 和代码 5-40 所示。

代码 5-39 ch5_tf2_cpp 的 XML 依赖

```
<depend>geometry_msgs</depend>
<depend>rclcpp</depend>
<depend>tf2</depend>
<depend>tf2_ros</depend>
```

代码 5-40 ch5_tf2_cpp 的 CMake 依赖

```
find_package(geometry_msgs REQUIRED)
find_package(rclcpp REQUIRED)
find_package(tf2 REQUIRED)
find_package(tf2_ros REQUIRED)
```

因为静态变换节点的 QoS 包括了 transient_local 和 Reliability，所以在其节点运行中的任意时刻，通过 ros2topic 都可以获取到其发布的 topic，这也是调试 tf2 的静态变换和动态变换的办法之一，如代码 5-41 所示。

代码 5-41 查看静态变换的值

```
$ ros2 topic echo --qos-reliability reliable --qos-durability transient_local /tf_static
---
transforms:
- header:
    stamp:
      sec: 1647446053
      nanosec: 65944647
    frame_id: world
```

```
child_frame_id: map
transform:
  translation:
    x: 1.0
    y: 2.0
    z: 3.0
  rotation:
    x: 0.8509035245341184
    y: 0.0
    z: 0.0
    w: 0.5253219888177297
---
```

除了使用 ros2topic，使用 tf2_tools 的 view_frames 也是一个方法，该工具会帮助生成一个"frames.gv"和"frames.pdf"文件，用于捕获当前环境中的所有参考系之间的坐标关系，如图 5-3 所示。该工具默认是捕获 5s 内的 tf2 消息，捕获时间可通过参数进行修改。tf2_tools 是 geometry2 项目下的一个工具功能包。

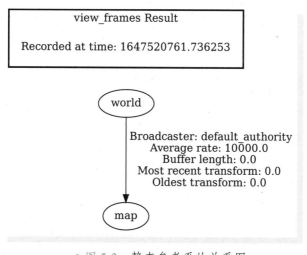

● 图 5-3　静态参考系的关系图

▶▶ 5.3.2　广播动态坐标变换

在 ROS 2 中，动态变换指的是经常变化的坐标变换，即这一变化是相对动态并且是高动态的，和静态变换相比，它会定期地进行数据更新和广播，为了保持数据最新，动态变换 topic 的 QoS 不支持局部瞬态。在 ROS 2 中，动态变化的广播类也是由 tf2_ros 功能包提供，如代码 5-42 所示，其类名为"TransformBroadcaster"，也是基于节点设计的，和静态变换广播类不同，所有的动态变换都会发布到名为"/tf"的 topic 上。如代码 5-43 所示，该 topic 的 QoS 为"DynamicBroadcasterQoS"，并且初始化时也不支持命名空间参数。

代码 5-42   tf2_ros/transform_broadcaster.h 中的类定义

```
/**  \brief This class provides an easy way to publish coordinate frame transform information.
  *  It will handle all the messaging and stuff i n of messages.And the function prototypes lay out all the
  *  necessary data needed for each message.* /
class TransformBroadcaster
{
public:
  /**  \brief Node interface constructor * /
  template<class NodeT, class AllocatorT = std::allocator<void>>
  TransformBroadcaster(
    NodeT && node,
    const rclcpp::QoS & qos = DynamicBroadcasterQoS(),
    const rclcpp::PublisherOptionsWithAllocator<AllocatorT> & options = [](){
      rclcpp::PublisherOptionsWithAllocator<AllocatorT> options;
      options.qos_overriding_options = rclcpp::QosOverridingOptions{
        rclcpp::QosPolicyKind::Depth,
        rclcpp::QosPolicyKind::Durability,
        rclcpp::QosPolicyKind::History,
        rclcpp::QosPolicyKind::Reliability};
      return options;
    } ())
  {
    publisher_ = rclcpp::create_publisher<tf2_msgs::msg::TFMessage>(
      node, "/tf", qos, options);
  }

  /**  \brief Send a TransformStamped message
    *
    * The transformTadded is from 'child_frame_id', 'a' to 'header.frame_id',
    * 'h'.That is, position in 'child_frame_id' p can be transformed to
    * position in 'header.frame_id' p such thatp =Tp.
    *
    * /
  TF2_ROS_PUBLIC
  void sendTransform(const geometry_msgs::msg::TransformStamped & transform);

    /**  \brief Send a vector of TransformStamped messages
      *
      * The transformsTadded are from 'child_frame_id', 'a' to 'header.frame_id',
      * 'h'.That is, position in 'child_frame_id' p can be transformed to
      * position in 'header.frame_id' p such thatp =Tp.
      * /
    TF2_ROS_PUBLIC
    void sendTransform (const std::vector <geometry_msgs::msg::TransformStamped > & trans-
forms);
private:
  rclcpp::Publisher<tf2_msgs::msg::TFMessage>::SharedPtr publisher_;
};
```

代码 5-43　TransformBroadcasterQoS 的定义

```
class TF2_ROS_PUBLIC DynamicBroadcasterQoS: public rclcpp::QoS
{
public:
  explicit DynamicBroadcasterQoS(size_t depth = 100)
  : rclcpp::QoS(depth){}
};
```

　　使用动态变换广播的方式和静态相似，如代码 5-44 所示。不同的是，在建立动态变换广播器之后，需要不断广播消息才能维持变换的持续性。这是因为动态变换的性质是易变的，每一次的变换有效期默认不会很长久，所以需要持续广播维持新鲜度。该例程使用了一个周期为 30ms 的定时器，并在其回调中进行坐标变换的广播。每一次回调会沿着 x 轴，也就是向前移动 0.01 个单位。

代码 5-44　使用动态变换

```
#include <chrono>
#include <memory>
#include <string>

#include "geometry_msgs/msg/pose_stamped.hpp"
#include "geometry_msgs/msg/transform_stamped.hpp"
#include "rclcpp/rclcpp.hpp"
#include "tf2/LinearMath/Quaternion.h"
#include "tf2_ros/buffer.h"
#include "tf2_ros/transform_broadcaster.h"
#include "tf2_ros/transform_listener.h"

class DynamicTransform : public rclcpp::Node
{
public:
  explicit DynamicTransform(const std::string & node_name)
  : Node(node_name)
  {
    using namespace std::chrono_literals;
    delta_ = 0.0;
    tf_publisher_ = std::make_shared<tf2_ros::TransformBroadcaster>(this);
    tf_timer_ =
      this->create_wall_timer(30ms, std::bind(&DynamicTransform::update_transform, this));
  }

private:
  void update_transform()
  {
    rclcpp::Time now = this->get_clock()->now();
    geometry_msgs::msg::TransformStamped trans;
    tf2::Quaternion quat;

    trans.header.stamp = now;
    trans.header.frame_id = "map";
    trans.child_frame_id = "robot";
```

```
      trans.transform.translation.x = delta_;
      trans.transform.translation.y = 0;
      trans.transform.translation.z = 0;
      quat.setRPY(0, 0, 0);
      trans.transform.rotation.x = quat.x();
      trans.transform.rotation.y = quat.y();
      trans.transform.rotation.z = quat.z();
      trans.transform.rotation.w = quat.w();
      tf_publisher_->sendTransform(trans);
      delta_ += 0.01;
  }
  std::shared_ptr<tf2_ros::TransformBroadcaster> tf_publisher_;
  rclcpp::TimerBase::SharedPtr tf_timer_;
  double delta_;
};
```

运行后，通过另一个窗口的 ros2topic，可以观察到持续输出的坐标变换情况，如代码 5-45 所示。

代码 5-45　查看动态变换的值

```
$ ros2 topic echo --qos-reliability reliable /tf
---
transforms:
- header:
    stamp:
      sec: 1647523261
      nanosec: 328185826
    frame_id: map
  child_frame_id: robot
  transform:
    translation:
      x: 5.909999999999918
      y: 0.0
      z: 0.0
    rotation:
      x: 0.0
      y: 0.0
      z: 0.0
      w: 1.0
---
transforms:
- header:
    stamp:
      sec: 1647523261
      nanosec: 358108579
    frame_id: map
  child_frame_id: robot
  transform:
    translation:
```

```
    x: 5.919999999999918
    y: 0.0
    z: 0.0
rotation:
    x: 0.0
    y: 0.0
    z: 0.0
    w: 1.0
---
```

如果同时运行上一节的静态变换程序，则可以通过 view_frames 工具获得图 5-4 中的结果。

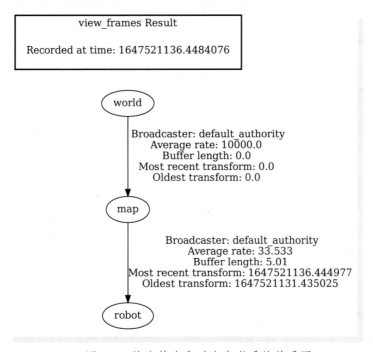

● 图 5-4　综合静态和动态参考系的关系图

除了使用上述方法，在 ROS 2 的 tf2_ros 功能包中，还提供了几个好用的调试 tf2 的工具，如下。

● tf2_echo：在控制台按照格式输出特定参考系间的变换内容，需要输入起始参考系和目标参考系，以及输出频率。

● tf2_monitor：顾名思义，是监控 tf2 的工具，它可以帮助用户统计出当前环境中所有参考系的工作状况，如广播频率、延迟和是否有权限等。

● buffer_server：tf2 的缓存服务器，该进程在启动后会收集当前环境的所有坐标变换并缓存，并支持通过名为"LookupTransformAction"的 action 进行坐标变换的查找。

● static_transform_publisher：通过命令行参数输入坐标参数，并将其发布为一个静态坐标变换关系。该功能和上一节的例程相似。

tf2 的便捷之处在于，用户只需点对点地将相邻的刚体配置好坐标关系，即可通过其内置的方

法 "lookupTransform" 快速找到坐标关系网络中任意两者的变换关系。例如，在图 5-4 中展示的一个简单的坐标关系中，已经约定了 "world" 和 "map" 之间，及 "map" 和 "robot" 之间的坐标关系，但由于 "map" 是二者共有的参考系，所以通过 tf2_echo，可以输出 "world" 和 "robot" 的坐标关系。代码 5-46 展示了从 world 到 robot 和从 robot 到 world 的变换结果。tf2_echo 的帮助信息在最下方。tf2_echo 是通过 tf2 提供的监听器实现的。

代码 5-46 查看 world 和 robot 的实时坐标关系

```
$ ros2 run tf2_ros tf2_echo world robot 1
---
At time 1647524835.8053690
- Translation: [531.470, 2.000, 3.000]
- Rotation: in Quaternion [0.851, 0.000, 0.000, 0.525]
At time 1647524836.28044910
- Translation: [531.810, 2.000, 3.000]
- Rotation: in Quaternion [0.851, 0.000, 0.000, 0.525]
At time 1647524837.18126949
- Translation: [532.140, 2.000, 3.000]
- Rotation: in Quaternion [0.851, 0.000, 0.000, 0.525]
---
$ ros2 run tf2_ros tf2_echo robot world 1
---
At time 1647524942.648170458
- Translation: [-567.350, -1.786, 3.132]
- Rotation: in Quaternion [-0.851, 0.000, 0.000, 0.525]
At time 1647524943.668291947
- Translation: [-567.690, -1.786, 3.132]
- Rotation: in Quaternion [-0.851, 0.000, 0.000, 0.525]
At time 1647524944.658120605
- Translation: [-568.020, -1.786, 3.132]
- Rotation: in Quaternion [-0.851, 0.000, 0.000, 0.525]
---
$ ros2 run tf2_ros tf2_echo
---
Usage: tf2_echo source_frame target_frame [echo_rate]

This will echo the transform from the coordinate frame of the source_frame
to the coordinate frame of the target_frame.
Note: This is the transform to get data from target_frame into the source_frame.
Default echo rate is 1 if echo_rate is not given.
---
```

▶▶ 5.3.3 监听坐标变换

tf2 提供的另一个功能是监听前面两小节介绍的坐标变换广播。由于所有的坐标变换都是基于 topic 发布实现的，那么理所当然，tf 的监听是基于 topic 订阅实现的。每一个 tf2 监听器都会订阅 "/tf" 和 "/tf_static" 两个 topic，并将更新的消息存入 tf2 的缓存器（Buffer）中。监听器的类名为

"TransformListener"，坐标的订阅回调函数如代码 5-47 所示（请注意，这里有两处标记为 ToDo，是因为当前版本的代码还有很多未完善之处，这意味着这里的代码在未来很可能会发生较大的变化）。

代码 5-47　TransformListener 的订阅回调函数

```
void TransformListener::subscription_callback(
  const tf2_msgs::msg::TFMessage::ConstSharedPtr msg,
  bool is_static)
  {
    const tf2_msgs::msg::TFMessage & msg_in = *msg;
// TODO(tfoote) find a way to get the authority
std::string authority = "Authority undetectable";
for (size_t i = 0u; i < msg_in.transforms.size(); i++){
  try {
    buffer_.setTransform(msg_in.transforms[i], authority, is_static);
  } catch (const tf2::TransformException & ex){
    // /\todo Use error reporting
    std::string temp = ex.what();
    RCLCPP_ERROR(
      node_logging_interface_->get_logger(),
      "Failure to set received transform from %s to %s with error: %s \n",
      msg_in.transforms[i].child_frame_id.c_str(),
      msg_in.transforms[i].header.frame_id.c_str(), temp.c_str());
  }
 }
}
```

代码 5-47 中的 "buffer_" 变量便是前文提到的 tf2 的缓存器的实例对象。在初始化 tf2 的监听器时，需要同时给出缓存器的实例化对象。代码 5-48 和代码 5-49 给出了订阅器及其回调相关的定义信息。如代码 5-50 所示，可以实现一个简易的坐标关系监听器，并且支持通过参数实时修改坐标关系的时间差。当时间范围内没有可以找到的坐标变换时，程序会抛出异常。读者可以通过 ros2param 对参数 "tolerance_time" 进行修改，以查看效果并思考这一设计的目的。

代码 5-48　TransformListener 中订阅/tf 和/tf_static

```
message_subscription_tf_ = rclcpp::create_subscription<tf2_msgs::msg::TFMessage>(
  node, "/tf", qos, std::move(cb), tf_options);
message_subscription_tf_static_ = rclcpp::create_subscription<tf2_msgs::msg::TFMessage>(
  node, "/tf_static", static_qos, std::move(static_cb), tf_static_options);
```

代码 5-49　cb 的定义

```
using callback_t = std::function<void (tf2_msgs::msg::TFMessage::ConstSharedPtr)>;
callback_t cb = std::bind(
  &TransformListener::subscription_callback, this, std::placeholders::_1, false );
callback_t static_cb = std::bind(
  &TransformListener::subscription_callback, this, std::placeholders::_1, true);
```

代码 5-50　简易的坐标关系监听器

```
#include <chrono>
#include <memory>
#include <string>
#include <vector>

#include "geometry_msgs/msg/transform_stamped.hpp"
#include "rclcpp/rclcpp.hpp"
#include "tf2_ros/buffer.h"
#include "tf2_ros/transform_listener.h"

class TransformListener : public rclcpp::Node
{
public:
  explicit TransformListener(const std::string & node_name)
  : Node(node_name)
  {
    using namespace std::chrono_literals;
    tf_buffer_ = std::make_unique<tf2_ros::Buffer>(this->get_clock());
    tf_listener_ = std::make_shared<tf2_ros::TransformListener>(* tf_buffer_);
    tf_timer_ = this->create_wall_timer(500ms, std::bind(&TransformListener::get_tf, this));
    this->declare_parameter("tolerance_time", 500);
    tolerance_time_ = this->get_parameter("tolerance_time").as_int();
    para_handle_ = this->add_on_set_parameters_callback(
      std::bind(&TransformListener::param_cb, this, std::placeholders::_1));
  }

private:
  rcl_interfaces::msg::SetParametersResult param_cb(
    const std::vector<rclcpp::Parameter> & parameters)
  {
    auto result = rcl_interfaces::msg::SetParametersResult();
    result.successful = true;
    for (const auto & parameter : parameters){
      if (parameter.get_name() == "tolerance_time"){
        tolerance_time_ = parameter.as_int();
      }
    }
    return result;
  }
  void get_tf()
  {
    geometry_msgs::msg::TransformStamped tf_local_;
    try {
      tf_local_ = tf_buffer_->lookupTransform(
        "world", "robot",
        this->get_clock()->now(),
        rclcpp::Duration(std::chrono::milliseconds(tolerance_time_)));
```

```
      RCLCPP_INFO_STREAM(
        this->get_logger(),
        "Got transform from " << tf_local_.child_frame_id <<
          " to " << tf_local_.header.frame_id <<
          " at " << std::to_string(tf_local_.header.stamp.sec)<< " | " <<
          " x: " << std::to_string(tf_local_.transform.translation.x)<<
          " y: " << std::to_string(tf_local_.transform.translation.y)<<
          " z: " << std::to_string(tf_local_.transform.translation.z)<<
          " qx: " << std::to_string(tf_local_.transform.rotation.x)<<
          " qy: " << std::to_string(tf_local_.transform.rotation.y)<<
          " qz: " << std::to_string(tf_local_.transform.rotation.z)<<
          " qw: " << std::to_string(tf_local_.transform.rotation.w));
    } catch ( tf 2::TransformException & ex){
      RCLCPP_ERROR(this->get_logger(), "Could not transform: %s", ex.what());
      return;
    }
  }
  int32_t tolerance_time_;
  std::shared_ptr<tf2_ros::TransformListener> tf_listener_;
  std::unique_ptr<tf2_ros::Buffer> tf_buffer_;
  rclcpp::TimerBase::SharedPtr tf_timer_;
  rclcpp::node_interfaces::OnSetParametersCallbackHandle::SharedPtr para_handle_;
};
```

监听器建立之后，所有有关坐标的操作都可以通过 Buffer 的实例化对象完成，即上述代码中的 tf_buffer_。通过 tf_buffer_的 "lookupTransform" 方法可以快速查询当前环境的坐标关系，需要注意，该函数的参数需要逆向思考，与前文中广播器的 "sendTransform" 表达正好相反，这也是许多开发者在此疑惑和常出错的地方。一个坐标变换是基于参考系的，当参考系发生变化时，其变换便会成为逆变换。

除了已经展示的方法，lookupTransform 还支持对源参考系和目标参考系的时间约束分别设置。此外，缓存器还支持通过 "canTransform" 方法获取是否可以完成坐标变换，和 "waitForTransform" 方法等待直到可以完成坐标变换等。通过这些方法，可以令用户从缓存中获取到过去发生过的坐标变换，或者等待获取未来将要发生的坐标变换。

监听坐标变换的方式除了使用指令和代码外，还可以使用可视化工具 RViz。ROS 2 的 RViz 维护在 ros2/rviz 仓库中。和 ROS 的 RViz 相似，ROS 2 的 RViz 也可以提供坐标轴、坐标系、参考系、里程计数器、相机、点云和轨迹等多种 2D 和 3D 的数据显示，并支持自定义插件。使用 RViz 观看实时的坐标变换关系的方式很简单，首先通过命令行打开 RViz，如代码 5-51，如果顺利的话，会显示图 5-5 一样的界面。

代码 5-51　打开 RViz

```
$ rviz2
---
[INFO] [1647526475.113309283] [rviz2]: Stereo is NOT SUPPORTED
```

```
[INFO] [1647526475.113435233] [rviz2]: OpenGl version: 3.1 (GLSL 1.4)
[INFO] [1647526475.144714715] [rviz2]: Stereo is NOT SUPPORTED
```

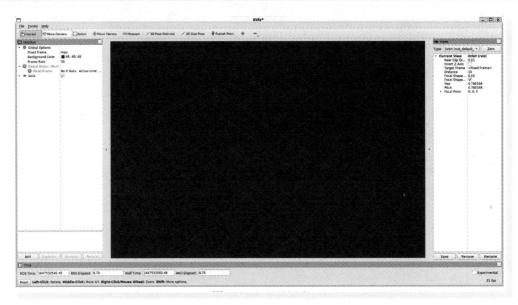

● 图 5-5　RViz 界面

通过图 5-5 中的 "Add" 按钮，添加名为 "TF" 的组件，然后和前面一样，通过在后台运行静态坐标广播器和动态坐标广播器，在 RViz 中，便会有一个坐标一直在移动了。RViz 还有很多有趣并且实用的功能，如查看传感器数据、查看地图数据、设定路径规划目标和获取机器人的路径规划可视化结果等功能。

节点和通信中
的同名问题

5.4　实战：　模块化的导航功能框架

3.4.3 节中曾经介绍过一种使用插件作为软件功能扩展的导航框架 Nav2，这是 ROS 2 时代作为替换 ROS Navigation Stack 的新框架。除了使用了插件功能外，该框架灵活地利用了大部分 ROS 2 的特性和功能，目的是提供一种扩展性强，可模块化算法的导航软件栈（Software Stack）。在现代机器人学中，移动机器人的导航大部分时间都在解决从一个点到另一个点的移动，即 *AB* 点导航，Nav2 提供的核心功能便在于此。在执行 *AB* 点导航的过程中，它还会根据实际情况规划新的路径，计算并调节移动速度，实时地计算并执行避障，以及在不可解的位置完成脱困工作等。

如 3.4.3 节所述，Nav2 的算法模块是基于插件实现的，所有算法模块的开发者仅需了解模块的基类定义和方法定义，即可完成自己的算法到 Nav2 的移植。除此之外，Nav2 还支持在流程上的自定义，在流程上，它是基于行为树（Behavior Tree）实现的。行为树的引入，使得所有的导航决策流程变得清晰、易于维护，每一步都可以被树的节点和子节点清晰地表述，并且行为树节点间并不存在强耦合的关系，这使得同类型行为树节点的不同组合形式可以创造出更多可能（注意，行为树节点和 ROS 中的节点不可画等号）。每一个行为树节点的实现都可作为独立的二进制动态库进行加载，这也符合它的依赖：BehaviorTree.CPP 的设计理念。BehaviorTree.CPP 是一个提供行为树功能的开源项目，维护在 BehaviorTree 组织下。

Nav2 的设计思想被发表在论文⊖中，并且其文档也被公开在 navigation.ros.org 网站上。感兴趣的读者可以直接阅读这些资料。本节将讲述的内容与如何使用 Nav2 无关，而是介绍如何快速了解一个基于 ROS 2 实现的开源项目或开源框架，并在没有文档的状况下了解其大体的设计思想和使用方法。之所以强调没有文档，并不是建议读者不去阅读文档，而是因为有很多 ROS 和 ROS 2 的项目缺少翔实的文档或根本就没有文档，所以掌握在缺乏文档的情况还能够有效分析项目的能力是十分必要的。读者可在充分学习前 5 章的内容后，再参与到此分析过程中。当然，如果读者有兴趣分析更多的内容，也可参考此流程和方法去分析其他 ROS 2 的开源项目或开源框架，如 MoveIt2、ros2_control 等。另外，需要注意，本节给出的流程内容具有时效性，因为 Nav2 的架构和设计会随着时间持续演进，所以这里的内容只能保证和当前提供的分支和版本一致，并不保证和未来版本的结果吻合。

了解和分析一个项目或框架的方法有两种思路，一是由源码至产物，二是由产物至源码。

- 由源码至产物的方法，多用于代码较少且功能包数量不多的项目，因为这时直接阅读源码可以快速将项目中的不同组成按功能划分清楚，并且可以根据构建配置文件（如 CMake 文件）了解哪些源码会被构建成哪些产物。在明确源码和产物的对应关系后，便可根据需求重点关注感兴趣的源码部分。进而了解哪些产物可以完成哪些预设功能。

- 由产物至源码的方法，多用于项目代码量较多的项目，因为对于这些项目，开发者直接去阅读源码很可能短时间抓不到重点，进而陷入无限的寻找调用和声明定义的过程中，导致思绪紊乱。所以从产物向源码进行反向分析是一个比较好的方法。在阅读源码前对整个项目进行构建，查看产物或直接运行产物，以便对其整体的功能进行一个系统地了解。然后便可基于产物的功能和分类等表象，对描述产物信息的构建配置文件（如 CMake 文件）进行阅读和分析，进而获知源码文件和产物的对应关系。最后再查找感兴趣的功能的源码，并对其进行详细分析。

下载并构建 Nav2 的方法如代码 5-52 所示。像 Nav2 这种框架类的项目，由于其功能包众多，不易直接从源码分析，所以建议是先构建、观察或测试产物，后看源码。这里测试使用的环境是 WSL 2，Ubuntu 20.04，ROS 2 版本为 Galactic，Nav2 的分支是 galactic。构建前需要安装一些依赖，也可在构建过程中报错后进行安装。整体思路和第 1 章介绍的一样，缺什么装什么。构建推荐使用合并安装，即 merge install。产物应如代码 5-53 所示，在这些目录中都存在可以直接执行的可执行程序，读者可尝试直接执行，它会在控制台输出一个生命周期节点创建完毕的日志。

⊖ 参见 Macenski Steve、Martín Francisco、White Ruffin 和 Ginés Clavero Jonatan 在 2020 IEEE/RSJ International Conference on Intelligent Robots and Systems（IROS）会议上发表的论文 "The Marathon 2：A Navigation System"。

代码 5-52 下载并构建 Nav2

```
$ git clone https://github.com/ros-planning/navigation2.git -b galactic
$ colcon build --merge-install
```

代码 5-53 查看 Nav2 的构建产物（部分）

```
$ cd install /lib
$ ls -d * /
---
nav2_amcl/          nav2_gazebo_spawner/ nav2_recoveries/        nav2_waypoint_follower/
nav2_bt_navigator/ nav2_lifecycle_manager/ nav2_simple_commander/ python3.8/
nav2_controller/    nav2_map_server/        nav2_system_tests/
nav2_costmap_2d/ nav2_planner/        nav2_util/
---
```

在查看详细产物前，还需要对整体的依赖结构进行了解，因为项目内具有若干个功能包，而实际执行的很可能只有几个甚至一个功能包的可执行程序，所以需要通过 colcon graph 获取并分析整体的依赖结构。依赖包括构建依赖、执行依赖和测试依赖等，使用代码 5-54 可以得到一张漂亮的依赖关系图。由于该关系图面积过大，所以书中不便展示。

代码 5-54 获取 Nav2 的依赖关系图

```
$ colcon graph --dot | dot -Tpng -o graph.png
```

通过关系图可以轻易得出结论：所有的功能表都会依赖 nav2_common 这个功能包；所有与通信相关的功能包都会依赖 nav2_msgs 功能包；除了测试功能包外的所有功能性功能包都被 navigation2 这个包依赖，而启动相关的功能包 nav2_bringup 直接依赖 navigation2；这些依赖关系产生了合理的依赖链。该依赖链在构建过程中也会有所体现，所以读者需细心观察构建时的日志和结果顺序。

nav2_common 是所有 Nav2 功能包都会依赖的包，它包含这些包通用的 CMake 脚本和 Python 脚本。CMake 脚本中包含一个名为 nav2_package 的函数，其中完成了一系列通用的配置，以减少这些内容在每个功能包的 CMake 中重复出现，降低了维护复杂度。代码 5-55 是它的函数定义。

代码 5-55 nav2_package 的函数定义

```
macro(nav2_package)
  if (NOT CMAKE_BUILD_TYPE AND NOT CMAKE_CONFIGURATION_TYPES)
    message(STATUS "Setting build type to Release as none was specified.")
    set(CMAKE_BUILD_TYPE "Release" CACHE
        STRING "Choose the type of build." FORCE)
    # Set the possible values of build type for cmake-gui
    set_property(CACHE CMAKE_BUILD_TYPE PROPERTY STRINGS
      "Debug" "Release" "MinSizeRel" "RelWithDebInfo")
  endif()

  # Default to C++14
  if (NOT CMAKE_CXX_STANDARD)
```

```
  set(CMAKE_CXX_STANDARD 17)
endif()

if(CMAKE_COMPILER_IS_GNUCXX OR CMAKE_CXX_COMPILER_ID MATCHES "Clang")
  add_compile_options(-Wall -Wextra -Wpedantic -Werror -Wdeprecated -fPIC)
endif()

option(COVERAGE_ENABLED "Enable code coverage" FALSE)
if(COVERAGE_ENABLED)
  add_compile_options(--coverage)
  set(CMAKE_EXE_LINKER_FLAGS "${CMAKE_EXE_LINKER_FLAGS} --coverage")
  set(CMAKE_SHARED_LINKER_FLAGS "${CMAKE_SHARED_LINKER_FLAGS} --coverage")
endif()

# Defaults for Microsoft C++ compiler
if(MSVC)
  # https://blog.kitware.com/create-dlls-on-windows-without-declspec-using-new-cmake-export-all-feature/
  set(CMAKE_WINDOWS_EXPORT_ALL_SYMBOLS ON)

  # Enable Math Constants
  # https://docs.microsoft.com/en-us/cpp/c-runtime-library/math-constants? view=vs-2019
  add_compile_definitions(
    _USE_MATH_DEFINES
  )
endif()
endmacro()
```

nav2_bringup 作为维护启动脚本的功能包，它包含了所有的启动脚本文件，如代码 5-56 所示。

代码 5-56　查看启动脚本文件

```
$ ls install /share/nav2_bringup/launch
---
bringup_launch.py multi_tb3_simulation_launch.py rviz_launch.py spawn_tb3_launch.py
localization_launch.py navigation_launch.py          slam_launch.py tb3_simulation_launch.py
---
```

如果只看文件名，最像总启动文件的便是名为"bringup_launch"的脚本文件，其中确实包含了调用三个其他启动脚本的代码，如代码 5-57 所示。一般阅读 ROS 2 启动文件的源码，优先阅读最后几行，因为所有的启动配置都会在最后几行作为启动器的"action"返回并执行，所以一个启动脚本的最终执行内容也都会在最后几行体现。在代码 5-57 中，最后的"bringup_cmd_group"便是调用上面几个子启动脚本的启动器 action。除了最后一条，其他几条都是属性设置，这些属性会被传进这三个子启动文件中被使用。如命名空间、自动启动和地图配置文件等。

代码 5-57　查看 bringup_launch.py

```
# ...
def generate_launch_description():
```

```
# …
# Specify the actions
bringup_cmd_group = GroupAction([
    PushRosNamespace(
        condition=IfCondition(use_namespace),
        namespace=namespace),

    IncludeLaunchDescription(
        PythonLaunchDescriptionSource(
        os.path.join(launch_dir, 'slam_launch.py')),
    condition=IfCondition(slam),
    launch_arguments={'namespace': namespace,
            'use_sim_time': use_sim_time,
            'autostart': autostart,
            'params_file': params_file}.items()),

    IncludeLaunchDescription(
        PythonLaunchDescriptionSource(os.path.join(launch_dir,
                            'localization_launch.py')),
        condition=IfCondition(PythonExpression(['not ', slam])),
        launch_arguments={'namespace': namespace,
                'map': map_yaml_file,
                'use_sim_time': use_sim_time,
                'autostart': autostart,
                'params_file': params_file,
                'use_lifecycle_mgr': 'false'}.items()),

    IncludeLaunchDescription(
        PythonLaunchDescriptionSource(os.path.join(
            launch_dir, 'navigation_launch.py')),
        launch_arguments={'namespace': namespace,
                'use_sim_time': use_sim_time,
                'autostart': autostart,
                'params_file': params_file,
                'use_lifecycle_mgr': 'false',
                'map_subscribe_transient_local': 'true'}.items()),
])

# Create the launch description and populate
ld = LaunchDescription()

# Set environment variables
ld.add_action(stdout_linebuf_envvar)

# Declare the launch options
ld.add_action(declare_namespace_cmd)
ld.add_action(declare_use_namespace_cmd)
ld.add_action(declare_slam_cmd)
ld.add_action(declare_map_yaml_cmd)
```

```
ld.add_action(declare_use_sim_time_cmd)
ld.add_action(declare_params_file_cmd)
ld.add_action(declare_autostart_cmd)

# Add the actions to launch all of the navigation nodes
ld.add_action(bringup_cmd_group)

return ld
```

上面提到的三个子启动文件中，与 Nav2 直接相关的是 navigation_launch.py，该文件直接调用了该项目提供的所有必要功能的可执行文件。包括以下几个。

- controller_server：控制器服务器，维护在 nav2_controller 功能包中。
- planner_server：规划器服务器，维护在 nav2_planner 功能包中。
- recoveries_server：恢复器服务器，维护在 nav2_recoveries 功能包中。
- bt_navigator：行为树操作器，维护在 nav2_bt_navigator 功能包中。
- waypoint_follower：航路点跟踪器，维护在 nav2_waypoint_follower 功能包中。
- lifecycle_manager：生命周期节点管理器，维护在 nav2_lifecycle_manager 功能包中。

读者可尝试直接运行这几个可执行程序，除了生命周期节点管理器外，其他都是作为生命周期节点存在的，并且需要管理器来控制它的状态切换。控制器服务器、规划器服务器、恢复器服务器、行为树操作器和航路点跟踪器作为生命周期节点，并不是直接继承 rclcpp 提供的 LifecycleNode，而是继承在 nav2_util 中定义的 LifecycleNode，该 LifecycleNode 继承了 rclcpp 的 LifecycleNode，并增加了一系列适用于 Nav2 框架的特性，如额外的本地节点和内部心跳维护等。代码 5-58 是 Nav2 中自定义的生命周期节点，如其注释所表述的内容，当前 rclcpp 提供的生命周期节点具有一些功能限制，一旦这些内容被合入到主线，则无需自定义生命周期节点。

代码 5-58　LifecycleNode 的自定义

```
namespace nav2_util
{

using CallbackReturn = rclcpp_lifecycle::node_interfaces::LifecycleNodeInterface::Callback-
Return;

// The following is a temporary wrapper for rclcpp_lifecycle::LifecycleNode.This class
// adds the optional creation of an rclcpp::Node that can be used by derived classes
// to interface to classes , such as MessageFilter and TransformListener, that don't yet
// support lifecycle nodes.Once we get the fixes into ROS 2, this class will be removed.

/**
 * @class nav2_util::LifecycleNode
 * @brief A lifecycle node wrapper to enable common Nav2 needs such as background node threads
 * and manipulating parameters
 * /
```

```
class LifecycleNode : public rclcpp_lifecycle::LifecycleNode
{
// ...
```

　　除了定义节点类型外，Nav2 中还简化了 action 通信的配置流程，nav2_util 中提供了名为 SimpleActionServer 的 action 服务端库，并以头文件形式提供，通过该库可以快速配置原本复杂的 action 服务端，并可提高代码的可读性。代码 5-59 中是控制器服务器中"follow_path" action 的服务端定义。该方法相比 ROS 2 中 rclcpp 的原生 action 服务端定义方法要简洁得多。

代码 5-59　follow_path 的 action 服务端定义

```
action_server_ = std::make_unique<ActionServer>(
  rclcpp_node_, "follow_path",
  std::bind(&ControllerServer::computeControl, this));
```

　　这几个核心库虽然是必要功能，但其中并不存在任何算法实现功能，如果要成功运行，还需要算法模块的支持。这就回到了 3.4.3 节中提到的设计内容。在 Nav2 中，所有的算法模块基于 nav2_core 提供头文件，按照插件的模式分别实现，在实际需要使用时直接通过参数调用加载即可。辨识插件功能包的方式很简单，只需搜索目录中有哪些功能包的文件中包含"#include""nav2_core/"即可。

　　最后，可以阅读 bt_navigator 中的行为树节点代码，以及其 behavior_trees 目录下默认提供的几个行为树示例。了解了其行为树节点实现和行为树的完整设计，便可大概了解 Nav2 的整个设计了。图 5-6 是 Nav2 文档中提供的架构设计图，读者也可参考该设计图加深理解。

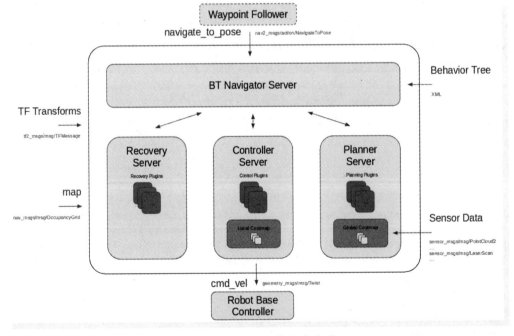

● 图 5-6　Nav2 的大体架构

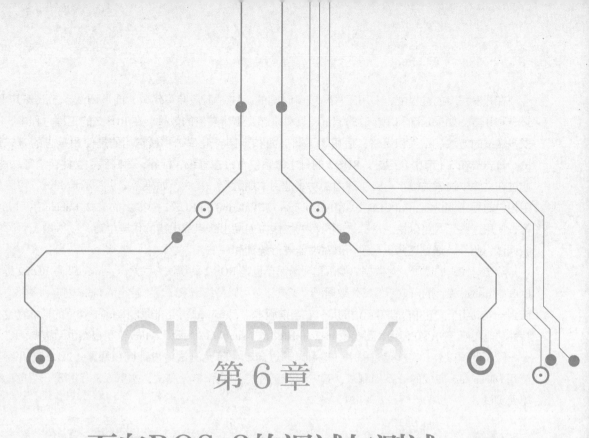

第 6 章

面向ROS 2的调试与测试

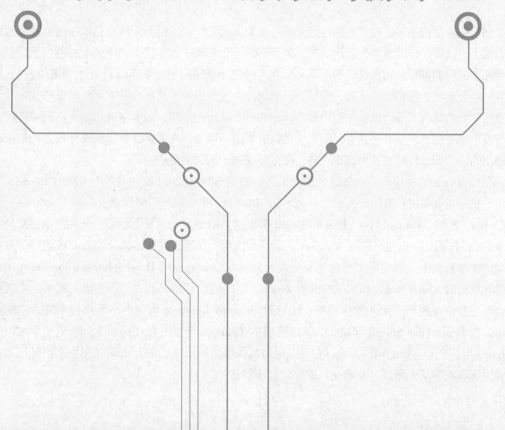

在开发程序的过程中，占用工程师较多时间的，往往不是编写代码，而是调试。工欲善其事，必先利其器，如果正确利用合适的调试工具可以起到事半功倍的效果。在 ROS 2 的工程过程中，有很多调试的方法、工具和策略，适用于不同层面和方向。最基础和最常用的是使用日志的方式调试。日志曾在 3.1 节中介绍过，ROS 2 的日志体系包含日志分级、标签、时间戳和文件存储等功能，通过在文件中检索关键字可以快速回溯功能是否如期运行。其次，如果希望更精准地调试，可以使用相应的程序调试器，如 GDB（GNU Debugger）、Valgrind 和 ROS 2 中提供的 ros2_tracing 系列工具等，使用这些工具可以快速从二进制执行的堆栈中追溯出断点或出错的代码位置，以协助工程师完成调试，此外，通过这些工具还可以对性能进行统计和评估。

除了对代码的调试，对数据的调试和现场保存也是 ROS 2 的调试方法之一，rosbag2 是 ROS 2 继承 ROS 中 rosbag 设计的一款新的持久数据记录工具，它可以持续记录环境中特定的 topic 内容，并将之存储到一个或几个文件中。非常可惜的是，在当前版本中，rosbag2 并不能录制 service 类型的通信（这个特性功能在社区中还在讨论，可参看 ros2/rosbag2 的 issue#773），所以 action 类型自然也无法被录制。

除了调试以外，在构建过程中，还可以通过自动化单元测试将设计问题暴露。2.1.2 节介绍过使用 colcon test 完成的一系列测试，其中包含了静态测试和单元测试，本章 6.3 节将要介绍自动化单元测试。

6.1 调试 ROS 2 的代码

通常在编写程序时，为了方便运行现场记录和调试工作，工程师们都会在程序的关键位置设计日志输出，以便于分析程序的工作状态，进而不断优化和改进程序代码。所谓的关键位置，通常来自于较为主观的判断，这也意味着并不是所有可能发生问题的地方都会设置为"关键位置"，所以很多时候会出现，程序崩溃了或并未按照预期执行，但日志输出是正确的或无法从日志输出判断问题发生位置的情况。设计能够完整地覆盖问题的日志输出的策略，因程序的功能及其复杂度的不同而有着千差万别，所以并不会有一门绝学指导或帮助工程师们快速学会该如何设计日志的输出位置和输出内容。那么良好地利用调试工具，便是解决这一问题的良药。

在 C/C++语言的编程中，有很多调试工具，如由 GNU 组织开发并发布的 GNU Debuger，俗称 GDB，便是非常实用且流行已久的工具之一。GDB 同时支持着多种编程语言，除了 C/C++，还支持着 Ada、汇编、Fortran、Go、Rust 和 Pascal 等语言。GDB 是一个开源的自由软件，主要支持的是类 UNIX 操作系统，但也可以在 Windows 上运行和使用。通常，在 Windows 和 macOS 这种带有桌面环境的操作系统中，开发程序都会使用集成开发环境（Integrated Development Environment，IDE），如微软推出的 Visual Studio 和苹果推出的 Xcode。但是通常开发机器人时，在嵌入式平台上运行的不会是这些带有图形界面的操作系统，如通过 Yocto 或 Buildroot 构建的小型操作系统、定制化的 Gentoo 或 Linux From Scratch（LFS）和裁剪后的 Linux 发行版（如 Ubuntu）。除了使用 GDB 外，Valgrind 也是一个不错的调试工具，它可以帮助工程师监视程序的内存访问并在程序访问无效地址或尝试读取程序从未配置（初始化）的值时打印警告。

除了使用通用的工具外，在 ROS 2 中，开发者们还设计并实现了一套允许工程师追踪来自系统级的运行时数据的工具，目前维护在 GitLab 官网的 ros-tracing 组织下，当前包括 ros2_tracing⊖ 和 tracetools_analysis 工具。ros2_tracing 是包含一系列面向 ROS 2 设计的追踪调试工具，它们基于 LTTng 设计，并通过结合内核空间（Kernel Space Tracing）、用户空间（User Space Tracing）和上下文（Context）的数据追踪每一条消息何时到达、定时器何时触发、回调何时运行和回调持续执行时间等。

▶▶ 6.1.1　使用 GDB 调试

ROS 2 的应用程序分为两种，一种作为全局的可执行程序，存放在 bin 目录；另一种作为隔离在各个功能包中的可执行程序，存放在 lib/<project_name>中。二者都可以通过其二进制程序的名称直接运行，但在 ROS 2 的设计中，推荐的方法是使用 ros2run 或 ros2launch 的方法运行后者。那么通过 GDB 执行可执行程序时，便有两种方式：一是通过在 ros2run 的指令中加入 prefix 参数，使 GDB 的运行指令和参数作为 ros2run 运行时的前缀；二是通过在 launch 文件中加入 prefix 参数，使特定的进程在运行时使用 GDB 的前缀，以开展调试工作。当然，直接通过 GDB 在特定的目录运行 ROS 2 的进程，从理论和实践上都是可行的，但不推荐。

使用 GDB 调试需要在编译时设置编译类型为 DEBUG，该参数可以在 CMake 中修改，也可在 colcon 的指令后添加参数。代码 6-1 给出了在 CMake 中设置的方法，代码 6-2 给出了在 colcon 中设置的方法。如果使用的是 Visual Studio，可以直接修改 IDE 的配置。

代码 6-1　在 CMake 中设置 DEBUG 编译选项

```
set(CMAKE_BUILD_TYPE "Debug")
```

代码 6-2　在 colcon 指令中设置 DEBUG 编译选项

```
$ colcon build --cmake-args -DCMAKE_BUILD_TYPE=Debug
```

专题 6-1　编译的类型

　　编译的种类常见的有 4 种，分别是 Release、Debug、RelWithDebInfo 和 MinSizeRel。较为常见和常用的是前两者。

- Release 是最高的优化级别，使用 Release 类型编译的程序不包含调试信息、代码或断言。通常在产品的发行时会使用这个模式。
- Debug 是为了调试设计的编译类型，它没有对代码进行优化，并且启用断言和可执行文件中的调试信息，即调试器可以进行源代码的行号转换。在出现问题需要调试时，可以使用这个模式。
- RelWithDebInfo 相比 Debug，缺少了断言，只保存了调试信息，是一个介于 Release 和 Debug 之间的编译类型，即保留了 Release 的构建速度，也保留了部分 Debug 模式的调试信息。
- MinSizeRel 和 Release 相似，但其优化更针对文件的大小而不是速度。

⊖　ros2_tracing 早期于 GitLab 开发，现已移至 GitHub，GitLab 中仓库仅作为镜象存在。

除了设置 CMake 的 DEBUG 编译类型外，还可以在构建时为 GCC 或 CLANG 等编译器添加编译选项，代码 6-3 展示了为 GCC 和 CLANG 添加编译选项的方式，其中 "-ggdb3" 可以修改为 "-ggdb" 或 "-ggdb2"，不同的数字代表着不同的 GDB 级别。

代码 6-3　在 CMake 中为编译器添加调试属性

```
if(CMAKE_COMPILER_IS_GNUCXX OR CMAKE_CXX_COMPILER_ID MATCHES "Clang")
  add_compile_options(-Wall -Wextra -Wpedantic -g -ggdb3)
endif()
```

通常使用 GDB 可以快速回溯（backtrace）到问题出错的位置和原因，故这里故意新建一个具有错误的可执行文件，功能包名为 ch6_debug_cpp，可执行程序名为 tracetest，如代码 6-4 所示。

代码 6-4　有问题的代码

```
#include <chrono>

#include "rclcpp/rclcpp.hpp"

int main(int argc, char * argv[])
{
  rclcpp::init(argc, argv);
  using namespace std::chrono_literals;
  auto node_a = std::make_shared<rclcpp::Node>("TestNode");
  auto executor = std::make_unique<rclcpp::executors::StaticSingleThreadedExecutor>();
  int * int_ptr;
  auto timer_cb = [&]()-> void {
      RCLCPP_INFO_STREAM(rclcpp::get_logger("DebugTest"), std::to_string(* int_ptr));
    };
  auto timer_ = node_a->create_wall_timer(1s, timer_cb);
  executor->add_node(node_a->get_node_base_interface());
  executor->spin();
  rclcpp::shutdown();
  return 0;
}
```

使用 Debug 模式构建完毕后，可以尝试运行，一般来说，使用 Debug 模式编译的代码都会对指针和变量进行自动初始化，并且会对内存进行保护，防止出错，所以这段访问空指针的程序是可以运行的，只不过每次运行结果会不同。如果使用 Release 模式构建，则无法运行，程序会立即退出。而 GDB 恰好能抓到这次问题所在，代码 6-5 给出了通过 ros2run 添加前缀的方法启用 GDB 指令，如果程序在运行时直接发生崩溃导致退出，则 GDB 中的运行日志会在出错的地方打印出其地址和对应的代码位置，其中给出的位置是程序的第 27 行（源程序中在文件顶部附有 14 行的版权信息）调用发生崩溃的位置。此时可以使用 "backtrace" 指令对其调用进行二次查找，如代码 6-6 所示。

代码 6-5　使用 GDB 运行 ROS 程序

```
$ ros2 run --prefix 'gdb -ex run --args' ch6_debug_cpp tracetest
---
```

```
GNU gdb (Ubuntu 9.2-0ubuntu1~20.04.1)9.2
Copyright (C)2020 Free Software Foundation, Inc.
License GPLv3+: GNU GPL version 3 or later <http://gnu.org/licenses/gpl.html>
This is free software: you are free to change and redistribute it.
There is NO WARRANTY, to the extent permitted by law.
Type "show copying" and "show warranty" for details.
This GDB was configured as "x86_64-linux-gnu".
Type "show configuration" for configuration details.
For bug reporting instructions, please see:
<http://www.gnu.org/software/gdb/bugs/>.
Find the GDB manual and other documentation resources online at:
    <http://www.gnu.org/software/gdb/documentation/>.

For help, type "help ".
Type "apropos word" to search for commands related to "word"…
Reading symbols from /home/homalozoa/ros2_for_beginners_code/ch6/install/ch6_debug_cpp/lib/
    ch6_debug_cpp/tracetest…
Starting program: /home/homalozoa/ros2_for_beginners_code/ch6/install/ch6_debug_cpp/lib/ch6
    _debug_cpp/tracetest
[Thread debugging using libthread_db enabled]
Using host libthread_db library "/lib/x86_64-linux-gnu/libthread_db.so.1".
[New Thread 0x7ffff6fa8700 (LWP 15094)]
[New Thread 0x7ffff67a7700 (LWP 15095)]
[New Thread 0x7ffff5fa6700 (LWP 15096)]
[New Thread 0x7ffff57a5700 (LWP 15097)]
[New Thread 0x7ffff4fa4700 (LWP 15098)]
[New Thread 0x7fffe7fff700 (LWP 15099)]
[New Thread 0x7fffe77fe700 (LWP 15100)]
[New Thread 0x7fffe6ffd700 (LWP 15101)]
[New Thread 0x7fffe67fc700 (LWP 15102)]

Thread 1 "tracetest" received signal SIGSEGV, Segmentation fault.
0x0000555555558aaa in <lambda()>::operator()(void)const (__closure=0x5555555e7ce0)
    at /home/homalozoa/ros2_for_beginners_code/ch6/ch6_debug_cpp/src/faultcode.cpp:27
27      RCLCPP_INFO_STREAM(rclcpp::get_logger("DebugTest"), std::to_string(* int_ptr));
(gdb)
```

代码 6-6 通过 backtrace 获取更多信息

```
(gdb)backtrace
#0 0x0000555555558aaa in <lambda()>::operator()(void)const (__closure=0x5555555e7ce0)
    at /home/homalozoa/ros2_for_beginners_code/ch6/ch6_debug_cpp/src/faultcode.cpp:27
#1 0x000055555555a95c in rclcpp::GenericTimer<main(int, char**)::<lambda()>, 0>::execute_
    callback_delegate<>(void)(
      this=0x5555555e7cb0)at /opt/ros/galactic/include/rclcpp/timer.hpp:223
#2 0x000055555555a899 in rclcpp::GenericTimer<main(int, char**)::<lambda()>, 0>::execute_
    callback(void)(this=0x5555555e7cb0)
    at /opt/ros/galactic/include/rclcpp/timer.hpp:209
```

```
#3 0x00007ffff7eb73a8 in rclcpp::executors::StaticSingleThreadedExecutor::execute_ready_exe-
   cutables(bool)()
    from /opt/ros/galactic/lib/librclcpp.so
#4 0x00007ffff7eb7cb2 in rclcpp::executors::StaticSingleThreadedExecutor::spin()()from /opt/
   ros/galactic/lib/librclcpp.so
#5 0x00005555555590b9 in main (argc=1, argv=0x7fffffffde58)
    at /home/homalozoa/ros2_for_beginners_code/ch6/ch6_debug_cpp/src/faultcode.cpp:31
```

代码 6-5 中添加的 GDB 指令会令程序自动运行，如果希望在调试时引入断点或单步调试，可以将 "prefix" 后的 GDB 指令中的 "run" 删除，并确保手动设定断点和手动运行。有关于 GDB 工具的使用，可以参考其手册，此处不再赘述。

在 launch 文件中引入 GDB 调试的方法和 ros2run 相似，只需在声明 Node 时，添加 "prefix" 属性，并在其中输入调试相关的指令即可。值得注意的是，与 ros2run 的前缀不同，在 launch 文件中，前缀还需要添加虚拟终端用于执行 GDB 指令。这是因为 launch 的输出不支持用户输入，并且会统一将所有交由 Launch 系统托管的可执行程序信息一并输出，使之无法帮助用户调试。使用独立的终端模拟器（如代码 6-7 中的 xterm，除了 xterm，在 launch 中还可使用其他终端模拟器作为调试信息的输入和输出，读者可自行尝试。）可以将需要调试的进程的调试消息单独输出，并且只是输入交互。

代码 6-7　在 launch 文件中添加 GDB 指令

```python
import launch
import launch_ros

def generate_launch_description():
    debug_exec = launch_ros.actions.Node(
        package='ch6_debug_cpp',
        executable='tracetest',
        prefix=['xterm -e gdb -ex run --args '],
        output='screen')
    return launch.LaunchDescription([
        debug_exec,
    ])
```

专题 6-2　终端模拟器 xterm

xterm 是 X Window 系统的标准终端模拟器。所谓 term，便是 terminal 的缩写，x 代表的是 X Window。X Window 又称 X11（第 11 代），是类 UNIX 操作系统上的一套标准化的显示架构运作协议。著名的 X.Org 便是基于 X Window 的标准实现的著名案例，现如今在各大 Linux 发行版本中均有安装。

xterm 允许用户在图形化用户界面（GUI）中运行命令行界面的程序。除了 xterm，在 Linux 生态中还有许多终端模拟器，如 GNOME Terminal、Konsole、Guake、Terminator、Tilda 和 Yakuake 等。所谓终端模拟器，并不是真正的终端，在计算机历史的早期阶段，所有键盘输入都需要经过 "控制台"或"终端"设备与计算机进行交互，即同时只能在一台显示器上操作一个终端。终端模拟器则实现了在一台显示器上使用多个终端的可能，进而大幅度提升了工作效率。相较于现在常见的 GNOME Terminal 和 Konsole，xterm 是一个非常古老的终端模拟器，从界面上便可以看出其"上古"时代的设计风格。

在 Windows 和 macOS 中，也有相似的终端模拟器。比如 Windows 中的 CMD 和 PowerShell、基于 PowerShell 改进后发布的 Windows Terminal，以及 macOS 中的 Terminal 和 iTerm2 等。

本节展示了使用 GDB 调试 ROS 2 应用程序的方法，实际上这个方法适用于许多调试策略，该方法无非是在运行应用程序时添加前缀（prefix），那么所有可以通过前缀来调试程序的策略均可使用该方法运行，如 Valgrind、strace 和 ltrace 等调试工具。

6.1.2 使用 ros2_tracing

ros2_tracing 是一个维护在 ros2 组织下的，基于 LTTng 收集实时分布式系统上运行时执行信息的追踪工具集，其论文的实验表明[⊖]，在启用该工具时，端到端的延迟开销可低于 0.0055ms，这也意味着 ros2_tracing 可以用于评估实时操作系统上任务运行的实时性能。由于其核心是基于 LTTng 实现的，所以该工具只适用于 Linux 操作系统，并不适用于 Windows 和 macOS。该项目包含如下几个功能包。

- ros2trace：该功能提供了通过命令行执行 ROS 2 相关调试的功能，即它是 ros2cli 的扩展包。
- tracetools：该功能包是支持追踪 ROS 包的库，包括核心包。
- tracetools_launch：该功能包包含用于通过启动文件进行追踪的工具。
- tracetools_read：该功能包包含用于读取追踪的工具。
- tracetools_test：该功能包包含用于追踪相关测试的工具。
- tracetools_trace：该功能包包含启用追踪的工具。
- test_tracetools：该功能包是测试包。

LTTng 是 Linux Trace Toolkit Next Generation 的缩写，是一个用于追踪 Linux 内核、二进制库和应用程序的软件包。它可以在内核中进行各类事件的追踪，并且对性能影响极小。所有基于 Linux 操作系统实现的应用程序，包括 ROS 2 的应用程序，也都是基于 Linux 内核和应用层程序的事件完成的。所以通过追踪这些事件，并从这些事件中筛选出与 ROS 2 相关的内容，即可完成对 ROS 2 相关二进制库和应用程序的追踪。这件事说起来简单，实际情况是，现代操作系统中每 s 所产生的并可被记录的事件可达几百万甚至上亿条，如果处理不当可能会导致严重的性能损耗，所以一个高效率的追踪工具是解决这一问题的关键，LTTng 便是其中之一。

⊖ 参见 Bédard Christophe、Lütkebohle Ingo 和 Dagenais Michel 在 2022 IEEE Robotics and Automation Letters 会议上发表的论文 "ros2_tracing：Multipurpose Low-Overhead Framework for Real-Time Tracing of ROS 2"。

如果使用源码构建 ros2_tracing，需要提前安装 LTTng，因为如果缺少 LTTng，该功能包便不会被正常构建。即使通过 apt 直接安装，也无法直接使用追踪工具，而是需要在具有 LTTng 的本地环境重新配置才行。在 Ubuntu 20.04 中，如果希望使用该工具追踪 ROS 2 事件，则需要先按照代码 6-8 中的指令安装 LTTng 相关的库，再使用代码 6-9 中的方法重新构建 tracetools 并测试。

代码 6-8　在 Ubuntu20.04 中安装 UST 级别的 LTTng

```
$ sudo apt-get update
$ sudo apt-get install lttng-tools liblttng -ust-dev
$ sudo apt-get install python3-babeltrace python3-lttng
```

代码 6-9　在 Ubuntu20.04 中构建并测试 tracetools

```
$ mkdir -p trace_tools/src
$ cd src/
$ git clone https://github.com/ros2/ros2_tracing.git
$ cd ../
$ colcon build --packages-up-to tracetools
$ source./ install /setup.bash
$ ros2 run tracetools status
---
Tracing enabled
---
```

如果希望增加内核级别的事件追踪，还需要使用代码 6-10 来添加 LTTng 的内核支持包。

代码 6-10　在 Ubuntu20.04 中安装 Kernel 级别的 LTTng

```
$ sudo apt-get install lttng-modules-dkms
```

当看到 "Tracing enabled" 则说明安装成功。所有的追踪指令都需要确保 tracetools 的状态为使能，才能够正常运作。ros2_tracing 为用户提供了至少两种使用方法，其一是使用 ros2trace，其二是在 launch 文件中添加追踪的 action（此 action 和消息的 action 不是一种，是 Launch 系统中的 action）。

和前面所有的 ros2cli 类工具一样，追踪工具也有属于自己的指令，即 ros2trace。ros2trace 的帮助信息如代码 6-1 所示。

代码 6-11　ros2trace 的帮助信息

```
$ ros2 trace -h
---
usage: ros2 trace [-h] [-s SESSION_NAME] [-p PATH] [-u [EVENT [EVENT …]]] [-k [EVENT [EVENT …]]]
    [-c [CONTEXT [CONTEXT …]]]
            [-l]

Trace ROS nodes to get information on their execution
```

```
optional arguments:
  -h, --help              show this help message and exit
  -s SESSION_NAME, --session-name SESSION_NAME
                          the name of the tracing session (default: session-YYYYMMDDHHMMSS)
  -p PATH, --path PATH path of the base directory for trace data (default: $ ROS_TRACE_DIR if ROS_
      TRACE_DIR is set and not empty,
                          or $ ROS_HOME/tracing, using ~/.ros for ROS_HOME if not set or if empty)
  -u [EVENT [EVENT …]], --ust [EVENT [EVENT …]]
                          the userspace events to enable (default: see tracetools_trace.tools.
                              names)[to disable all UST events,
                          provide this flag without any event name]
  -k [EVENT [EVENT …]], --kernel [EVENT [EVENT …]]
                          the kernel events to enable (default: see tracetools_trace.tools.names)
                            [to disable all kernelevents,
                          provide this flag without any event name]
  -c [CONTEXT [CONTEXT ...]], --context [CONTEXT [CONTEXT ...]]
                          the context names to enable (default: see tracetools_trace.tools.names)
                            [to disable all context names,
                          provide this flag without any name]
  -l , -- list            display lists of enabled events and context names (default: False)
---
```

ros2trace 是 ros2_tracing 项目实现的命令行工具，可用于通过命令行开启和关闭追踪功能。根据 LTTng 的使用方法，首先需要创建会话（session），并设定追踪域（domain），追踪域包括：

- Linux 内核。
- 用户空间（UST）。
- java.util.logging。
- log4j。
- Python。

通常只需要使用 UST 级别就可以追踪 ROS 2 的所有应用层事件。如果对内核有追踪的需求，可以将 Linux 内核层打开（但这需要 root 权限）。使用 ros2trace 追踪的流程是：

1）开启追踪会话，设置会话名称、数据存储路径、要追踪的事件类型和上下文类型。

2）运行需要追踪的可执行程序，直到结束追踪。

3）结束追踪程序，查阅数据存储目录。

开启追踪会话的指令如代码 6-12 所示，会话名称为"test-session"，追踪了 19 个 UST 级别事件，0 个内核级别事件和 3 个上下文事件，启用需要再按下〈Enter〉键。随便运行一个需要追踪的进程，如代码 4-1 所示。需要额外注意，在运行需要追踪的进程前，也需要像代码 6-10 中那样 source 刚更新过的 ros2_tracing 目录。

代码 6-12　使用 ros2trace 追踪事件

```
$ ros2 trace --session-name test-session -k
---
```

```
UST tracing enabled (19 events)
kernel tracing disabled
context (3 names)
writing tracing session to: /home/homalozoa/.ros/tracing/test-session
press enter to start …
---
```

ros2trace 默认会将追踪结果数据存储在/.ros/tracing 目录中，并根据会话的名称建立文件夹。例如，代码 6-12 的会话名称为 "test-session"。如代码 6-13 所示，可以使用 babeltrace 查看追踪结果，但其输出结果并不方便阅读。

代码 6-13　使用 babeltrace 查看结果

```
$ babeltrace ~/.ros/tracing/test-session
---
[19:01:12.122087092] (+?.?????????)TARDIS ros2:rcl_init: { cpu_id = 2 }, { vpid = 27051, proc-
    name = "pub_node", vtid = 27051 }, { context_handle = 0x55C86AA0A560, version = "4.0.0" }
[19:01:12.124308221] (+0.002221129) TARDIS ros2:rcl_publisher_init: { cpu_id = 2 }, { vpid =
    27051, procname = "pub_node", vtid = 27051 }, { publisher_handle = 0x7FFFFEEC16B8, node_han-
    dle = 0x55C86AA0BBA0, rmw_publisher_handle = 0x55C86AA30FE0, topic_name = "/rosout", queue
    _depth = 1000 }
[19:01:12.124312833] (+0.000004612)TARDIS ros2:rcl_node_init: { cpu_id = 2 }, { vpid = 27051,
    procname = "pub_node", vtid = 27051 }, { node_handle = 0x55C86AA0BBA0, rmw_handle =
    0x55C86AA31330, node_name ="topic_pub", namespace = "/" }
[19:01:12.124724698] (+0.000411865) TARDIS ros2:rcl_service_init: { cpu_id = 2 }, { vpid =
    27051, procname = "pub_node", vtid = 27051 }, { service_handle = 0x55C86AA36E20, node_handle
    = 0x55C86AA0BBA0, rmw_service_handle = 0x55C86AA223F0, service_name = "/topic_pub/get_pa-
    rameters" }
[19:01:12.124728140] (+0.000003442)TARDIS ros2:rclcpp_service_callback_added: { cpu_id = 2 },
    { vpid = 27051,procname = "pub_node", vtid = 27051 }, { service_handle = 0x55C86AA36E20,
    callback = 0x55C86AA37080 }
[19:01:12.124743990] (+0.000015850)TARDIS ros2:rclcpp_callback_register: { cpu_id = 2 }, {
    vpid = 27051,procname = "pub_node", vtid = 27051 }, { callback = 0x55C86AA37080, symbol = "
    rclcpp::ParameterService::ParameterService(std::shared_ptr<rclcpp::node_interfaces::No-
    deBaseInterface>, std::shared_ptr<rclcpp::node_interfaces::NodeServicesInterface>,
    rclcpp::node_interfaces::NodeParametersInterface*, rmw_qos_profile_t const&)::{lambda
    (std::shared_ptr<rmw_request_id_t>, std::shared_ptr<rcl_interfaces::srv::GetParameters_
    Request_<std::allocator<void> > >), std::shared_ptr<rcl_interfaces::srv::GetParameters_
    Response_<std::allocator<void> > >)#1}" }
[19:01:12.124852245] (+0.000108255) TARDIS ros2:rcl_service_init: { cpu_id = 2 }, { vpid =
    27051, procname = "pub_node", vtid = 27051 }, { service_handle = 0x55C86AA1F810, node_handle
    = 0x55C86AA0BBA0, rmw_service_handle = 0x55C86AA43ED0, service_name = "/topic_pub/get_pa-
    rameter_types" }
[19:01:12.124853041] (+0.000000796)TARDIS ros2:rclcpp_service_callback_added: { cpu_id = 2 },
    { vpid = 27051,procname = "pub_node", vtid = 27051 }, { service_handle = 0x55C86AA1F810,
    callback = 0x55C86AA3F290 }
---
```

这也促使 ros-tracing 组织的开发人员设计了一个更好用的工具 tracetools_analysis。该工具包含两个功能包。

- ros2trace-analysis：另一个 ros2cli 的扩展功能，用于分析追踪以提取有用的执行数据。
- tracetools_analysis：一个用于分析追踪数据的工具。部分功能来自于 ros2trace-analysis。

代码 6-14 第 1 行指令展示了 tracetools_analysis 包内的可执行程序，包含自动、回调持续时间、转换数据、内存使用统计和处理数据模型。代码 6-14 后续展示了转换追踪的数据到一个文件中，并从文件中计算出回调函数的一些统计数据。其中统计数据的第 1 条是定时器回调函数的持续时间，第 2 条则是参数事件回调的持续时间。从结果中可以看出和直觉相同的结果，因为代码 4-1 中定时器的回调函数每次都会输出一句日志，而参数事件回调在这里则什么都不会做，所以以从持续时间上整整少了一个数量级。由于篇幅受限，其他分析工具不在此演示，望读者自行尝试。

代码 6-14　使用 tracetools_analysis 分析结果

```
$ ls /opt/ros/galactic/lib/tracetools_analysis
---
auto cb_durations convert memory_usage process
---
$ ros2 run tracetools_analysis convert ~/.ros/tracing/test-session
---
converting trace directory: /home/homalozoa/.ros/tracing/test-session
converted 74 events in 9 ms
output written to: /home/homalozoa/.ros/tracing/test-session/converted
---
$ ros2 run tracetools_analysis cb_durations ~/.ros/tracing/test-session
---
found converted file: /home/homalozoa/.ros/tracing/test-session/converted
[100%][Ros2Handler]
  Count Sum (ms)  Mean (ms)   Std          Name
1   5  0.611188  0.122238  0.031888  PubNode::PubNode(std::__cxx11::basic_string<ch...
0   4  0.008118  0.002030  0.003018  TimeSource::?(rcl_interfaces::ParameterEventco...
---
```

通过 ros2_tracing 系列工具，工程师们可以快速将每一次有关 ROS 2 的操作细节记录在案，并通过这些记录回溯当时的场景，进而分析是否有问题及问题是否可被容忍，这些都得益于高性能的分析工具 LTTng。除了 LTTng，还可以基于如 perf、Ftrace、eBPF、DTrace、SystemTap 等各类 Linux 的性能分析工具对程序的性能进行统计和调试。

6.2　使用 rosbag2 实现持久记录

rosbag2 是在 ROS 2 时代，为了区分于 ROS 的 rosbag 而设定的名称，其项目维护在 ros2/rosbag2 中。项目中包含了众多功能包，不乏数据库 SQLite 和压缩工具包 Zstandard 的 vendor 包、实现 bag 录制的 C/C++功能包、实现 bag 录制的 Python 功能包、实现 bag 压缩的功能包和实现 ros2cli 扩展功能的 ros2bag 功能包等。

rosbag2 是一个便于用户通过命令行快速记录当前环境中特定 topic 消息的工具,并且支持持久化的数据记录和大文件的数据存储。在机器人的工程环境中可能存在着非常高频率和高带宽的数据传输,通过 rosbag2 可以轻松将这些数据保存在一个或几个文件中,并可以在任何场合下进行回放。但截至当前,还不支持随机访问,该特性仍然在研讨和开发中,如果实现,这将是 rosbag2 的一个巨大进步。

使用 rosbag2 的方法有两种:一是使用指令,即基于 ros2cli 的扩展功能 ros2bag;二是通过 API 操作,在 C++或 Python 中完成编程。

▶▶ 6.2.1　使用 ros2bag 录制消息

ros2bag 为 rosbag2 提供了良好的操作媒介,通过 ros2bag 可以快速录制环境中的任意一个或多个 topic,并快速重放录制过的 bag 文件。代码 6-15 给出了 ros2bag 的帮助信息。

代码 6-15　ros2bag 的帮助信息

```
$ ros2 bag -h
---
usage: ros2 bag [-h] Call 'ros2 bag <command> -h' for more detailed usage. …


Various rosbag related sub-commands


optional arguments:
  -h, --help          show this help message and exit

Commands:
  convert    Given an input bag, write out a new bag with different settings
  info       Print information about a bag to the screen
  list       Print information about available plugins to the screen
  play       Play back ROS data from a bag record Record ROS data to a bag
  reindex    Reconstruct metadata file for a bag

  Call 'ros2 bag <command> -h' for more detailed usage.
---
```

为了验证和展示一些功能,需要新建一个定时关闭的程序。代码 6-16 给出了一个使用一个定时器发布两个不同类型 topic 的节点,定时器周期为 500ms,该节点会在节点执行器的操作下运行(大概)10s 后关闭,这里的定时功能是通过时间判断并使用 spin_some 进行回调执行的,有关 spin_some 可以参考 2.2.2 中的介绍。

代码 6-16　定时关闭的程序

```
#include <memory>
#include <string>
#include <utility>
```

```cpp
#include "rclcpp/rclcpp.hpp"

class PubNode : public rclcpp::Node
{
public:
  explicit PubNode(const std::string & node_name)
  : Node(node_name)
  {
    using namespace std::chrono_literals;
    time_publisher_ = this->create_publisher<builtin_interfaces::msg::Time>(
      "current_time",
      rclcpp::SystemDefaultsQoS());
    duration_publisher_ = this->create_publisher<builtin_interfaces::msg::Duration>(
      "current_duration",
      rclcpp::SystemDefaultsQoS());
    ts_init_ = this->get_clock()->now();
    auto topictimer_callback =
      [&]()-> void {
        auto timestamp = std::make_unique<builtin_interfaces::msg::Time>(this->get_clock()->
now());
        auto duration = std::make_unique<builtin_interfaces::msg::Duration>();
        duration->sec = timestamp->sec - ts_init_.seconds();
        duration->nanosec = timestamp->nanosec - ts_init_.nanoseconds();
        time_publisher_->publish(std::move(timestamp));
        duration_publisher_->publish(std::move(duration));
      };
    timer_ = this->create_wall_timer(500ms, topictimer_callback);
  }

private:
  rclcpp::TimerBase::SharedPtr timer_;
  rclcpp::Time ts_init_;
  rclcpp::Publisher<builtin_interfaces::msg::Time>::SharedPtr time_publisher_;
  rclcpp::Publisher<builtin_interfaces::msg::Duration>::SharedPtr duration_publisher_;
};

int main(int argc, char ** argv)
{
  rclcpp::init(argc, argv);
  auto node = std::make_shared<PubNode>("topic_pub");
  rclcpp::executors::StaticSingleThreadedExecutor executor_;
  auto current_time = node->get_clock()->now();
  executor_.add_node(node);
  RCLCPP_INFO(node->get_logger(), "Begin.");
  while (node->get_clock()->now()- current_time <= std::chrono::milliseconds(10'000)){
    executor_.spin_some();
  }
  RCLCPP_INFO(node->get_logger(), "End.");
```

```
    rclcpp::shutdown();
    return 0;
}
```

使用 ros2bag 录制有两种方式，启用压缩和不启用压缩。如代码 6-17 和代码 6-18 所示，二者可以同时在不同终端中开启，并且当环境中没有消息时，二者会等待直到消息出现。

代码 6-17　使用压缩的录制方法

```
$ ros2 bag record --compression-mode file --compression-format zstd -o ts.bag /current_time /current_duration
---
[INFO] [1647949598.579512842] [rosbag2_recorder]: Press SPACE for pausing/resuming
[INFO] [1647949588.588732415] [rosbag2_storage]: Opened database 'ts.bag/ts.bag_0.db3' for READ_WRITE.
[INFO] [1647949588.591181158] [rosbag2_recorder]: Listening for topics…
---
```

代码 6-18　不使用压缩的录制方法

```
$ ros2 bag record -o raw.bag /current_time /current_duration
---
[INFO] [1647949598.792053438] [rosbag2_recorder]: Press SPACE for pausing/resuming
[INFO] [1647949598.792946250] [rosbag2_storage]: Opened database 'raw.bag/raw.bag_0.db3' for READ_WRITE.
[INFO] [1647949598.793040632] [rosbag2_recorder]: Listening for topics…
---
```

然后再打开第 3 个终端，运行代码 6-16 的程序，在两个录制窗口便会提示已经订阅到两个 topic，并开始录制。此时需要等待 10s，待"topic_pub"节点退出运行，进程结束，便可通过〈Ctrl +C〉组合键终止两个 rosbag 的录制。由于在代码 6-17 和代码 6-18 已经指定路径，所以在"raw. bag"和"ts.bag"中便分别新增了两个文件，如代码 6-19 所示，可以清晰地看到，压缩后的文件大约只有未压缩文件的 9%。

代码 6-19　查看产物

```
$ ls raw.bag
---
total 20K
-rw-r--r-- 1 homalozoa oreo 1.3K Mar 22 22:44 metadata.yaml
-rw-r--r-- 1 homalozoa oreo 16K Mar 22 19:46 raw.bag_0.db3
---
$ ll ts.bag
---
total 8.0K
-rw-r--r-- 1 homalozoa oreo 1.3K Mar 22 22:42 metadata.yaml
-rw-r--r-- 1 homalozoa oreo 1.5K Mar 22 22:42 ts.bag_0.db3.zstd
---
```

其中，"metadata.yaml"用于记录 bag 的元数据，如果丢失可以通过"reindex"重新生成。而.
db3 文件是 SQLite3 的扩展名，.zstd 是被 ZStandard 压缩过的文件的扩展名。ros2bag 提供了 info 指令
用于查看这些文件的基本信息，如代码 6-20 所示。info 指令的实质便是将元数据"metadata"中的
信息重新排版打印的结果，如删除文件"metadata.yaml"，则 info 指令会失效。"metadata.yaml"的
内容如代码 6-21 所示，其中描述了 bag 的基本信息，读者可根据语义将其与实际内容一一对应。

代码 6-20 查看 bag 信息

```
$ ros2 bag info raw.bag
---
Files:              raw.bag_0.db3
Bag size:           17.3 KiB
Storage id:         sqlite 3
Duration:           9.500s
Start:              Mar 22 2022 19:46:45.596 (1647949605.596)
End:                Mar 22 2022 19:46:55.97 (1647949615.97)
Messages:           40
Topic information: Topic: /current_duration |Type: builtin_interfaces/msg/Duration |Count: 20
   |Serialization Format: cdr
                   Topic: /current_time |Type: builtin_interfaces/msg/Time |Count: 20 |Seri-
   alization Format: cdr
---
$ ros2 bag info ts.bag
---
Files:              ts.bag_0.db3.zstd
Bag size:           2.8 KiB
Storage id:         sqlite 3
Duration:           9.500s
Start:              Mar 22 2022 19:46:45.597 (1647949605.597)
End:                Mar 22 2022 19:46:55.97 (1647949615.97)
Messages:           40
Topic information: Topic: /current_duration |Type: builtin_interfaces/msg/Duration |Count: 20
   |Serialization Format: cdr
                   Topic: /current_time |Type: builtin_interfaces/msg/Time |Count: 20 |Seri-
   alization Format: cdr
---
```

代码 6-21 元数据文件 metadata. yaml

```
rosbag2_bagfile_information:
  version: 4
  storage_identifier: sqlite 3
  relative_file_paths:
   - ts.bag_0.db3.zstd
  duration:
    nanoseconds: 9500036713
  starting_time:
    nanoseconds_since_epoch: 1647949605597154643
```

```
message_count: 40
topics_with_message_count:
  - topic_metadata:
      name: /current_duration
      type: builtin_interfaces/msg/Duration
      serialization _format: cdr
      offered_qos_profiles: "- history: 1 \n depth: 1 \n reliability: 1 \n durability: 2 \n dead-
          line: \n sec: 9223372036 \n nsec: 854775807 \n lifespan: \n sec: 9223372036 \n nsec:
          854775807 \n liveliness: 1 \nliveliness _lease_duration: \n sec: 9223372036 \n nsec:
          854775807 \n avoid_ros_namespace_conventions: false"
    message_count: 20
  - topic_metadata:
      name: /current_time
      type: builtin_interfaces/msg/Time
      serialization _format: cdr
      offered_qos_profiles: "- history: 1 \n depth: 1 \n reliability: 1 \n durability: 2 \n dead-
          line: \n sec: 9223372036 \n nsec: 854775807 \n lifespan: \n sec: 9223372036 \n nsec:
          854775807 \n liveliness: 1 \n liveliness _lease_duration: \n sec: 9223372036 \n nsec:
          854775807 \n avoid_ros_namespace_conventions: false"
    message_count: 20
compression_format: zstd
compression_mode: FILE
```

除了前面介绍的方法外，ros2bag 作为脚本指令，也可通过在 launch 文件中添加 action 来完成 bag 的录制，但这将持续录制到 launch 被关闭，如代码 6-22 所示。

代码 6-22　使用 launch 文件录制

```python
import launch

def generate_launch_description():
    return launch.LaunchDescription([
        launch.actions.ExecuteProcess(
            cmd=['ros2', 'bag', 'record', '-a'],
            output='screen'
        )
    ])
```

本节展示的录制内容仅是最基本的录制方法，在 ros2bag 的 "record" 功能中存在着诸多方法和选项，如代码 6-23 所示的 "record" 帮助信息所示，用户可以通过参数设置录制所有内容，也设置每个 bag 的最大体积以便分包存储，还可以通过正则表达式筛选 topic 名称，以及覆盖 QoS 配置等。

代码 6-23　record 的帮助信息

```
$ ros2 bag record -h
---
usage: ros2 bag record [-h] [-a] [-e REGEX] [-x EXCLUDE] [--include-hidden-topics] [-o OUTPUT] [-s
    {my_test_plugin,sqlite3}]
                [-f {s,a}] [--no-discovery] [-p POLLING_INTERVAL] [-b MAX_BAG_SIZE] [-d MAX_
```

```
                        BAG_DURATION]
            [--max-cache-size MAX_CACHE_SIZE] [--compression-mode {none,file,message}]
            [--compression-format {zstd,fake_comp}] [--compression-queue-size COMPRESSION_QUEUE
                _SIZE]
            [--compression-threads COMPRESSION_THREADS] [--snapshot-mode] [--ignore-leaf-topics]
            [--qos-profile -overrides-path QOS_PROFILE_OVERRIDES_PATH] [--storage-preset-
                profile{none,resilient}]
            [--storage-config-file STORAGE_CONFIG_FILE] [--start-paused]
            [topics [topics …]]
```

Record ROS data to a bag

positional arguments:
  topics   List of topics to record.

optional arguments:
  -h, --help   show this help message and exit
  -a, --all   Record all topics.Required if no explicit topic list or regex filters.
                  -e REGEX, --regex REGEX
                Record only topics containing provided regular expression.Overrides --all , ap-
                    plies on top of topics list.
-x EXCLUDE, --exclude EXCLUDE
                Exclude topics containing provided regular expression.Works on top of --all, --re-
                    gex, or topics list.
  --include-hidden-topics
                Discover and record hidden topics as well.These are topics used internally by ROS
                    2 implementation.
  -o OUTPUT, --output OUTPUT
                destination of the bagfile to create, defaults to a timestamped folder in the current
                    directory
  -s {my_test_plugin,sqlite3}, --storage {my_test_plugin,sqlite3}
                storage identifier to be used, defaults to ' sqlite 3'
  -f {s,a}, -- serialization -format {s,a}
                rmw serialization format in which the messages are saved, defaults to the rmw cur-
                    rently in use
--no-discovery disables topic auto discovery during recording: only topics present at startup
                    will be
    recorded
  -p POLLING_INTERVAL, --polling-interval POLLING_INTERVAL
                time in ms to wait between querying available topics for recording. It has no
                    effect if --no-discovery is
                enabled.
  -b MAX_BAG_SIZE, --max-bag-size MAX_BAG_SIZE
                maximum size in bytes before the bagfile will be split.Default it is zero, record-
                    ing written in single
                bagfile and splitting is disabled.
  -d MAX_BAG_DURATION, --max-bag-duration MAX_BAG_DURATION
                maximum duration in seconds before the bagfile will be split.Default is zero, re-
                    cording written in single
```
```

bagfile and splitting is disabled.If both splitting by size and duration are enabled, the bag will split
at whichever threshold is reached first.
  --max-cache-size MAX_CACHE_SIZE
maximum size (in bytes)of messages to hold in each buffer of cache.Default is 100 mebibytes. The cache is
handled through double buffering, which means that in pessimistic case up to twice the parameter value of
memoryis needed.A rule of thumb is to cache an order of magitude corresponding toabout one second of total
                      recorded data volume.If the value specified is 0, then every message is di-
                      rectly written to disk.
  --compression-mode {none,file,message}
                      Determine whether to compress by file or message.Default is 'none'.
  --compression-format {zstd,fake_comp}
                      Specify the compression format/algorithm.Default is none.
  --compression-queue-size COMPRESSION_QUEUE_SIZE
                      Number of files or messages that may be queued for compression before being
                      dropped.
                       Default is 1.
  --compression-threads COMPRESSION_THREADS
                      Number of files or messages that may be compressed in parallel.Default is
                      0, which will be interpreted as
                      the number of CPU cores.
  --snapshot-mode   Enable snapshot mode.Messages will not be written to the bagfile until the
                      "/rosbag2_recorder/snapshot"
                      service is called.
  --ignore-leaf -topics Ignore topics without a publisher.
  --qos- profile -overrides-path QOS_PROFILE_OVERRIDES_PATH
                      Path to a yaml file defining overrides of the QoS profile for specific topics.
  --storage-preset- profile {none, resilient }
                      Select a configuration preset for storage.resilient (sqlite 3):indicate
                      preference for avoiding data
                      corruption in case of crashes, at the cost of performance.Setting this
                      flag disables optimization settings
                      for storage (the defaut).This flag settings can still be overriden by cor-
                      responding settings in the config
                      passed with --storage-config- file.
  --storage-config- file STORAGE_CONFIG_FILE
                      Path to a yaml file defining storage specific configurations.For the de-
                      fault storage plugin settings are
                      specified through syntax:write: pragmas: ["<setting_name>" = <setting_
                      value>]For a list of sqlite3
                      settings , refer to sqlite 3 documentation
  -- start-paused   Start the recorder in a paused state.

▶▶ 6.2.2　播放和处理 bag 文件

通过 ros2bag 播放 bag 相比录制只不过是完成一次逆行为，并且和录制一样，播放功能提供了很多额外的选项。包括覆盖 QoS、改变播放速率、重复播放、延时播放和重映射 topic 等。

代码 6-24　record 的帮助信息

```
$ ros2 bag play -h
---
usage: ros2 bag play [-h] [-s {sqlite 3,my_read_only_test_plugin,my_test_plugin}] [--read-ahead-
queue-size READ
    _AHEAD_QUEUE_SIZE]
            [-r RATE] [--topics TOPICS [TOPICS …]] [--qos-profile-overrides-path QOS_PROFILE_
                OVERRIDES_PATH] [-l]
            [--remap REMAP [REMAP …]] [--storage-config-file STORAGE_CONFIG_FILE] [--clock [
                CLOCK]] [-d DELAY]
            [--disable-keyboard-controls] [-p] [-- start- offset START_OFFSET]
            bag_file


Play back ROS data from a bag

positional arguments:
  bag_file            bag file to replay

  optional arguments:
  -h, --help          show this help message and exit
  -s {sqlite 3,my_read_only_test_plugin,my_test_plugin}, --storage {sqlite3,my_read_only_test_
    plugin,my_test_plugin}
                      Storage implementation of bag.By default tries to determine from metadata.
  --read-ahead-queue-size READ_AHEAD_QUEUE_SIZE
                      size of message queue rosbag tries to hold in memory to help deterministic
                          playback.Larger size will
                      result in larger memory needs but might prevent delay of message playback.
  -r RATE, --rate RATE rate at which to play back messages.Valid range > 0.0.
  --topics TOPICS [TOPICS …]
                      topics to replay, separated by space.If none specified, all topics will be
                          replayed.
  --qos- profile -overrides-path QOS_PROFILE_OVERRIDES_PATH
                      Path to a yaml file defining overrides of the QoS profile for specific top-
                          ics.
  -l , --loop         enables loop playback when playing a bagfile: it starts back at the begin-
                          ning on reaching the end and plays
                      indefinitely.
  --remap REMAP [REMAP ...], -m REMAP [REMAP ...]
                      list of topics to be remapped: in the form "old_topic1:=new_topic1 old_top-
                          ic2:=new_topic 2 etc."
  --storage-config- file STORAGE_CONFIG_FILE
```

```
                      Path to a yaml file defining storage specific configurations.For the
                           default storage plugin settings are
                      specified through syntax:read: pragmas: ["<setting_name>" = <setting_
                           value>]Note that applicable settings
                      are limited to read-only for ros2 bag play.For a list of sqlite 3 settings
                           , refer to sqlite 3 documentation
  --clock [CLOCK]     Publish to /clock at a specific frequency in Hz, to act as a ROS Time
                           Source.Value must be positive.
                      Defaults to not publishing.
  -d DELAY, --delay DELAY
                      Sleep duration before play (each loop), in seconds.Negative durations
                           invalid.
  --disable-keyboard-controls
                      disables keyboard controls for playback
  -p, -- start-paused   Start the playback player in a paused state.
  -- start- offset START_OFFSET
                      Start the playback player this many seconds into the bag file.
---
```

播放 bag 需要保证文件目录中有正确的数据文件及其元数据的配置文件,如果缺少元数据配置文件,则需要重新生成(reindex)元数据。代码 6-25 展示了移除元数据文件后无法播放,通过 reindex 恢复其元数据的过程。

代码 6-25　恢复元数据后播放

```
$ rm raw.bag/metadata.yaml
$ ros2 bag play raw.bag
---
[ERROR] [1647960286.883235978] [rosbag2_storage]: Could not open 'raw.bag' with 'sqlite3'.Er-
    ror: Failed to setup storage.Error: Could not read-only open database.SQLite error (10): disk
    I/O error
[ERROR] [1647960286.883298216] [rosbag2_storage]: Could not load/open plugin with storage id'
    sqlite3'.
No storage could be initialized.Abort
---
$ ros2 bag reindex raw.bag sqlite3
---
[INFO] [1647960299.482460947] [rosbag2_cpp]: Beginning reindexing bag in directory: raw.bag
[INFO] [1647960299.484291449] [rosbag2_storage]: Opened database 'raw.bag/raw.bag_0.db3' for
    READ_ONLY.
[INFO] [1647960299.485900542] [rosbag2_cpp]: Reindexing complete.
---
$ ros2 bag play raw.bag
---
[INFO] [1647960310.417822118] [rosbag2_storage]: Opened database 'raw.bag/raw.bag_0.db3' for
    READ_ONLY.
[INFO] [1647960310.421294233] [rosbag2_storage]: Opened database 'raw.bag/raw.bag_0.db3' for
    READ_ONLY.
---
```

如果对压缩后的文件进行播放，ros2bag 会先将文件解压为.db3 格式后，再进行播放。所以在播放后，bag 目录下会新增一个.db3 的文件。另外，可以在代码 6-26 中看到，播放时可以通过空格键暂停，方向键控制消息的速率等（这里展示所使用的版本是 Rolling，当前版本的 Foxy 和 Galactic 分支并未合入此功能）。

代码 6-26 播放压缩过的文件

```
$ ros2 bag play ts.bag
---
[INFO] [1647961925.191464092] [rosbag2_compression]: Decompressing ts.bag/ts.bag_0.db3.zstd
[INFO] [1647961925.192149414] [rosbag2_storage]: Opened database 'ts.bag/ts.bag_0.db3' for
    READ_ONLY.
[INFO] [1647961925.192192600] [rosbag2_player]: Set rate to 1
[INFO] [1647961925.194430648] [rosbag2_player]: Adding keyboard callbacks.
[INFO] [1647961925.194464754] [rosbag2_player]: Press SPACE for Pause/Resume
[INFO] [1647961925.194488178] [rosbag2_player]: Press CURSOR_RIGHT for Play Next Message
[INFO] [1647961925.194510843] [rosbag2_player]: Press CURSOR_UP for Increase Rate 10%
[INFO] [1647961925.194536179] [rosbag2_player]: Press CURSOR_DOWN for Decrease Rate 10%
[INFO] [1647961925.194962617] [rosbag2_storage]: Opened database 'ts.bag/ts.bag_0.db3' for
    READ_ONLY.
---
$ ls ts.bag
---
metadata.yaml ts.bag_0.db3 ts.bag_0.db3.zstd
---
```

除了上述讲解的功能，ros2bag 还支持使用 convert 指令来转换 bag 包（如代码 6-27 所示），包括：

- 合并（多个输入包，一个输出包）。
- 拆分顶层包（一个输入包，多个输出包）。
- 拆分内部文件（按时间或大小，一个输入包具有较少的内部文件，一个输出包具有更多、更小的内部文件）。
- 压缩/解压缩（输出包的压缩设置）。
- 序列化格式转换。

代码 6-27 解压 bag

```
$ ros2 bag convert -i ts.bag -o decom.yaml
---
[INFO] [1647963069.015418162] [rosbag2_compression]: Decompressing ts.bag/ts.bag_0.db3.zstd
[INFO] [1647963069.016355311] [rosbag2_storage]: Opened database 'ts.bag/ts.bag_0.db3' for
    READ_ONLY.
Database directory already exists (compressed), can't overwrite existing database
---
$ ll ts.bag
---
```

```
total 24K
-rw-r--r-- 1 homalozoa oreo 1.5K Mar 22 23:27 metadata.yaml
-rw-r--r-- 1 homalozoa oreo 16K Mar 22 23:31 ts.bag_0.db3
-rw-r--r-- 1 homalozoa oreo 1.6K Mar 22 23:27 ts.bag_0.db3.zstd
---
```

代码 6-27 展示了 convert 的解压缩功能，该功能的配置如代码 6-28 所示。

代码 6-28　解压 bag 的 YAML 配置

```
output_bags:
- uri: compressed
  storage_id: sqlite3
  all: true
  compression_mode: file
  compression_format: zstd
```

▶▶ 6.2.3　在程序中调用 rosbag2 的 API

rosbag2 为 C++和 Python 都提供了通过程序读写 bag 的 API，分别实现在 rosbag2_cpp 和 rosbag2_py 两个功能包中。因为使用方法相似，且 Python 版本的 API 是通过 C++的 API 二次封装实现的，所以本节只选取了 C++的 API 进行介绍。

要实现 bag 的写和读，需要依赖 rclcpp、rcpputils、rcutils 和 rosbag2_cpp 4 个项目，所以在 CMake 文件和 XML 文件中，都需要添加这 4 个项目的依赖。其中 rclcpp 提供了序列化和反序列化的方法，rcpputils 提供了文件系统的读写方法，rcutils 提供了系统时间的读取方法，rosbag2_cpp 提供了生成 bag 和读取 bag 的所有方法。包括创建 bag、写入 bag 和读取 bag，不需要节点参与，所以只需要在一个主函数中即可完成所有操作。首先需要创建一个 .cpp 文件，并添加头文件，如代码 6-29 所示。

代码 6-29　添加头文件包括

```
#include <memory>
#include <string>
#include <vector>

#include "rclcpp/rclcpp.hpp"
#include "rclcpp/serialization.hpp"
#include "rclcpp/serialized_message.hpp"
#include "rcpputils/filesystem_helper.hpp"
#include "rcutils/time.h"
#include "rosbag2_cpp/reader.hpp"
#include "rosbag2_cpp/readers/sequential_reader.hpp"
#include "rosbag2_cpp/writer.hpp"
#include "rosbag2_cpp/writers/sequential_writer.hpp"
```

然后添加写入和读取通用的变量和实例化对象，并通过 rcpputils 的方法删除目标目录的内容，以确保目录是新的。如代码 **6-30** 所示。无论是读取还是写入，都需要通过 rclcpp::Serialization 来进行序列化或反序列化，以确保消息的正确打包和解包。在写入时，需要通过它来序列化消息，将非序列号消息合成为序列化的消息 rclcpp::SerializedMessage；在读取时，需要通过它来反序列化消息，将原本序列化的消息分解为一条一条的非序列化消息。

代码 6-30　初始化通用参数

```cpp
int main()
{
  const auto LOGTAG = std::string("OperateBag");
  using TimeT = builtin_interfaces::msg::Time;
  TimeT time = rclcpp::Clock().now();
  auto rosbag_dir = rcpputils::fs::path("time_box");
  rclcpp::Serialization <TimeT> serialization;
  rcpputils::fs::remove_all(rosbag_dir);
```

接下来，在一个花括号内实现写入 bag 的所有代码，因为必须令 writer 在读取前释放，并创建元数据的描述文件（metadata. yaml），才能确保后面读取的程序能够顺利读到 bag 的全部内容。rosbag2 提供的写入器（writer）可以写入包消息、序列化消息和非序列化消息。所谓包消息，便是包含 topic 名称、起始时间戳和序列化数据的数据格式；序列化消息是包含很多条同类型消息的数据格式，但不包含任何 topic 相关的信息，如名称和 QoS 等，也不包含起始时间戳；非序列化消息即普通的单条消息，和发布器发布的消息没什么不同。一个 rosbag2 的写入器需要在写入时输入包括起始时间戳、topic 名称、消息内容和消息类型，所以无论是代码 **6-31** 给出的哪种写入 bag 的方法，都需要将这些信息直接或简洁提供。bag 的写入可以支持写入很多种不同类型和不同名称的 topic 消息。

代码 6-31　写入 bag

```cpp
{
  rosbag2_cpp::Writer writer;
  auto serialized_msg = std::make_shared<rclcpp::SerializedMessage>();
  auto write_bag_msg = std::make_shared<rosbag2_storage::SerializedBagMessage>();
  serialization.serialize_message(&time, serialized_msg.get()); // set a time
  auto time2 = time;
  time2.nanosec += time.nanosec;
  serialization.serialize_message(&time2, serialized_msg.get()); // set another time
  writer.open(rosbag_dir.string());
  if ( rcutils_system_time_now(&bag_msg->time_stamp) != RCL_RET_OK){
    RCLCPP_ERROR(rclcpp::get_logger(LOGTAG), "Get time failed.");
    return 1;
  }
  // set metadata
  metadata.name = "/current_time";
  metadata.type = "builtin_interfaces/msg/Time";
  metadata.serialization_format = "cdr";
  writer.create_topic(metadata);
```

```
// set bag message
bag_msg->topic_name = metadata.name;
bag_msg->serialized_data = std::shared_ptr<rcutils_uint8_array_t>(
  &serialized_msg->get_rcl_serialized_message(), [](rcutils_uint8_array_t * ){});

// write bag message to bag directly
writer.write(bag_msg);
try {
  // false usage
  writer.write(bag_msg, "/next_time", "builtin_interfaces/msg/Time");
} catch (const std::runtime_error & e){
  std::cerr << e.what() << '\n';
}

// write ROS message to bag with topic name
writer.write(time, "/next_time", rclcpp::Clock().now());

// write serialized message with topic name
writer.write(
  serialized_msg, "/current_next_time", "builtin_interfaces/msg/Time",
  rclcpp::Clock().now());
RCLCPP_INFO(rclcpp::get_logger(LOGTAG), "Bag is wroten.");
}
```

读取 bag 的方法是写入 bag 的逆操作，所有读取都是顺序读取，并在读取的过程中可以查看 topic 的名称和类型。

代码 6-32　读取 bag

```
{
  rosbag2_cpp::Reader reader;
  reader.open(rosbag_dir.string());
  std::vector<std::string> topic_names;
  while (reader.has_next()){
    auto read_bag_msg = reader.read_next();
    topic_names.push_back(read_bag_msg->topic_name);

    TimeT ext_msg;
    rclcpp::SerializedMessage ext_serial_msg(* read_bag_msg->serialized_data);
    serialization.deserialize_message(
      &ext_serial_msg, &ext_msg);
    if (ext_msg == time){
      RCLCPP_INFO(rclcpp::get_logger(LOGTAG), "Got time once");
    }
    RCLCPP_INFO_STREAM(
      rclcpp::get_logger(LOGTAG),
      "Topic name is " << topic_names[topic_names.size()- 1]);
  }
```

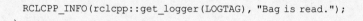

```
    RCLCPP_INFO(rclcpp::get_logger(LOGTAG), "Bag is read.");
}
```

6.3 实现单元测试

2.1.2 节曾介绍了在使用 colcon 工具构建过程中，会完成对程序内容的全面测试，包括静态测试和单元测试，并且介绍了静态测试的内容。本节将主要围绕单元测试的内容进行介绍，在 colcon 的构建流程中，单元测试是一个可选项，并且在默认的功能包中不会使能。单元测试是一种针对程序单元模块正确性检验的测试工作，它需要工程师编写代码、编译和运行测试程序才能够完成测试的工作。单元测试的核心思想是通过调用被测试模块的代码，通过断言预先判断程序输出结果，如果与断言相同，则该模块测试通过，否则失败。由于 ROS 2 中主要支持了两种语言，所以在单元测试上也需要使用不同的测试库，如果测试的是 C++ 的模块代码，可以使用 GoogleTest 和 Mimick，如果测试的是 Python 的模块代码，可以使用 pytest。本节主要介绍基于 C++ 的单元测试代码的写法，万变不离其宗，读者在学习后可自行了解 Python 的测试写法，也可参考 ROS 2 官方项目中的测试代码写法进行加深学习，如 ros-perception/vision_opencv 中 cv_bridge 的单元测试，既包含了 C++ 的测试项，也包含了 Python 的测试项。

在 REP 2004 中，对质量级别（Quality Level）为 1 的功能包要求如下。

- 必须具有涵盖功能文档中所有项目的系统测试。
- 必须具有涵盖所有公共 API 的系统、集成和/或单元测试。
- 代码覆盖率要求：
  - 必须对包进行代码覆盖跟踪。
  - 必须拥有并执行新修改的代码覆盖率策略。
- 性能要求：
  - 必须有性能测试（如果没有意义，允许例外）。
  - 必须有一个性能回归策略（即在意外的性能回归时阻止修改或发布）。
- 静态分析要求：
  - 必须具有代码格式要求并强制执行。
  - 必须在适用的情况下使用静态分析工具。

其中前 3 条是本节所讲解的主要内容，第 4 条需要使用 benchmark 库，与本节内容不相符，第 5 条的已经介绍过，不再赘述。

▶▶ 6.3.1 编写简单的单元测试

单元测试的基本思想是尽可能地通过测试案例覆盖原代码，所以编写单元测试的人一定是对被测试的代码十分了解的人。它需要了解哪些操作是正确的，哪些操作的错误的，需要提前通过测试库的断言将这些结果捕获，才被认为是测试成功。

举个例子，假设有一只猴子特别听话，给它香蕉它就留着，让它吃它才吃，并且它可以通过某种抽象的方式告诉其他人它还有几根香蕉。用程序写出来，大概如代码 6-33 和代码 6-34 所示。函数分为 add、eat 和 check 香蕉，逻辑和前面介绍的一致。当然现实中应该不会有这么听话的猴子。需要注意的是，ROS 2 中所使用的单元测试方法并非强制依赖 ROS 2 相关的功能包，但为了讲解有关节点在测试中需要注意的事项，这里还是依赖了 rclcpp，因为继承节点的类在测试时有一些需要特别注意的内容。

代码 6-33　MonkeyNode 的.hpp 文件

```cpp
#ifndef CH6_UNITTEST_CPP__MONKEY_HPP_
#define CH6_UNITTEST_CPP__MONKEY_HPP_
#include <memory>
#include <string>

#include "rclcpp/rclcpp.hpp"

namespace zoo
{
class MonkeyNode: public rclcpp::Node
{
public:
  explicit MonkeyNode(const std::string & node_name, const int32_t count_init = 0);
  bool add_bananas(const int32_t & bananas);
  bool eat_bananas(const int32_t & bananas);
  int32_t check_bananas();

private:
  int32_t count_bananas_;
};
}    // namespace zoo
#endif    // CH6_UNITTEST_CPP__MONKEY_HPP_
```

代码 6-34　MonkeyNode 的.cpp 文件

```cpp
#include <memory>
#include <string>

#include "ch6_unittest_cpp/monkey.hpp"

namespace zoo
{
MonkeyNode::MonkeyNode(const std::string & node_name, const int32_t count_init)
: Node(node_name)
{
  count_bananas_ = count_init;
}
```

```
bool MonkeyNode::add_bananas(const int32_t & bananas)
{
  count_bananas_ += bananas;
  return true;
}

bool MonkeyNode::eat_bananas(const int32_t & bananas)
{
  bool rtn;
  if (count_bananas_ - bananas >= 0){
    count_bananas_ -= bananas;
    rtn = true;
  } else {
    rtn = false;
  }
  return rtn;
}

int32_t MonkeyNode::check_bananas()
{
  return count_bananas_;
}
}    // namespace zoo
```

monkey.cpp 会被构建为库，所以在 CMake 中，需要将产物配置为动态库。并为了简便起见，设置配置产物的名称。如代码 6-35 所示。

代码 6-35　CMake 的库和依赖配置

```
cmake_minimum_required(VERSION 3.8)
project(ch6_unittest_cpp)

if (CMAKE_COMPILER_IS_GNUCXX OR CMAKE_CXX_COMPILER_ID MATCHES "Clang")
  add_compile_options(-Wall -Wextra -Wpedantic)
endif()

# find dependencies
find_package(ament_cmake REQUIRED)
find_package(rclcpp REQUIRED)

set(lib_monkey monkey)
set(test_monkey monkeytest)

set(dependencies
  rclcpp
)

include_directories(include)
```

```
add_library(${lib_monkey} SHARED
  src/monkey.cpp
)

ament_target_dependencies(${lib_monkey}
  ${dependencies}
)
```

库的安装和收尾工作可参考代码 6-36 和代码 6-37 完成，这些在 2.1.2 节和 2.2.2 节有过介绍。

代码 6-36　CMake 的安装配置

```
cmake_minimum_required(VERSION 3.8)
project(ch6_unittest_cpp)

if(CMAKE_COMPILER_IS_GNUCXX OR CMAKE_CXX_COMPILER_ID MATCHES "Clang")
  add_compile_options(-Wall -Wextra -Wpedantic)
endif()

# find dependencies
find_package(ament_cmake REQUIRED)
find_package(rclcpp REQUIRED)

set(lib_monkey monkey)
set(test_monkey monkeytest)

set(dependencies
  rclcpp
)

include_directories(include)

add_library(${lib_monkey} SHARED
  src/monkey.cpp
)

ament_target_dependencies(${lib_monkey}
  ${dependencies}
)
```

代码 6-37　CMake 收尾配置

```
cmake_minimum_required(VERSION 3.8)
project(ch6_unittest_cpp)

if(CMAKE_COMPILER_IS_GNUCXX OR CMAKE_CXX_COMPILER_ID MATCHES "Clang")
  add_compile_options(-Wall -Wextra -Wpedantic)
endif()
```

```
# find dependencies
find_package(ament_cmake REQUIRED)
find_package(rclcpp REQUIRED)

set(lib_monkey monkey)
set(test_monkey monkeytest)

set(dependencies
  rclcpp
)

include_directories(include)

add_library(${lib_monkey} SHARED
  src/monkey.cpp
)
ament_target_dependencies(${lib_monkey}
  ${dependencies}
)
```

测试部分的代码一般会被编译为可执行文件，并存放在项目目录下的"test"子目录，并且该可执行文件需要链接前面的库文件和 rclcpp。代码 6-38 展示了这部分的配置，在其中通过添加 ament_cmake_gtest 完成 GoogleTest 的导入（如果需要测试 Python 的程序，可以如法炮制，导入 ament_cmake_pytest 包），并通过 ament 工具 ament_add_gtest 添加测试程序为可执行测试程序。其他部分与普通的可执行文件的链接无差别。需要额外注意的是，测试程序不会也不需要被安装至产物目标目录。

代码 6-38　CMake 的测试配置

```
if (BUILD_TESTING)
  find_package(ament_lint_auto REQUIRED)
  ament_lint_auto_find_test_dependencies()
  find_package(ament_cmake_gtest REQUIRED)
  ament_add_gtest(${test_monkey}
    test/monkey_test.cpp
    TIMEOUT 20
  )
  ament_target_dependencies(${test_monkey}
    ${dependencies}
  )
  target_link_libraries(${test_monkey}
    ${lib_monkey}
  )
endif()
```

测试的代码稍后讲解，完整的单元测试代码包含两部分：一是测试的主体框架，如代码 6-39 所示；二是单元测试的具体内容，如代码 6-40 和代码 6-41 所示。

代码 6-39　使用 GoogleTest 实现单元测试的主体框架

```
#include <memory>

#include "ch6_unittest_cpp/monkey.hpp"
#include "gtest/gtest.h"
#include "rclcpp/rclcpp.hpp"

int main(int argc, char ** argv)
{
  testing::InitGoogleTest(&argc, argv);
  return RUN_ALL_TESTS();
}
```

代码 6-40　测试方法 1

```
TEST(MonkeyRawTest, initBananas)
{
  rclcpp::init(0, nullptr);
  auto monkey_raw = std::make_shared<zoo::MonkeyNode>("first_monkey", 100);
  ASSERT_EQ(monkey_raw->check_bananas(), 100);
  ASSERT_STREQ(monkey_raw->get_name(), "first_monkey");
  rclcpp::shutdown();
}

TEST(MonkeyRawTest, faileInitMonkey)
{
  ASSERT_THROW(std::make_shared<zoo::MonkeyNode>("another_monkey"), rclcpp::exceptions::
RCLError);
}
```

代码 6-41　测试方法 2

```
class TestNode : public::testing::Test
{
protected:
  static void SetUpTestCase()
  {
    rclcpp::init(0, nullptr);
  }

  static void TearDownTestCase()
  {
    rclcpp::shutdown();
  }
};

TEST_F(TestNode, setBananas)
{
```

```
  auto monkey_raw = std::make_unique<zoo::MonkeyNode>("second_monkey");
  EXPECT_TRUE(monkey_raw->add_bananas(99));
  ASSERT_EQ(monkey_raw->check_bananas(), 99);
}

TEST_F(TestNode, eatAfterInitAndSet)
{
  auto monkey_raw = std::make_unique<zoo::MonkeyNode>("third_monkey", 10);
  EXPECT_TRUE(monkey_raw->add_bananas(20));
  EXPECT_FALSE(monkey_raw->eat_bananas(100));
  EXPECT_EQ(monkey_raw->check_bananas(), 30);
  EXPECT_TRUE(monkey_raw->eat_bananas(15));
  ASSERT_EQ(monkey_raw->check_bananas(), 15);
}
```

在所有基于 GoogleTest 完成单元测试的 ROS 2 程序中，主体框架部分基本不会发生改变，主函数需要完成的只有初始化测试程序，以及完成所有测试并返回结果。

测试的方法分为 TEST、TEST_F 和 TEST_P 等，分别如下所述。

- TEST：主要面向静态、全局函数或简单类的单元测试。
- TEST_F：主要面向需要在单元测试中访问对象和子例程的单元测试。
- TEST_P：主要面向需要多重参数的测试。

TEST、TEST_F 和 TEST_P 都是 GoogleTest 中的宏定义。在 TEST 中，第 1 个参数代表测试的大类，是字符串类型；第 2 个参数代表这个函数的测试内容，也是字符串类型。在 TEST_F 中，第 1 个参数是其使用的类名；第 2 个参数代表这个函数的测试内容，是字符串类型。TEST_P 在这里没有展示，读者可以参考 GoogleTest 的官方文档进行了解。

TEST 中的测试内容互相是独立的，并且没有额外的运行内容。对于节点而言，如果没有通过 rclcpp 初始化上下文（Context）信息，如代码 6-40 中的第 2 条测试，会报出 RCL 的错误异常。

TEST_F 中的测试，会在测试的过程前、中、后执行类中的代码，如上面的例程中，在运行测试代码前，会运行类中的 "SetUpTestCase" 方法；在运行测试代码后，运行类中的 "TearDownTestCase" 方法。

通过 colcon build 构建后才可以使用 colcon test 继续测试，并且所有的测试程序是在 build 阶段编译的，如果测试的代码中有产生编译错误的代码，会在编译阶段而不是在测试阶段报错。代码 6-42 展示了单元测试的结果，其中最左边的 1 代表是全部测试项目中第 1 个测试的内容，读者可以从报告结果中寻找相关的字符串，并与程序代码中作一一对应，以加深了解。

代码 6-42　单元测试的结果

```
1: [==========] Running 4 tests from 2 test suites.
1: [----------] Global test environment set-up.
1: [----------] 2 tests from MonkeyRawTest
1: [ RUN      ] MonkeyRawTest.initBananas
1: [       OK ] MonkeyRawTest.initBananas (13 ms)
```

```
1: [ RUN    ] MonkeyRawTest.faileInitMonkey
1: [     OK ] MonkeyRawTest.faileInitMonkey (0 ms)
1: [----------] 2 tests from MonkeyRawTest (13 ms total)
1:
1: [----------] 2 tests from TestNode
1: [ RUN    ] TestNode.setBananas
1: [     OK ] TestNode.setBananas (6 ms)
1: [ RUN    ] TestNode.eatAfterInitAndSet
1: [     OK ] TestNode.eatAfterInitAndSet (4 ms)
1: [----------] 2 tests from TestNode (10 ms total)
1:
1: [----------] Global test environment tear-down
1: [==========] 4 tests from 2 test suites ran.(23 ms total)
1: [ PASSED ] 4 tests.
```

▶▶ 6.3.2　断言的种类

上一节中代码 6-40 和代码 6-41 展示了一系列测试的手段，其中最常出现的便是以 ASSERT 和 EXPECT 为首的宏定义函数，这些函数在 GoogleTest 中是核心的测试函数，用于断言。所谓断言（assertion）是一种在程序中的一阶逻辑（如一个结果为真或假的逻辑判断式），目的为了表示与验证软件开发者预期的结果。在 GoogleTest 中，可以使用 ASSERT 和 EXPECT 两种断言，前者会在错误时中止该项测试（当前函数），后者会在错误时继续执行测试。

断言包含很多种定义，包括下面列举的一些基础断言。

- 布尔状态。
  - 结果为真：EXPECT_TRUE（condition）和 ASSERT_TRUE（condition）。
  - 结果为假：EXPECT_FALSE（condition）和 EXPECT_FALSE（condition）。
- 值比较。
  - 二者相等：EXPECT_EQ（value1，value2）和 ASSERT_EQ（value1，value2）。
  - 二者不等：EXPECT_NE（value1，value2）和 ASSERT_NE（value1，value2）。
  - 前者小于后者：EXPECT_LT（value1，value2）和 ASSERT_LT（value1，value2）。
  - 前者小于等于后者：EXPECT_LE（value1，value2）和 ASSERT_LE（value1，value2）。
  - 前者大于后者：EXPECT_GT（value1，value2）和 ASSERT_GT（value1，value2）。
  - 前者大于等于后者：EXPECT_GE（value1，value2）和 ASSERT_GE（value1，value2）。
- 字符串比较。
  - 字符串相等，包括大小写：EXPECT_STREQ（str1，str2）和 ASSERT_STREQ（str1，str2）。
  - 字符串不等，包括大小写：EXPECT_STRNE（str1，str2）和 ASSERT_STRNE（str1，str2）。
  - 字符串相等，不包括大小写：EXPECT_STRCASEEQ（str1，str2）和 ASSERT_STRCASEEQ（str1，str2）。
  - 字符串不等，不包括大小写：EXPECT_STRCASENE（str1，str2）和 ASSERT_STRCASENE

(str1，str2)。

- 浮点数比较。
  - 单精度浮点数相等，在 4 个 ULP（Unit of Least Precision）范围内：EXPECT_FLOAT_EQ（value1，value2）和 ASSERT_FLOAT_EQ（value1，value2）。
  - 双精度浮点数相等，在 4 个 ULP 范围内：EXPECT_DOUBLE_EQ（value1，value2）和 ASSERT_DOUBLE_EQ（value1，value2）。
  - 二者误差在绝对值（abs_error）范围内：EXPECT_NEAR（value1，value2，abs_error）和 ASSERT_NEAR（value1，value2，abs_error）。
- 异常。
  - 期望异常是 exception_type：EXPECT_THROW（statement，exception_type）和 ASSERT_THROW（statement，exception_type）。
  - 任意异常：EXPECT_ANY_THROW（statement）和 ASSERT_ANY_THROW（statement）。
  - 没有异常：EXPECT_NO_THROW（statement）和 ASSERT_NO_THROW（statement）。

除了列举之外，还有死亡断言（EXPECT_DEATH），即断言执行某段代码会令程序崩溃终止；退出断言（EXPECT_EXIT），即运行某段代码会令程序正常退出；谓词断言，即在断言错误时会打印失败信息。

▶▶ 6.3.3 统计测试覆盖率

测试覆盖率（Test coverage）是单元测试中一项重要的指标，是被测试的代码/总代码的比值。在统计测试覆盖率时，统计工具会扫描测试代码中调用被测代码的内容和次数，并进行统计学计算，最后得出结果。lcov 是本节要使用的统计测试覆盖率的工具，可以通过操作系统的包管理器提前安装。

生成覆盖率的方式非常简单，一共分三步。

1）使用"--coverage"的"CMAKE_C_FLAGS"和"CMAKE_CXX_FLAGS"编译项目。

2）进行单元测试。

3）统计覆盖率后生成结果。

其中第 1）步，可以直接在 colcon build 后面添加 CMake 参数，如代码 6-43 所示。

代码 6-43 在 colcon build 后添加 CMake 参数

```
$ colcon build --cmake-args -DCMAKE_C_FLAGS="--coverage" -DCMAKE_CXX_FLAGS="--coverage" --packages-select ch6_unittest_cpp
```

也可以通过 colcon 的 mixin 工具来完成，mixin 是用于快速扩展 colcon 功能的指令，需要单独安装，如果通过 pip 安装，包名为"colcon-mixin"；如果通过 apt 安装，则包名为"python3-colcon-mixin"。mixin 提供了一系列预设好的参数搭配其他指令使用，如代码 6-44 中使用的是 colcon 官方提供的 mixin 配置，包括 build 和 test 的各种参数配置。例如，这里使用的"coverage-gcc"，便是来自于配置代码 6-45 中。在 colcon/colcon-mixin-repository 项目中有很多类似的以 JSON 为数据格式，以.mixin 为扩展名的配置文件。读者可以根据需要使用。

代码 6-44　使用 colcon mixin

```
$ colcon mixin add default https://raw.githubusercontent.com/colcon/colcon-mixin-repository/
master/index.yaml
$ colcon mixin update default
$ colcon build --mixin coverage-gcc --packages-select ch6_unittest_cpp
```

代码 6-45　coverage.mixin 的配置

```
{
  "build": {
    "coverage-gcc": {
      "cmake-args": [
        "-DCMAKE_C_FLAGS='--coverage'",
        "-DCMAKE_CXX_FLAGS='--coverage'"
      ]
    },
    "coverage-pytest": {
      "ament-cmake-args": [
        "-DAMENT_CMAKE_PYTEST_WITH_COVERAGE=ON"
      ]
    }
  },
  "test": {
    "coverage-pytest": {
      "pytest-args": [
        "--cov-report=term"
      ],
      "pytest-with-coverage": true
    }
  }
}
```

第 2 步和普通的 colcon test 没有区别，如代码 6-46 所示。

代码 6-46　使用 colcon test

```
$ colcon test --packages-select ch6_unittest_cpp
```

然后通过 lcov 统计覆盖率，其中需要排除外部库，以避免覆盖率基数计算错误。最后，再通过 genhtml 生成可视化产物，产物中包含一系列静态页面，可以通过任意浏览器打开"index.html"进行查看。

代码 6-47　通过 lcov 生成测试覆盖率

```
$ lcov --capture --directory.--output-file coverage.info --no-external
...
```

```
Capturing coverage data from.
Found gcov version: 9.3.0
Using intermediate gcov format
Scanning.for.gcda files...
Found 3 data files in.
Processing gtest/CMakeFiles/gtest.dir/src/gtest-all.cc.gcda
Processing CMakeFiles/monkeytest.dir/test/monkey_test.cpp.gcda
Processing CMakeFiles/monkey.dir/src/monkey.cpp.gcda
Excluded data for 69 files due to include/exclude options
Finished.info- file creation
---
$ genhtml coverage.info --output-directory html_report
---
Reading data file coverage.info
Found 2 entries.
Found common filename prefix "/home/homalozoa/ros2_for_beginners_code/ch6/ch6_unittest_cpp"
Writing.css and.png files.
Generating output.
Processing file src/monkey.cpp
Processing file test/monkey_test.cpp
Writing directory view page.
Overall coverage rate:
    lines ......: 100.0% (43 of 43 lines)
    functions..: 100.0% (15 of 15 functions)
---
```

代码 6-47 中的测试覆盖率是 100%, 这是因为被测体过于简单, 一般大的项目很难达到 100%。100% 的测试覆盖率能够说明的是被测试的所有代码都被检查了一遍, 并且从模块的角度, 功能设计没有问题, 这并不代表其在联调或集成的过程中不会发生问题, 也不代表在压力环境中的使用不会发生问题。如果需要更完善的测试, 还需要引入性能测试、压力测试、集成测试和系统测试等测试方案, 通过更全面的测试和分析来完善整个测试流程。

performance_test_fixture 是基于 Benchmark 实现的性能测试功能包, 使用方法和 GoogleTest 类似 (因为 Benchmark 也是 Google 开源的 C++ 性能测试库), 读者可以参考一些 ROS 2 基础功能包 (如 rclcpp) 的性能测试, 实现自己的性能测试程序。

CHAPTER 7

第 7 章

探索ROS 2的扩展功能

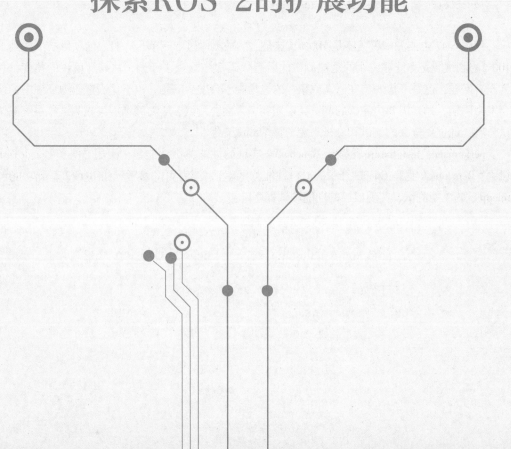

ROS 生态虽然庞大且完善，但不代表所有有关 ROS 的软件都需要遵守 ROS 的分发标准。很多开源和闭源的项目都有着自己适用的领域，如 OpenCV 是面向计算机视觉的领域，SDL2 是面向游戏编程的领域，ffmpeg 是面向音视频编解码的领域。虽然很多机器人的项目会有一些计算机视觉、游戏交互、音视频编解码的需求，也需要添加一部分功能到 ROS 的功能中，但这些开源项目的开发者或维护者并没有义务和可能将这些项目适配到 ROS 友好生态中，如 2.1.1 小节中提到的 Behavior-Tree.CPP 项目，在其 CMake 配置文件中特别添加了 ROS 和 ROS 2 构建工具的编译支持。

即使这些库原生并不支持 ROS 生态，很多支持 CMake 的 C/C++项目也是可以通过添加配置解决的，如通过 find_package 寻找功能包，再通过 target_link_libraries 进行链接即可。不过其中的功能接口和消息类型则需要转换才能完成与 ROS 的兼容，这就是 vision_opencv 和 perception_pcl 这类扩展包所完成的工作。

而另一部分不支持 CMake 构建，或构建过程中并不会按照需求生成良好的依赖顺序文件的开源项目，则需要添加扩展名为 _vendor 的扩展包，用于集成该部分到 ROS 生态。如 mpg123_vendor 便是笔者集成的一个 mpg123 的扩展包，由于 mpg123 本身并不支持 CMake 构建，仅支持 Autoconf 构建，所以在 mpg123_vendor 中，笔者通过 CONFIGURE_COMMAND 参数对构建流程进行了整合，并使用 ament 指令输出了头文件和库文件，完成了从 Autoconf 到 ament_cmake 的整合。如 ROS 2 中的 sqlite3_vendor，集成了 sqlite3 的功能，同时提供了更加友好的 CMake 文件便于使用。

像这类扩展包在 ROS 的整个生态中比比皆是，并且也支撑起了 ROS 和 ROS 2 的大部分扩展功能应用体系。基于外部和内部的双向支持，使用 ROS 2 可以完成各类各样的支持，如基于传感器的驱动、处理、融合和失效检测，基于可视化的调试，基于标准模型文件的数据处理和面向不同种类机器人的支持（如机械臂的轨迹规划和控制、移动机器人的路径规划与导航、实时系统的运动控制等）。所有应用都离不开良好的开源生态的配合。

本章带领读者从开源软件开始，结合添加非 ROS 2 功能包、传感器数据使用和诊断系统，介绍这些扩展功能是如何设计、实现和应用的。当然，本章介绍的几个方向仅是 ROS 2 扩展功能的一小部分，除此之外，还有基于机器人描述文件的编程、结合仿真平台的调试，以及现阶段流行的数字孪生和 Sim2Real，感兴趣的读者可以自行了解。

7.1　了解开源协议与版权

在选择扩展包之前，首先需要了解开源协议。开源起源于计算机软件，意味开放源代码。如红帽子（Red Hat）官网所述：

- 开源一词最初是指开源软件（Open Source Software，OSS）。开源软件是源代码可以任意获取的计算机软件，任何人都能查看、修改和分发他们认为合适的代码。
- 开源软件依托同行评审和社区生产，皆以分散、协作的方式开发。开源软件由社区开发，而非单个作者或公司，因此通常成本更低、更灵活，寿命比专有软件更长。
- 开源已成为一种超越软件生产界限的运动和工作方式。开源运动旨在利用开源软件的价值和分散的生产模型，为其社区和行业的问题寻找新的解决方法。

现在，开源不再仅仅代表开源源代码，电路、结构、材料和外观设计等一系列的资源都可以被开源。在 ROS 生态中，绝大多数基于 ROS 的衍生软件和支持 ROS 的扩展包都是开源的。但是开源不代表可以滥用，因为开源协议约束了这一切。

那么在遵守开源协议时，还需要注意保护版权。这包括代码原作者的版权和修改者的版权，由于二者对代码都具有贡献，所以二者的版权都将受到保护。有些版权还会上升到软件专利层面，但不同的协议对于软件专利的要求和看法不一致，如 GPL 中明确反对软件专利，而 Apache 则明确授予开源代码使用者专利使用权。尊重版权的意义在于尊重他人的劳动成果。我们不提倡任何忽视个人或团队劳动成果的做法，并提倡保护每一个贡献者的贡献和版权。

▶▶ 7.1.1　开源协议介绍

人们在探讨开源协议时，通常会默认把开源协议分为两大类：GPL 类和非 GPL 类。GPL 是 General Public License（通用公共许可协议）的缩写，该类型的协议包括 GPL、AGPL、GFDL、EPL、MPL 和 LGPL 等。非 GPL 类的协议则千奇百怪，如 Apache、MIT、BSD、zlib 和 Boost 等。二者的区分点在于修改源代码后是否强制要求开源。

GPL 是 GNU General Public License 的缩写，是一种著作权（Copyleft）协议。Copyleft 类型的自由软件除了允许用户自由使用、发布和修改以外，Copyleft 条款还要求作者所许可的人对修改后的派生作品要使用相同许可证授予作者，以保障其后续所有派生作品都能被任何人自由使用。通俗的说法便是，只要项目的某个部分（如静态链接或动态链接库）以 GPL 发布，则整个项目及派生作品只能以 GPL 分发。这便是众所周知的 GPL 传染性，随着使用 GPL 协议的软件越来越多，其传播会越来越广泛。GPL 自 1989 年 2 月 25 日发布，至今已经有了 3 个大版本，分别是 v1、v2 和 v3。非常著名的 Linux 项目，便是基于 GPLv2 分发的，所以使用 Linux 作为内核的操作系统，其内核源代码都必须使用 GPLv2 的协议分发给使用者。这意味着无论使用者是否希望自己的源代码被开源，从法律和协议上讲，都必须将代码开放出去。从 v3 开始，GPL 协议开始兼容一些其他协议，如 Apache 2.0 和 AGPL 等，以面向更广阔的使用空间，兼容的意思是，可以在 GPLv3 的代码中使用基于被兼容协议分发的代码。

LGPL 是 GNU Lesser General Public License 的缩写，是一种较 GPL 宽松一些的开源协议。GPL 约定了，只要项目中的代码动态链接了 GPL 的代码，则该项目必须使用 GPL 协议进行分发。而 LGPL 则约定，如果未修改 LGPL 项目源代码时，仅使用动态链接调用，则该项目无需开源，也无需使用 LGPL 作为软件发布的协议。但是如果修改了 LGPL 的代码或者衍生，则所有修改的代码，涉及修改部分的额外代码和衍生的代码都必须采用 LGPL 作为软件发布的协议。这意味着如果使用了静态链接，则静态链接生成的库或可执行程序的源代码将被视为衍生代码。LGPL 目前常见的版本包括 2.0、2.1 和 3.0。LGPL 和 GPL 相互兼容，著名的音视频项目 FFmpeg 便是基于 LGPL 和 GPL 双重协议的。

AGPL 是 GNU Affero General Public License 的缩写，是一种比 GPL 还要严格的开源协议。AGPL

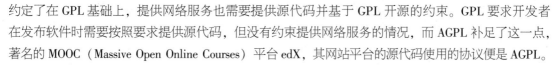

约定了在 GPL 基础上，提供网络服务也需要提供源代码并基于 GPL 开源的约束。GPL 要求开发者在发布软件时需要按照要求提供源代码，但没有约束提供网络服务的情况，而 AGPL 补足了这一点，著名的 MOOC（Massive Open Online Courses）平台 edX，其网站平台的源代码使用的协议便是 AGPL。

上述三个协议都是致力于自由软件的美国民间非营利组织自由软件基金会（Free Software Foundation，FSF）发布的，该组织由理查德·斯托曼（Richard Matthew Stallman）于 1985 年 10 月创建。该组织创立至今发布了一系列优秀的软件，并维护着一个超过 16000 个软件的自由软件清单。其组织一直在开展通过自由软件替换商业软件的计划，如替换 MATLAB 的 GNU Octave。

除了 FSF 外，其他基金会也遵循着 Copyleft 的理念发布了一些自由的软件协议，如 Mozilla 基金会发布的 MPL（Mozilla Public License）、Eclipse 基金会发布的 EPL（Eclipse Public License），这些协议在 GPL 的基础上，为了兼容专利、软件著作权和商用等多个目的，做了少许修改，进而同时受到了 FSF 和 OSI（Open Source Initiative，开放源代码组织）的认可。

开发源代码组织是另一个推动开源软件发展的非营利组织，它于 1998 年 2 月由布鲁斯·斐伦斯（Bruce Perens）及埃里克·斯蒂芬·雷蒙（Eric Steven Raymond）等人创立。和纯粹推动软件自由化的 FSF 不同，OSI 更倾向于推广开源软件和开源文化到更多的人和领域，包括商用领域，并希望借此令更多的人享受开源软件的美好，以及为不同的使用者和开源社区的支持者建立桥梁。

由于 GPL 类协议的传染性，一些宽松的、闭源友好的开源协议逐渐涌现。如 MIT 协议、Apache 协议、zlib 协议和 BSD 协议等。

Apache 协议是由 Apache 基金会发布的一种开源协议，其最早是为了 Apache 的 HTTP 服务器项目撰写的。Apache 协议是一个较为宽松的协议，它不会强制要求修改或衍生产物使用相同的协议进行发布，但会要求注明版权和原协议，并且必须保留再分发代码中的任何原始著作权、专利、商标和归属通知（不需要包括任何部分的衍生作品）。自发布至今，Apache 协议已经从 1.0 过渡到 2.0，它与 GPLv3 是兼容的，但与前两代 GPL 不兼容。不会传染协议、授权专利使用和允许修改后闭源，使得 Apache 协议可以更容易被用于商用项目，许多商业公司都会使用 Apache 协议发布软件源代码，如手机操作系统 Android 项目 Android Open Source Project（AOSP）。本书讲解的 ROS 2 的大部分代码也是基于 Apache 协议发布的。

BSD 协议是 Berkeley Software Distribution License 的缩写。BSD 协议源自加州大学伯克利分校，最早用于发布 BSD 软件包，即一系列操作系统的软件包，从 BSD 衍生出很多不同的操作系统框架，如 FreeBSD、HPBSD 和 NetBSD 等。在保留原软件版权声明的前提下，根据不同版本的 BSD 协议，有着不同的要求。按照要求的数量，BSD 协议分为 BSD-4-Clause、BSD-3-Clause、BSD-2-Clause、BSD-1-Clause 和 BSD-0-Clause。完整的 4 条条款分别如下。

1）源代码的再分发必须保留上述版权声明、此条件列表和以下免责声明。

2）二进制形式的再分发必须在随分发提供的文档和/或其他材料中复制上述版权声明、此条件列表和以下免责声明。

3）所有提及本软件功能或使用的广告材料必须显示以下确认：本产品包括由<版权持有人>开发的软件。

4）未经事先书面许可，不得使用<版权所有者>的名称或其贡献者的名称来认可或推广源自本软件的产品。

MIT 协议是麻省理工学院（Massachusetts Institute of Technology）在 1988 年发布的一个开源协议，相比 Apache 协议，其在允许修改或衍生产物使用不同协议进行发布的前提下，仅需要保留版权即可。并且允许衍生者或修改者使用原作者的名字进行宣传和促销。

zlib 协议也是一个商用友好的协议，它只约束了以下几点。

- 软件按 "原版" 使用。作者对因使用而造成的任何损害不承担任何责任。
- 软件修改版本的分发受以下限制。
  - 不得歪曲源软件的作者身份。
  - 不得将更改的版本歪曲为原创软件。
  - 不得从源发行版中删除许可声明。
- 如果分发二进制代码，许可证不需要提供源代码。

Boost 软件协议是另一个类似于 BSD 协议和 MIT 协议的宽松开源协议，它目前由 Boost C++ Libraries 使用。

开源协议的种类远不止上述列举的几种，但是所有被认可的开源协议都遵守着一定的约定，如 FSF 的自由软件定义或 OSI 的开源软件定义，这些定义可以访问其官方网站查看。

▶▶ 7.1.2 版权信息的重要性

版权，英文单词是 copyright。计算机软件受版权保护。当然，在不同国家有不同的规定。

在开源项目中，版权常常被编写在源代码的顶部、项目协议文件的底部和项目 README 的协议章节中。在很多 ROS 2 项目中的代码，其顶部会有一些以 Copyright 开头的注释内容，如代码 7-1 所示为 ros2/ros2cli 中某个 Python 文件的版权信息，包括著作人的信息（Open Source Robotics Foundation）、版权赋予的时间（2019 年）和使用的协议内容（Apache 2.0 协议）。

代码 7-1　Python 文件中 Apache-2.0 版权信息的写法，其中版权所属人/组织是 OSRF

```
# Copyright 2019 Open Source Robotics Foundation, Inc.
#
# Licensed under the Apache License, Version 2.0 (the "License");
# you may not use this file except in compliance with the License.
# You may obtain a copy of the License at
#
#     http://www.apache.org/licenses/LICENSE-2.0
#
# Unless required by applicable law or agreed to in writing, software
# distributed under the License is distributed on an "AS IS" BASIS,
# WITHOUT WARRANTIES OR CONDITIONS OF ANY KIND, either express or implied.
# See the License for the specific language governing permissions and
# limitations under the License.
```

不同协议的版权内容会有区别，如 BSD-2-Clause 和 MIT 协议的内容分别如代码 7-2 和代码 7-3

所示，在使用时需要特别注意。

代码 7-2　BSD-2-Clause 协议的版权信息

```
Copyright <YEAR> <COPYRIGHT HOLDER>

Redistribution and use in source and binary forms, with or without modification, are permitted
    provided that the following conditions are met:

1.Redistributions of source code must retain the above copyright notice, this list of conditions
    and the following disclaimer.

2.Redistributions in binary form must reproduce the above copyright notice, this list of condi-
    tions and the following disclaimer in the documentation and/or other materials provided
    with the distribution.

THIS SOFTWARE IS PROVIDED BY THE COPYRIGHT HOLDERS AND CONTRIBUTORS "AS IS" AND ANY
    EXPRESS OR IMPLIED WARRANTIES, INCLUDING, BUT NOT LIMITED TO, THE IMPLIED
    WARRANTIES OF MERCHANTABILITY AND FITNESS FOR A PARTICULAR PURPOSE ARE
    DISCLAIMED.IN NO EVENT SHALL THE COPYRIGHT HOLDER OR CONTRIBUTORS BE LIABLE
    FOR ANY DIRECT, INDIRECT, INCIDENTAL, SPECIAL, EXEMPLARY, OR CONSEQUENTIAL
    DAMAGES (INCLUDING, BUT NOT LIMITED TO, PROCUREMENT OF SUBSTITUTE GOODS OR
    SERVICES; LOSS OF USE, DATA, OR PROFITS; OR BUSINESS INTERRUPTION)HOWEVER CAUSED
    AND ON ANY THEORY OF LIABILITY, WHETHER IN CONTRACT, STRICT LIABILITY, OR TORT (
    INCLUDING NEGLIGENCE OR OTHERWISE)ARISING IN ANY WAY OUT OF THE USE OF THIS
    SOFTWARE, EVEN IF ADVISED OF THE POSSIBILITY OF SUCH DAMAGE.
```

代码 7-3　MIT 协议的版权信息

```
Copyright <YEAR> <COPYRIGHT HOLDER>

Permission is hereby granted, free of charge, to any person obtaining a copy of this software and
    associated documentation files (the " Software"), to deal in the Software without
    restriction, including without limitation the rights to use, copy, modify, merge, publish,
    distribute, sublicense, and/or sell copies of the Software, and to permit persons to whom the
    Software is furnished to do so, subject to the following conditions:
The above copyright notice and this permission notice shall be included in all copies or substan-
    tial portions of the Software.

THE SOFTWARE IS PROVIDED "AS IS", WITHOUT WARRANTY OF ANY KIND, EXPRESS OR IMPLIED,
    INCLUDING BUT NOT LIMITED TO THE WARRANTIES OF MERCHANTABILITY, FITNESS FOR A
    PARTICULAR PURPOSE AND NONINFRINGEMENT.IN NO EVENT SHALL THE AUTHORS OR
    COPYRIGHT HOLDERS BE LIABLE FOR ANY CLAIM, DAMAGES OR OTHER LIABILITY, WHETHER
    IN AN ACTION OF CONTRACT, TORT OR OTHERWISE, ARISING FROM, OUT OF OR IN
    CONNECTION WITH THE SOFTWARE OR THE USE OR OTHER DEALINGS IN THE SOFTWARE.
```

　　在使用其他人或其他组织的开源项目时，一定要注意其使用的协议，以及注意保护其版权信息。如果涉及自己修改的内容，也需要顺带保护自己的版权。

　　保护别人的版权需要注意两件事。

1）协议的兼容情况：当前的衍生或修改是否需要修改协议，如果需要修改协议，则需要分析协议是否兼容，以保证软件发行的合法性。

2）保留原项目的版权内容：无论是否修改协议，原软件代码的版权内容是务必要保留的，保留原版权内容的方法也十分简单，即保持带有"Copyright"字样的一行不被修改即可。

除了保护版权外，在发布修改或衍生项目时，最好在 Notice 文件中附上参考过的项目的协议，以对其致敬（无论协议是否这么要求）。

保护自己的版权只需要注意一件事，即将自己的版权信息按照 Copyright 那一行的格式，添加到文件的顶部即可，如代码 7-4 所示。

代码 7-4　添加自己的版权

```
# Copyright 2022 Homalozoa
# Copyright 2019 Open Source Robotics Foundation, Inc.
#
# Licensed under the Apache License, Version 2.0 (the "License");
# you may not use this file except in compliance with the License.
# You may obtain a copy of the License at
#
#     http://www.apache.org/licenses/LICENSE-2.0
#
# Unless required by applicable law or agreed to in writing, software
# distributed under the License is distributed on an "AS IS" BASIS,
# WITHOUT WARRANTIES OR CONDITIONS OF ANY KIND, either express or implied.
# See the License for the specific language governing permissions and
# limitations under the License.
```

除了包含在代码文件注释中的版权信息外，在项目根目录也会有一个名为"LICENSE"的文件用于记录项目所使用的协议及项目的版权所属。一般一个开源项目会有一个或多个协议，这是因为开源项目中可能会引用不同协议的代码甚至其他项目，如果将其他项目的协议都修改为当前项目的协议会显得不太友好，故保留其原协议是最佳选项。在 GitHub 这类代码管理平台上，会自动检测项目根目录是否包含 LICENSE 文件，并且根据 LICENSE 文件中的文本内容判断是哪种协议，进而显示在项目首页上。LICENSE 文件中会包含一个协议的所有内容，由于其篇幅过长，此处便不展示，读者可直接访问 GitHub 上的开源项目了解。

除了 GitHub 会检测 LICENSE 文件外，ROS 2 的自动化测试也会检测该文件。当被检测的项目的根目录包含".git"内容时，即项目本身就是一个功能包，且 package.xml 和 CMakeLists.txt 等文件均在项目根目录时，ROS 2 的静态测试便会检查路径内是否包含 LICENSE 文件，并且判断其协议是否正确，判断协议正确的依据来源于 package.xml 文件中的描述和各个文件顶部的版权信息。检测的内容在 ament_copyright 功能包中有模板，在其 template 目录内。该功能包目前维护在 ament/ament _lint 项目中，目前共支持近 10 种常见的开源协议。

▶▶ 7.1.3　项目中的 Notice 文件

除了代码中的版权信息和协议文件外，许多基于 Apache 协议的开源项目中还会存在一个名为

"Notice"的文件，它可能是 Markdown 格式的文件，如"NOTICE.md"，也可能是文本文件，如 "NOTICE.txt"。该文件用于通知和披露项目中法律要求相关的内容，包括商标、版权和第三方库的使用情况等。由于 Apache 协议只要求保留原版权和原协议的声明，所以 Notice 文件便是这些声明的载体。Notice 文件可包含在开源项目中，与 LICENSE 文件同存放在一个目录中，也可包含在闭源项目中，仅作为一个文件或页面展示。

前文 4.1.5 小节中介绍的 iceoryx 项目是一个基于 Apache 2.0 的项目，该项目根目录的 Notice 文件包含了商标、版权、项目的协议、源码地址、第三方库使用情况和加密情况声明共 6 项，如代码 7-5 所示。

代码 7-5　iceoryx 项目的 Notice 文件

```
# Notices for Eclipse iceoryx

This content is produced and maintained by the Eclipse iceoryx project.

* Project home: <https://projects.eclipse.org/projects/technology.iceoryx>

## Trademarks

  Eclipse iceoryx is a trademark of the Eclipse Foundation.

## Copyright

All content is the property of the respective authors or their employers.For
more information regarding authorship of content, please consult the listed
source code repository logs.

## Declared Project Licenses

This program and the accompanying materials are made available under the terms
of the Apache License, Version 2.0 which is available at
<https://www.apache.org/licenses/LICENSE-2.0>.

SPDX-License-Identifier: Apache-2.0

## Source Code

The project maintains the following source code repositories:

* <https://github.com/eclipse-iceoryx/iceoryx>

## Third-party Dependencies

This project leverages the following third party content.
The corresponding license files can be found at <https://github.com/eclipse-iceoryx/iceoryx/
tree/master/doc/3rd_
    party_licenses> or in the folder 'share/doc/iceoryx/3rd_party_licenses' of your local iceo-
ryx installation.
```

System Libraries

libacl library

* Usage: as-is , dynamic-linking
* Notes: system-header '<sys/acl.h>' is used.

libncurses library

* Usage: as-is , dynamic-linking
* Notes: system-header '<ncurses.h>' is used.

Optional Build Dependencies

cpptoml library (v0.1.1)

* License: MIT
* Project: <https://github.com/skystrife/cpptoml>
* Source: <https://github.com/skystrife/cpptoml/tree/v0.1.1>
* Usage: as-is , static -linking
* enabled by default build

Eclipse Cyclone DDS (Branch master)

* License: Eclipse Public License v.2.0 or the Eclipse Distribution License v.1.0
* Project: <https://projects.eclipse.org/projects/iot.cyclonedds>
* Source: <https://github.com/eclipse-cyclonedds/cyclonedds>
* Usage: as-is , static -linking

C++ binding for Eclipse Cyclone DDS (Branch master)

* License: Eclipse Public License v.2.0 or the Eclipse Distribution License v.1.0
* Project: <https://projects.eclipse.org/projects/iot.cyclonedds>
* Source: <https://github.com/eclipse-cyclonedds/cyclonedds-cxx>
* Usage: as-is , static -linking

Tools used by iceoryx

Google Test (release-1.10.0)

* License: BSD 3-Clause "New" or "Revised" License
* Project: <https://github.com/google/googletest>
* Source: <https://github.com/google/googletest/tree/release-1.10.0>
* Usage: as-is , static -linking

Cryptography

Content may contain encryption software.The country in which you are currently
may have restrictions on the import, possession, and use, and/or re-export to
another country, of encryption software.BEFORE using any encryption software,

```
please check the country's laws, regulations and policies concerning the import,
possession, or use, and re-export of encryption software, to see if this is
permitted.
```

Notice 文件中最占用篇幅的是第三方库的使用情况，通常分为两大类：保持原样（as-is）和被修改（modified）。如果是 C/C++这类需要编译的项目，还需要细分为静态链接和动态链接；如果是 Python 和 JavaScript 这类语言，只需注明调用即可。当然，Apache 协议并没有强制要求必须列出这些，仅需提供项目的基本信息即可。

如在 Android 项目中，使用 Google 提供的 OSS 协议插件即可完成项目中所调用的其他开源项目的使用情况，如代码 7-6 所示是导入插件的方式。由于 Android 本身和许多 Android 的库都是基于 A-pache 2.0 发布的，所以 Google 提供了这一途径便于应用开发者快速生成 Notice 文件。读者可随手打开 Android 手机中的应用程序，在其中寻找"开源许可"或"版权信息"等字样，尊重版权和具有良好法律素养的公司所发布的应用程序都会有这一项。

代码 7-6　Android 中的 OSS 协议插件

```
plugins {
    id'com.android.application'
    id'com.google.android.gms.oss-licenses-plugin'
}
```

7.2　构建 ROS 2 的 vendor 功能包

在实际的项目运作上，对开源协议的规避和选择尤为重要。很多学者在开源学术类的成果时，希望自己的劳动果实不会被其他人剽窃或商业化，所以在开源时都会选择 GPLv2 或 GPLv3 作为发布协议；也有很多商业公司，他们希望开放软件源代码来获取更多的关注量和使用量，所以在开源时会选择商业友好的 Apache 或 BSD 作为发布协议。

在日常引入和使用开源项目时，也需要对其协议进行了解，如果其项目使用的是 GPL 类型的协议，并且我们不希望继承其协议时，应该通过一些方法来避免 GPL 类协议在其他项目中的扩散和传播。这时应当避免静态链接和动态链接的方式，一个比较好的方法是通过进程间通信解决该问题。ROS 2 的几种通信方式都可以作为进程间通信的方法来避免 GPL 协议的扩散。但是作为连接的桥梁软件或胶水软件，还是会被传染为 GPL 类协议。

在 ROS 生态中，通过桥梁软件或胶水软件引入的通常都是非 ROS 的软件功能包，这些软件来自于其他生态，但又对机器人工程有着不可忽视的作用。一般说来，这些作为桥梁或胶水的软件都会作为一个个独立的功能包存在，这些功能包的名字有着一个共性，便是扩展名为"vendor"，如"tinyxml_vendor"。

扩展名为"vendor"的包只包含需要引入的功能包的内容，包括增加 ament 依赖、CMake 依赖和动态链接的支持等，并不包含类型转换、消息转发或功能整合等内容。但也有一些 ROS 以外的功能包，是通过操作系统的包管理器安装的，如 OpenCV 和 PCL 等大型的库软件。这是因为这些软件包兼容性和适用性足够好，其本身的 CMake 配置便足以支持 ament_cmake 进行直接调用和依赖。但即使原生支持 CMake，这些功能包仍然需要通过一定的功能整合和分配才能更好地适用于 ROS 的功能包，如面向 OpenCV 的 vision_opencv 和面向 PCL 的 perception_pcl 等。

通常说来，添加非 ROS 项目的工作，大部分都是针对 C/C++类的项目进行的，和 Python 项目不同，C/C++类的项目并没有一个统一的规范用于约束库的编写标准和发行标准。在 Python 的项目中，由于 PEP 的约束，所有希望通过 pip 发行的 Python 功能包都会按照 Python 的统一规范，通过 Setuptools 进行打包和分发。C/C++类项目由于历史悠久，所以其构建工具十分多样，从最基本的 Makefile 到 Autoconf，再到 CMake、Bazel 和 Ninja 等，难以在很短时间内统一。最近几年，有一些组织在尝试将 C/C++项目统一起来，如 Conan 工具。当然，通过 Colcon 和 ament 系列工具来统一，也是一个不错的方法。

本节将会介绍如何将外部的 C/C++项目引入 ROS 的构建生态中。

▶▶ 7.2.1 辨识项目的构建方式

具有较为悠久历史的 C/C++类项目大部分都是通过 Autoconf 和 CMake 来构建的，一些新兴的功能包也会通过 Ninja 和 Bazel 等混合构建工具进行项目的构建。

Autoconf 是 GNU 组织开发的一个跨平台的编译、安装和打包的构建工具，实际上它并不会限制项目的编程语言，但人们经常在 C/C++类需要编译的项目中使用它。基于 Autoconf 的项目具有一个显著的特点，便是在项目的根目录会有 "configure.ac" 和 "configure" 文件，用于初始化构建脚本（Makefile）。Autoconf 是一个自 1991 开始的开源项目，现在看来，其中的许多功能和指令都显得十分老旧和复杂难用，所以自从 CMake 项目成熟起来后，很多开源项目的构建方式都从 Autoconf 转向了 CMake。

使用 Autoconf 的项目有很多，如 mpg123，其根目录的内容如代码 7-7 所示。

代码 7-7　mpg123 项目的根目录内容

```
AUTHORS      Makefile.in    README     configure.ac   libsyn123.pc.in  mpg123.spec.in
COPYING      NEWS           TODO       doc            m4               ports
ChangeLog    NEWS.libmpg123 aclocal.m4 equalize.dat   makedll.sh       scripts
INSTALL      NEWS.libout123 build      libmpg123.pc.in man1            src
Makefile.am  NEWS.libsyn123 configure  libout123.pc.in mpg123.spec     windows-builds.sh
```

CMake 是 Cross platform Make 的缩写，虽然名字中含有 "make"，但是 CMake 和 Unix 上常见的 "make" 系统是分开的，而且更为高端。它可与原生建置环境结合使用，如 make、ninja、苹果的 Xcode 与微软的 Visual Studio。相比 Autoconf，CMake 支持了更多更广的编译工具和编程语言，并且支持在 CMake 中运行脚本、获取代码和调用其他 CMake 配置等操作，CMake 还支持多机分布式构建，并具有更强大的跨平台能力。在自动化测试方面，CMake 还可以支持多种软件测试和发布工具，如 Dart、CTest、GoogleTest 和 CPack 等。CMake 发布于 2000 年，并且仍在持续更新和迭代中。

使用 CMake 的项目的数量要比 Autoconf 的项目多出很多，许多著名的软件都是基于 CMake 构建的，如数据库软件 MySQL、计算机视觉库 OpenCV、物理引擎 Bullet、编译器 clang、开源的图形化交互界面 KDE、图形渲染工具 Blender 和电路绘制软件 KiCAD 等。包括本书介绍的 ROS 2，几乎所有的 C/C++项目，都是基于 CMake 的改造版本 ament_cmake 来构建的。CMake 项目具有典型的特点，即根目录必须具备 "CMakeLists.txt" 文件，用于生成一切编译、打包和安装所需的脚本。

Autoconf 和 CMake 从构建流程上，都会帮助用户快速生成构建脚本，如果做进一步构建，还需要通过 "make" 指令来触发。

▶▶ 7.2.2　CMake 项目的引入

引入 CMake 项目的方法十分简单，由于几乎所有的 C/C++的 ROS 2 项目都是通过 ament_cmake 实现的，那么只需要按照要求阅读了解原项目的 CMake 文件，并酌情编写 vendor 包的 CMake 文件即可。需要注意的事项包括：

- 筛查原项目的 CMake 最小版本，并保证 vendor 包的 CMake 最小版本约束比其更新。
- 了解原项目的构建依赖，包括所有的 find_package 中的必须项和非必须项，保证构建环境中存在必需的项目，以及保证非必须项的存在要与 CMake 的选项（option）统一。
- 观察原项目的所有选项（option），确保需要构建的内容会被如期构建，不需要的内容会被忽略。
- 注意默认的构建类型，是 Release 类型还是 Debug 类型，根据需要在 vendor 包的 CMake 文件中标识。
- 了解清楚原项目的获取方法是通过本地文件、远程的 URL，还是 GIT 的方式获取。
- 了解原项目的最终打包内容和安装内容，确保兼容 ament_cmake 或 CMake 调用，如果不支持，应该通过添加项目予以支持。
- 有一些项目会对 CMake 的版本进行检查，并根据不同的 CMake 版本生成不同的产物，如 gRPC。

下面列举两个例子来说明基于 CMake 的软件项目构建 vendor 包的方法。一个 vendor 包通常只需要两个文件：package.xml 和 CMakeLists.txt。下面以 gRPC 为例，介绍包的设计方法和流程。

package.xml 中通常需要添加项目依赖库的名称，添加依赖库的目的无非是两个：一是可以使用 rosdep 工具通过操作系统的包管理器进行软件的安装；二是通过依赖库名称之间的拓扑关系为 colcon 工具提供构建顺序。但是考虑到使用 vendor 包引入的库都是无法通过或不便于通过操作系统的包管理器进行安装的，或是包管理器安装的版本不合适，所以在建立 vendor 包时，如果不存在需要通过包管理器安装的软件，则不需要在 package.xml 中添加内容，如果需要添加，则参考 1.1.2 节中的介绍，添加相应的依赖即可。最后，还需要对构建方式进行配置，可以配置为 cmake 或 ament_cmake，如果对所构建的内容不是特别了解，建议选择 ament_cmake，因为这样便于快速导出和生成适合 ROS 2 的 ament 系统的依赖。

那么依赖去哪里找呢？答案是从原项目构建配置文件。例如，gRPC 是通过 CMake 构建的，其中只写了一条在 UNIX 类操作系统中的 find_pacakge：Threads。但是这并不意味着 gRPC 只需要这一个依赖，因为 CMake 文件中可以调用其他 CMake 文件，在 gRPC 的 CMakeLists 文件中，包含了很多 gRPC 项目 cmake 路径下的 CMake 文件，这些文件都是 gRPC 构建所必需的依赖库。由于 gRPC 的工程师们考虑得很周全，他/她们并不寄希望于操作系统的包管理器，而是通过 GIT 的 Submodule 模式（参见 gRPC 项目的 third_party 目录）将所有依赖项目作为子模块引入 GIT 仓库，进而通过这些子模块依次构建依赖库，来完成依赖的引入。这种设计方法的优点很明显，兼容性好，适配性强，能够快速部署在任意一个平台上。其缺点也很明显，便是构建速度慢，因为所有的依赖项都需要在构建 gRPC 时依次构建。综上所述，在 gRPC 的 vendor 项目中，不需要对 XML 做任何添加和修改，如代码 7-8 所示。

代码 7-8　grpc_vendor 的 package.xml

```
<?xml version="1.0"? >
<?xml-model href="http://download.ros.org/schema/package_format3.xsd" schematypens="
  http://www.w3.org/2001/XMLSchema"? >
<package format="3">
  <name>grpc_vendor</name>
  <version>0.0.1</version>
  <description>Vendor library for GRPC of ROS 2.</description>
  <maintainer email="nx.tardis@gmail.com">homalozoa</maintainer>
  <license>Apache License 2.0</license>

  <buildtool_depend>ament_cmake</buildtool_depend>

  <test_depend>ament_lint_auto</test_depend>
  <test_depend>ament_lint_common</test_depend>

  <export>
    <build_type>ament_cmake</build_type>
  </export>
</package>
```

CMakeLists.txt 中需要添加有关原项目构建的所有关键信息，并将信息填入 ExternalProject 中的相关参数区域。ExternalProject 是 CMake 提供的用于引入外部项目的工具，需要在 CMake 文件中添加包含语句才能使用。

代码 7-9　在 CMake 中添加 ExternalProject

```
include(ExternalProject)
```

ExternalProject 提供了添加外部项目的指令，可以写作 externalproject_add，该指令提供了几种不同的下载模式，如 GIT 模式、SVN 模式、CVS 模式和 URL 模式等。在构建策略上，ExternalProject 提供了更新、补丁、配置、编译、按照、测试和日志等多种参数入口，便于用户高度自定义外部项目的构建策略和构建流程。CMake 中的依赖参数，ExternalProject 也是支持的，通过 CMake 的依赖配置，可以灵活控制不同的外部项目构建的顺序，以确保产物的如期输出。

ExternalProject 的参数包括但不限于如下内容，它们将作为积木，用于组合 vendor 包。

- 外部项目的名字，这是第 1 个参数。下文用<name>代替。
- PREFIX：外部项目的根目录名，除非下文特别说明，否则与外部项目关联的所有目录都将在此目录创建。后文用<prefix>代替。其中特别说明的目录变量如下。
  - TMP_DIR：临时文件路径。如果不设定，默认是<prefix>/tmp。
  - DOWNLOAD_DIR：在解压缩之前存储下载文件的目录。该目录仅供 URL 下载方式使用，其他所有下载方式直接使用 SOURCE_DIR。如果不设定，默认是<prefix>/src。
  - SOURCE_DIR：使用 URL 模式下载的内容将被解压到的该目录，对于非 URL 下载方法，通过版本管理工具 clone 或 checkout 的仓库也会被放入该目录。如果不设定，默认是<prefix>/src/<name>。
  - BINARY_DIR：指定构建目录位置。如果不设定，默认是<prefix>/src/<name>-build。
  - INSTALL_DIR：安装的目录。如果不设定，默认是<prefix>。
- URL 模式的参数。
  - URL：外部项目源的路径或 URL 列表。当给出多个 URL 时，它们会依次尝试，直到一个成功。URL 可以是本地文件系统中的普通路径（在这种情况下，它必须是唯一提供的 URL）或命令支持的任何可下载的 URL。本地文件系统路径可以引用现有目录或存档文件，而 URL 应指向可被视为存档的文件。使用存档时，它将自动解压缩，除非有额外设置。注意，多 URL 需要在 CMake 3.7 及以上的版本使用。
  - URL_MD5：下载的目标文件 MD5 值。
- GIT 模式的参数。
  - GIT_REPOSITORY：GIT 仓库的 URL，该 URL 应是可以被"git clone"的 URL。
  - GIT_TAG：GIT 仓库的标签，该标签可以是分支名（branch）、tag（GIT 标签）或提交哈希（Commit Hash）。
- PATCH_COMMAND：打补丁用的指令，也可以是任何在配置操作前需要执行的指令。
- CONFIGURE_COMMAND：配置指令，默认情况是使用"cmake"指令进行配置，其中"cmake"指令会调用当前环境默认的 cmake 可执行程序进行操作。
- CMAKE_COMMAND：通过参数可以指定特别的"cmake"可执行程序，如对 CMake 有特别的版本需求，便可使用该参数。
- CMAKE_ARGS：CMake 的配置参数，这些参数包括 CMake 文件中设定的选项（Options）和构建类型等。通常在"cmake"的指令中，会通过"-D"的方式添加后缀，比如"-DCMAKE_BUILD_TYPE"指的是构建类型，如 Release 和 Debug 等。
- BUILD_COMMAND：编译的指令，一般默认是"make"。
- INSTALL_COMMAND：安装的指令，一般默认是"make install"。
- TEST_COMMAND：测试的指令。
- TIMEOUT：超时时间，单位是 s。

至此，需要使用的积木已经介绍完毕，下面给出 gRPC 的 CMake 文件的示例，示例中选用了 1.

36.3 版本的 gRPC，如代码 7-10 所示。

代码 7-10　grpc_vendor 的 CMakeLists.txt

```
cmake_minimum_required(VERSION 3.8)
project(grpc_vendor)

find_package(ament_cmake REQUIRED)

set(EXTPRJ_NAME grpc)
set(GIT_URL "https://github.com/grpc/grpc.git")
set(PKG_VER "v1.36.3")

include(ExternalProject)

externalproject_add(
  ${EXTPRJ_NAME}
  PREFIX ${EXTPRJ_NAME}
  GIT_REPOSITORY ${GIT_URL}
  GIT_TAG ${PKG_VER}
  CMAKE_ARGS
     -DCMAKE_BUILD_TYPE=${CMAKE_BUILD_TYPE}
     -DCMAKE_INSTALL_PREFIX=${CMAKE_INSTALL_PREFIX}
  INSTALL_DIR ${CMAKE_INSTALL_PREFIX}
  TIMEOUT 1200
)

ament_package()
```

当然，如果要更谨慎一些，可以在生成项目前对环境进行判断，如代码 7-11 中加入的内容。

代码 7-11　加入对 gRPC 的存在性判断

```
find_package(Protobuf QUIET)
find_package(gRPC CONFIG QUIET)

if (Protobuf_FOUND AND gRPC_FOUND)
  message("protobuf & gRPC found, skip building from source")
  return()
endif()
```

如果需要引入的项目需要同时导入两个仓库，如 OpenCV 和 OpenCV_Contrib，那么可以使用 CMake 的 "add_dependencies" 建立二者的依赖关系，如代码 7-12 所示，其中使用了 URL 的方式导入 4.2.0 版本的 OpenCV，并通过 MD5 值验证完整性。

代码 7-12　opencv_vendor 的部分 CMake 内容

```
set(EXTPRJ_NAME opencv)
set(EXTPRJ_DEP opencv-contrib)
set(PKG_VER "4.2.0")
```

```
set(EXTERNAL_DOWNLOAD_LOCATION ${CMAKE_BINARY_DIR}/Download)

include(ExternalProject)

externalproject_add( ${EXTPRJ_DEP}
  URL https://github.com/opencv/opencv_contrib/archive/refs/tags/${PKG_VER}.tar.gz
  URL_MD5 7f8111deb2ce3ed6c87ede8b3bf82031
  SOURCE_DIR " ${EXTERNAL_DOWNLOAD_LOCATION}/opencv-contrib"
  CONFIGURE_COMMAND ""
  BUILD_COMMAND ""
  INSTALL_COMMAND ""
)

externalproject_add(
  ${EXTPRJ_NAME}
  PREFIX ${EXTPRJ_NAME}
  URL https://github.com/opencv/opencv/archive/refs/tags/${PKG_VER}.tar.gz
  URL_MD5 e8cb208ce2723481408b604b480183b6
  SOURCE_DIR "${EXTERNAL_DOWNLOAD_LOCATION}/opencv"
  CMAKE_ARGS
    -DCMAKE_BUILD_TYPE= ${CMAKE_BUILD_TYPE}
    -DCMAKE_INSTALL_PREFIX= ${CMAKE_INSTALL_PREFIX}
    -DBUILD_DOCS:BOOL=OFF
    -DBUILD_EXAMPLES:BOOL=OFF-DBUILD_PACKAGE:BOOL=OFF
    -DBUILD_SHARED_LIBS:BOOL=ON -DBUILD_TESTS:BOOL=OFF
    -DOPENCV_EXTRA_MODULES_PATH= ${EXTERNAL_DOWNLOAD_LOCATION}/opencv-contrib/
        modules
  INSTALL_DIR ${CMAKE_INSTALL_PREFIX}
  TIMEOUT 1200
)
add_dependencies( $ {EXTPRJ_NAME} $ {EXTPRJ_DEP})
```

    使用 ExternalProject 来引入 CMake 项目的技巧还有很多，读者可以通过阅读 CMake 的官方文档做更详细的了解。需要注意的是，有一些 API 具有版本约束，使用时需要注意当前项目所面向的构建平台或构建环境的 CMake 版本。

▶▶ 7.2.3　Autoconf 项目的引入

    在 CMake 中向下兼容 Autoconf 项目，从 CMake 的文档设计上观察，其实是不支持的，但是由于 ExternalProject 给出的接口足够灵活，也足够多，所以可以通过一些技巧使其支持 Autoconf。

    首先需要考虑如何使用 ExternalProject 构建 Autoconf 项目到临时文件夹。构建到临时文件夹的原因是，Autoconf 并不会生成 CMake 的任何变量，所以即使直接安装到指定目录，也无法通过 CMake 的方法找到任何依赖。

    由于 Autoconf 的项目的操作一般如代码 7-13 所示，先配置后编译，再安装。参考这个流程，可以修改配置指令 CONFIGURE_COMMAND 和编译指令 BUILD_COMMAND，如代码 7-14 所示。

代码 7-13 Autoconf 的构建指令

```
$ ./configure
$ make
$ make install
```

代码 7-14 导入 mpg123

```
cmake_minimum_required(VERSION 3.8)
project(mpg123_vendor)

find_package(ament_cmake REQUIRED)

set(EXTPRJ_NAME mpg123)
set(PREFIX_DIR "${CMAKE_CURRENT_BINARY_DIR}/${EXTPRJ_NAME}/src/${EXTPRJ_NAME}")
set(OUT_DIR "${CMAKE_BINARY_DIR}/install")

include(ExternalProject)

externalproject_add(
  ${EXTPRJ_NAME}
  PREFIX ${EXTPRJ_NAME}
  URL https://www.mpg123.de/download/mpg123-1.29.2.tar.bz2
  URL_MD5 05137a60b40d66bc185b1e106815aec7
  CONFIGURE_COMMAND eval ${PREFIX_DIR}/configure --prefix=${OUT_DIR}
  BUILD_COMMAND "make"
  INSTALL_DIR ${OUT_DIR}
  TIMEOUT 1200
)
```

当然，这只是将产物安装到 ${OUT_DIR} 中了，要想将 Autoconf 转化成 ament_cmake 项目，还需要设置动态库（在 ROS 2 中，主要使用动态库链接），如代码 7-15 所示。

代码 7-15 设置 mpg123 的动态库

```
set(mpg123_libs
  mpg123
  out123
  syn123
)
```

设置动态库的目的是便于最后的导出。在导出前，还需要完成一些安装的工作，安装的内容包括可执行文件（bin）、头文件（include）、库（lib）和共享内容（share）。在代码 7-16 中分别给出了这四种不同产物的安装方法，在"bin"和"lib"中，需要特别使用 CMake 的正则表达式（REGEX）完成权限的赋予。

代码 7-16 安装 mpg123 的产物

```
install(DIRECTORY ${OUT_DIR}/bin/
  DESTINATION bin/
  PATTERN "*"
```

```
  PERMISSIONS OWNER_EXECUTE OWNER_WRITE OWNER_READ
    GROUP_EXECUTE GROUP_READ
)

install(DIRECTORY ${OUT_DIR}/include/
  DESTINATION include/${EXTPRJ_NAME}
)

install(DIRECTORY ${OUT_DIR}/lib/
  DESTINATION lib/
  REGEX ".? so.?"
  PERMISSIONS OWNER_EXECUTE OWNER_WRITE OWNER_READ
    GROUP_EXECUTE GROUP_READ
)

install(DIRECTORY ${OUT_DIR}/share/
  DESTINATION share/${PROJECT_NAME}
)
```

最后，需要做的事情是按照 ament_cmake 的规则，分别导出头文件路径、依赖库和功能包。

代码 7-17　导出 mpg123_vendor

```
ament_export_include_directories(include)
ament_export_libraries(${mpg123_libs})
ament_package()
```

引入的 Autoconf 项目，可以在其他项目的 CMakeLists.txt 中直接通过 find_package 查找，并通过 ament 链接依赖的指令进行一系列操作。同理，如果原生支持 CMake 的项目导出的 CMake 配置并不完善，也可通过相似的方法将其转换为 ament 功能包。需要注意的是，通过 find_package 查找功能包的名是"xxx_vendor"，而非"xxx"，如"mpg123_vendor"。

7.3　使用 ROS 2 规范传感器接口

传感器是各种人造机器感知世界的媒介，在 REP 中有关传感器的内容有小十篇之多，如有关惯性测量单元（IMU）的 REP 145、有关相机信息的 REP 104、有关深度图像的 REP 108 和设备诊断系统的 REP 107 等。通过一系列的约束和标准规范可以保证不同开发者所设计出的程序能够和谐地在一起运作而不需要写一些数据转换和对齐的程序。

在 ros2/common_interfaces 仓库中维护着很多通用的接口定义，其中包含了传感器的接口定义功能包 sensor_msgs，视差图像数据的接口定义功能包 stereo_msgs 和诊断系统的接口定义功能包 dianostic_msgs 等。尤其是 sensor_msgs，其中包含了丰富的传感器接口。

传感器在整个机器人系统中，除了要传回其感知的物理世界的信息，通常还要传回其坐标关系和精准的时间戳。不同的传感器可能有着不同的时钟系统，这也意味着在同一时刻很难获取到所有传感器的数据。解决这一问题的方案可以是从硬件上做时间同步，也可从软件上做时间同步。前者需要硬件上通过协议或电气连接在一起，通过一定的算法和逻辑将时钟同步到微秒甚至纳秒级别，而后者则可通过一些软件的算法来解决，如 ROS 中的消息过滤器 message_filters。message_filters 认为，在一定程度上，同一个时间窗口期内获取到的传感器数值被认为是可用的，所以可以将该窗口期内获取到的传感器时间戳都设置为一个时间，即所谓的时间同步。ROS 2 的消息过滤器有多种不同的消息过滤方式，这些将在 7.3.2 节中统一介绍。

一部分通用的传感器数据是支持在 RViz 中直接查看的，RViz 的原生状态（没有添加第三方插件时），默认支持了若干种消息的可视化，包括图像、点云、坐标关系、轨迹、地图、温度、湿度、气压和照度等，但支持最好的（一直以来都是）只有图像、点云、坐标关系、轨迹和地图。像温度、湿度、气压和照度这些消息，通过可视化很难表现，所以在 RViz 中，这些消息都会被简化成一个点（数据类型为点云，即只有 1 个点的点云），当位姿发生变化时，该点会随着移动。

使用 RViz 观察数据的方式非常简单，几乎可以完全通过鼠标操作。如果仅考虑默认插件，即 ros2/rviz 仓库中的 rviz_default_plugins 中提供的插件，可视化的范围仅限于其中支持的若干个消息格式，并且均来自于 common_interfaces 仓库，如 sensor_msgs 和 nav_msgs 等。如果希望支持其他消息格式，也需要编写插件予以支持。观察数据时需要注意，由于 ROS 2 中增加了 QoS 的属性，不兼容的消息属性会导致 RViz 端无法接收到正确的内容，并会在终端窗口报错。所以设置正确的 QoS 是十分重要的，可以使用 ros2topic 的 info 指令的"--verbose"查阅消息 QoS 的方式。

RViz 是从 ROS 时代即存在的可视化工具，但多年来其界面和性能并未有跨越性地改进，对 3D 和渲染的支持也较为落后，并且在传感器数据的显示上做的也不是特别好。但 RViz 支持通过接入插件扩展，参考 ros2/rviz 仓库中的文档"User's Guide to plugin development"，可以了解如何开发适用于 RViz2 的插件。目前支持下面 5 种插件。在 1.2.3 节曾提到可在 RViz 中使用 topic 订阅和发布，service 请求和服务、action 请求和服务，以及 tf2 的相关操作和查看，实际上都是基于 RViz 插件实现的。

- Display［rviz_common：:Display］。
- Panel［rviz_common：:Panel］。
- Tool［rviz_common：:Tool］。
- Frames transformation library［rviz_common：:transformation：:FrameTransformer］。
- View Controller［rviz_common：:ViewController］。

除了 RViz 外，可以使用一些游戏引擎或 3D 引擎作为可视化工具，如 Unity 和 Unreal 4，并且基于游戏引擎还可增加渲染功能，使界面更加真实和现代化。并且结合物理引擎和机器人的仿真引擎，还可以在拥有逼真的渲染效果的同时完成运动学、动力学、感知和规划决策等算法和功能的仿真。结合 Webots 进行仿真和可视化工作是另外一个不错的选择，Webots 也是一个基于 Apache 2.0 协议的开源项目，它由 Cyberbotics 公司的成员和社区开发者维护，并提供了连接 ROS 和 ROS 2 的工具包，以及足够的示例帮助用户学习和使用。

▶▶ 7.3.1 传感器数据的分类

消息接口是 ROS 和 ROS 2 区别最小的地方，为了保证消息定义的前后版本兼容，ROS 2 的 IDL

格式描述几乎没有发生变化。所以面向通用化的接口定义，大部分也都是保留了原来的设计和格式，在 ROS 阶段，默认的通用接口功能包都维护在 ros/common_msgs 仓库中，ROS 2 阶段维护在 ros2/common_interfaces，读者可以分别访问二者的仓库，并对比其中的差异。sensor_msgs 是其中的一个功能包，目的是提供诸多类型的传感器接口供直接使用和设计参考，按照实现类型，它分为如下三大类，这里枚举的包含推荐使用的消息类型，被弃用和转换弃用消息的消息类型没有被列出。

- C++ API 类：包含一些特别的消息定义，这些消息仅使用 ROS 2 的 IDL 格式描述无法表达完整。
  - fill_image.hpp：提供了填充图像指针和擦除图像指针的方法。
  - image_encodings.hpp：提供了图像编码相关的内容，以及判断一些基础属性的方法。
  - point_cloud2_iterator.hpp：提供了修改和解析 PointCloud2 消息的工具。
  - point_field_conversion.hpp：提供了 PointField 的枚举类型，并提供不同 PointField 类型 PointCloud2 缓冲区的读取和写入方法。
- Messages 类：大部分的传感器消息都通过.msg 的格式定义，如光照度、相机信息、电池状态、点云、激光扫描结果和距离值等。
  - BatteryState：描述电池的电源状态，如电压、温度、电流、容量和健康状态等信息。
  - CameraInfo：描述相机的元信息，包含相机标定矩阵用的参数矩阵。
  - CompressedImage：描述压缩的图像，包括压缩类型（如 jpg、png 和 tiff 等）和图像数据。
  - FluidPressure：描述流体（液体或气体等）的单一压力数值，如气压和水压等。单位是帕斯卡。
  - Illuminance：描述单光源照度的测量值。仅能描述照度（lux），不能描述亮度（luminance）、辐照度（irradiance）和发光强度（luminous intensity）。
  - Image：描述未压缩的图像数据，支持编码，编码内容参考自 "image_encodings.hpp"。
  - Imu：描述惯性测量单元的数据，包括四元数及其协方差、三轴角速度（rad/s）及其协方差和三周线性加速度（m/s^2）及其协方差。
  - JointState：描述单自由度关节状态，包括位置（rad 或 m）、速度（rad/s 或 m/s）和力（Nm 或 N）。
  - JoyFeedbackArray：描述 JoyFeedback 的数组。
  - JoyFeedback：描述手柄反馈的消息，如灯光反馈、振动反馈和蜂鸣器反馈等。
  - Joy：描述手柄的摇杆和按钮状态，没有限制摇杆和按钮数量，可以支持任意手柄。
  - LaserEcho：描述单激光回声，值可以是距离或是强度。
  - LaserScan：描述平面（二维）激光扫描仪的单次扫描结果。
  - MagneticField：描述磁场信息，包含三轴磁力计数据（tesla）及其协方差。
  - MultiDOFJointState：描述多自由度关节状态，遵循 JointState 的结构。
  - MultiEchoLaserScan：描述多回波激光雷达的单次扫描。
  - NavSatFix：描述任意全球导航卫星系统的测量方位。
  - NavSatStatus：描述任意全球导航卫星系统的状态。

- PointCloud2：描述点云，基于 PointField 实现。
- PointField：描述 PointCloud2 中单个点的信息，如色彩、强度和偏置等。
- Range：描述距离信息，如红外测距传感器或超声波测距传感器的返回值。
- RegionOfInterest：描述图像中感兴趣的区域。
- RelativeHumidity：描述相对湿度。
- Temperature：描述温度。
- TimeReference：描述外部时钟源的参考值。

- Service 类：目前仅包含一个消息定义 SetCameraInfo，用于设置 CameraInfo。

common_interfaces 提供了一定数量的传感器消息描述类型供其他功能包使用，但并不强制其他传感器的驱动程序或应用程序使用。很多传感器厂商由于其对消息有特殊要求，所以在设计上会额外编写一些消息定义文件，目的是补全 sensor_msgs 中不完善的内容。

这些消息可被用于在 ROS 层的驱动程序，如 ros-drivers 组织中托管的一系列后缀为 drivers 的仓库中的功能包，驱动从不同的外设接口中读入数据后，按照消息格式将数据填充，并通过该消息格式对外广播。这样的好处是只要需要该传感器数据的程序都可以直接订阅，并且驱动可以做到通用化，与任何场景中的数据处理、滤波和融合都无关，也与业务逻辑无关；坏处是效率不够高，因为兼容性和效率常常是冲突的。由于不同进程在传输消息时，或多或少会使用内存、网络带宽和 CPU等，当传感器数据的带宽提高到一个硬件平台和操作系统不太能接受的范围时，光是传感器对CPU、内存和网络带宽的占用可能就会导致整个系统的负荷较重，进而影响系统执行其他任务的效率。例如，使用 Intel RealSense 相机时，如果使用 Intel 提供的例程调试，它的 launch 文件会启动一个独立的节点对外广播图像、深度数据、IMU 数据和硬件状态等信息，这些数据经过 USB 3.0 的传输，通过 librealsense 读取和解析，再转换成 ROS 的消息格式一条一条被搬运到新的内存地址上，最后通过网络（如以太网或 Wi-Fi）广播出去。等到其他进程接收到这些消息时，CPU、内存和网络带宽已经被消耗一部分了，并且随着订阅和使用的进程越多，这些无意义地搬运所造成的消耗会越来越大，并且很可能会对性能造成损失，如丢包、掉帧和带宽下降等问题。相比基于 UDP 的DDS 实现，基于 SHM 或 Zero Copy 方式的通信在一定程度上对此有所改良，但依然不推荐在实际的生产环境中将大量的传感器原始数据进行广播。

此外，这些消息还可被用于消息处理和模块桥接，著名的 OpenCV 和 PCL 分别是面向计算机视觉和点云处理计算的开源项目，其在机器人领域也有颇多的应用。在数据结构上，OpenCV 和 PCL中原有的数据格式在 ROS 的消息上是不可能兼容的，所以便有了 vision_opencv 和 perception_pcl 这类的仓库，这些仓库提供了桥接功能的作用，以及将原有的 OpenCV 中的图像和 PCL 中的点云图一步转换为 ROS 中消息的方法，并尽快地降低内存复制的次数等性能消耗，以及降低使用门槛。除此之外，还有很多其他的桥接功能包，如桥接 ViSP（Visual Servoring Platform）的 visp_ros 等。

▶▶ 7.3.2 同步多源数据

一般来说，多源数据同步的问题来自于多时钟源系统，如一台机器中有基于单片机裸机设计的子系统、基于单片机实时操作系统设计的子系统、基于单片机带有 RTC（Real-Time Clock）设计的子系统、基于脱机设计的子系统和基于联机操作系统设计的子系统等，一个子系统的时钟源可能是本地的 RTC，可能是服务器端的 NTP（Network Time Protocol），也可能是基于 PTP 实现的本地时间同步等。如果不同的子系统进行了时间同步，即使同步级别达到微秒甚至纳秒级别，也仅仅是保证了消息自产生的那一刻，其时间戳的时钟体系与其他系统的是一致的，并不代表其消息会在即刻送至其他系统，因为消息的打包、传输和解包仍然需要时间。而消息到达之后，对消息的筛选和组包，便是同步多源数据的工作，将相近甚至相同时间产生的消息进行同步，以作进一步的处理和计算。

同步多源数据所使用的库名为 message_filters（消息过滤器），是从 ROS 时代继承过来的一个功能包。目前被维护在 ros2/message_filters 仓库中。该仓库提供了包括同步多源数据时间戳和序列化乱序多源数据两大功能，并基于 C++ 和 Python 两种编程语言实现。在该功能中，同步时间戳的实体被称为同步器。在 C++ 中，一个同步器可以同步 2~9 个来源的数据，这 9 个来源可以是不同类型的传感器，也可也是同一个类型的传感器，之所以是 9 个，是因为其在实现上仅提供了最多 9 个模板参数；在 Python 中，一个同步器可以同步大于等于两个来源的数据，因为 Python 在使用上相比 C++ 要灵活许多，所以数量不受限制。

本节的代码实现均在名为"ch7_msgfltr_cpp"的功能包中。

消息过滤器提供了几种 API，用于实现消息的同步和序列化。

- Subscriber：消息过滤器封装的订阅器，该订阅器主要用于"连接"到同步器、序列器或缓存器中，并且支持在线修改订阅目标。一个订阅器仅支持同时订阅一个 topic。订阅器可以注册回调函数，每当接收到一次消息时，便会执行一次。

- Policy：时间同步的策略，在消息过滤器的功能包中默认在 message_filters::sync_policies 中提供了两种策略，分别是完全对齐（ExactTime）和大约对齐（ApproximateTime）。除此之外，用户还可根据需求自行定制同步策略，仅需和原有的策略继承相同的基类即可。

- TimeSynchronizer：默认的时间同步器，该时间同步器无需输入策略，默认使用完全对齐策略，支持连接缓存器和订阅器，以及队列功能。同步器可以注册回调函数，每当同步器在队列中找到时间戳完全对齐的全部类型的消息时，便调用回调函数一次。

- Synchronizer：可选策略的时间同步器，支持基于 Policy 中的所有模板运行，支持连接缓存器和订阅器，以及队列功能。该同步器会根据提供的策略判断时间戳是否对齐，并在对齐时调用一次回调函数。

- Cache：缓存器，实现上是以一个环形队列存在，并支持设置队列长度"N"，它会保存最近 N 条数据，每一个订阅器可以连接其对应消息类型的缓存器，缓存器也支持连接同步器和序列器。通过缓存器可以快速查找特定时间范围内的消息，仅需输入起始时间和截止时间即可。

- TimeSequencer：时间序列器，它会将接收到的同一类型，但不同时间到达且时间戳不同的数据进行序列重整，即重新按照时间顺序排列，再作输出。序列器可支持设置队列长度、等待时间和最大容许时间。

本节结合基于 C++ 的消息过滤器的使用方法进行讲解，基于 Python 的使用方法与其相似，读者可自行了解。为了更好地区分消息的发布和消息的过滤，这里将发布功能实现在节点内，而消息过滤器相关的功能实现在主函数中。如代码 7-18 所示，是一个平常无奇的节点，它会每隔 500ms 发布两个消息，类型分别是 FluidPressure 和 Illuminance，两个消息类型都具有 Header，在 Header 中包含代表参考系的"frame_id"和时间戳"stamp"，时间同步器或时间序列器会使用 Header 中的时间戳进行对齐或排序。在当前的代码中，同一次发送的两个消息的时间戳是一致的。

代码 7-18　平淡无奇的节点，带两个发布器

```cpp
#include <memory>
#include <string>
#include <utility>

#include "rclcpp/rclcpp.hpp"
#include "sensor_msgs/msg/fluid_pressure.hpp"
#include "sensor_msgs/msg/illuminance.hpp"

class SelFilter : public rclcpp::Node
{
public:
  explicit SelFilter(const std::string & node_name)
  : Node(node_name)
  {
    using namespace std::chrono_literals;
    this->pressure_.header.frame_id = "pressure_link";
    this->illuminance_.header.frame_id = "illuminance_link";
    this->pressure_.fluid_pressure = 98000;
    pressure_pub_ = this->create_publisher<sensor_msgs::msg::FluidPressure>(
      "sync_pressure",
      rclcpp::SystemDefaultsQoS());
    illuminance_pub_ = this->create_publisher<sensor_msgs::msg::Illuminance>(
      "sync_illuminance",
      rclcpp::SystemDefaultsQoS());
    auto pubtimer_callback =
      [&]()-> void {
        builtin_interfaces::msg::Time ts(this->get_clock()->now());
        this->pressure_.header.stamp = ts;
        this->pressure_.fluid_pressure += 0.01;
        this->illuminance_.header.stamp = ts;
        this->illuminance_.illuminance += 0.01;
        this->pressure_pub_->publish(std::move(this->pressure_));
        this->illuminance_pub_->publish(std::move(this->illuminance_));
      };
    pub_timer_ = this->create_wall_timer(500ms, pubtimer_callback);
  }

private:
  rclcpp::TimerBase::SharedPtr pub_timer_;
  sensor_msgs::msg::FluidPressure pressure_;
```

```
sensor_msgs::msg::Illuminance illuminance_;
rclcpp::Publisher<sensor_msgs::msg::FluidPressure>::SharedPtr pressure_pub_;
rclcpp::Publisher<sensor_msgs::msg::Illuminance>::SharedPtr illuminance_pub_;
};
```

在同一个文件的后面可以添加一系列头文件，用于包括消息过滤器的功能，如代码 7-19 所示，按照顺序，分别是消息过滤器中的订阅器、缓存器、默认的时间同步器、大约对齐的时间同步策略、完全对齐的时间同步策略和支持改变对齐策略的时间同步器。

代码 7-19　包括消息过滤器的头文件

```
#include "message_filters/subscriber.h"
#include "message_filters/cache.h"
#include "message_filters/time_synchronizer.h"
#include "message_filters/sync_policies/approximate_time.h"
#include "message_filters/sync_policies/exact_time.h"
#include "message_filters/synchronizer.h"
```

然后，在主函数中添加消息过滤器的订阅器和时间同步器，以及时间同步器的回调函数，如代码 7-20 所示。虽说时间同步器可在节点外实现，但仍然需要依托于节点实现订阅器，节点的智能指针是订阅器的第一个参数。

代码 7-20　消息过滤器主函数

```
void message_ts(const std::string & TAG, const builtin_interfaces::msg::Time & ts)
{
  RCLCPP_INFO(rclcpp::get_logger(TAG), "sec: %u, nanosec: %u.", ts.sec, ts.nanosec);
}

void illuminance_cb(const sensor_msgs::msg::Illuminance::SharedPtr & illuminance)
{
  message_ts("ILLUMIAN_CB", illuminance->header.stamp);
}

void pressure_cb(const sensor_msgs::msg::FluidPressure::SharedPtr & pressure)
{
  message_ts("PRESSURE_CB", pressure->header.stamp);
}

void ts_cb(const sensor_msgs::msg::Illuminance::SharedPtr & illuminance,
  const sensor_msgs::msg::FluidPressure::SharedPtr & pressure)
{
  message_ts("TS_ILLUMIAN", illuminance->header.stamp);
  message_ts("TS_PRESSURE", pressure->header.stamp);
}

int main(int argc, char ** argv)
{
  rclcpp::init(argc, argv);
```

```
auto node = std::make_shared<SelFilter>("selfilter");

message_filters::Subscriber<sensor_msgs::msg::Illuminance> sub_i(node, "sync_illumi-
nance");
sub_i.registerCallback(sub_i);
message_filters::Subscriber<sensor_msgs::msg::FluidPressure> sub_p(node, "sync_pres-
sure");
sub_p.registerCallback(pressure_cb);
message_filters::TimeSynchronizer<
  sensor_msgs::msg::Illuminance,
  sensor_msgs::msg::FluidPressure> time_sync(10);
time_sync.connectInput(sub_i, sub_p);
time_sync.registerCallback(ts_cb);

auto executor_ = std::make_unique<rclcpp::executors::StaticSingleThreadedExecutor>();
executor_->add_node(node);
executor_->spin();
rclcpp::shutdown();
return 0;
}
```

再将该文件编译为可执行文件，命名为"selfilter"，不要忘记添加下述几个功能包的依赖到 CMake 和 XML 文件中。

- rclcpp。
- sensor_msgs。
- message_filters。

如果运行成功，则输出应如代码 7-21 所示。

代码 7-21　消息同步的结果

```
$ ros2 run ch7_msgfltr_cpp selfilter
---
[INFO] [1648390953.746747234] [ILLUMIAN_CB]: sec: 1648390953, nanosec: 746611717.
[INFO] [1648390953.747008899] [PRESSURE_CB]: sec: 1648390953, nanosec: 746611717.
[INFO] [1648390953.747087958] [TS_ILLUMIAN]: sec: 1648390953, nanosec: 746611717.
[INFO] [1648390953.747132548] [TS_PRESSURE]: sec: 1648390953, nanosec: 746611717.
[INFO] [1648390954.246555726] [ILLUMIAN_CB]: sec: 1648390954, nanosec: 246462305.
[INFO] [1648390954.246681246] [PRESSURE_CB]: sec: 1648390954, nanosec: 246462305.
[INFO] [1648390954.246716665] [TS_ILLUMIAN]: sec: 1648390954, nanosec: 246462305.
[INFO] [1648390954.246734321] [TS_PRESSURE]: sec: 1648390954, nanosec: 246462305.
# …
---
```

由于 TimeSynchronizer 要求十分严格，需要时间一致才可以，所以时间戳一旦有一点不一致，回调便不会被调用，同步便无法进行。但如果到达时的消息未对齐，而历史中有消息可对齐，也是可以对齐输出的，如按照代码 7-22 所示进行修改，将纳秒归零是为了避免纳秒不一致导致时间同步失败。

代码 7-22　增加时间扰动

```cpp
class SelFilter : public rclcpp::Node
{
public:
  explicit SelFilter(const std::string & node_name)
  : Node(node_name)
  {
    // …
    auto pubtimer_callback =
      [&]()-> void {
        builtin_interfaces::msg::Time ts(this->get_clock()->now());
        ts.nanosec = 0;
        this->pressure_.header.stamp = ts;
        this->pressure_.fluid_pressure += 0.01;
        ts.sec += 1;
        // …
```

修改后，其运行结果应如代码 7-23 所示。

代码 7-23　增加时间扰动后的同步结果

```
$ ros2 run ch7_msgfltr_cpp selfilter
---
[INFO] [1648391219.221839115] [ILLUMIAN_CB]: sec: 1648391220, nanosec: 0.
[INFO] [1648391219.222104393] [PRESSURE_CB]: sec: 1648391219, nanosec: 0.
[INFO] [1648391219.721723644] [ILLUMIAN_CB]: sec: 1648391220, nanosec: 0.
[INFO] [1648391219.721794969] [PRESSURE_CB]: sec: 1648391219, nanosec: 0.
[INFO] [1648391220.221709655] [ILLUMIAN_CB]: sec: 1648391221, nanosec: 0.
[INFO] [1648391220.221821034] [PRESSURE_CB]: sec: 1648391220, nanosec: 0.
[INFO] [1648391220.221837975] [TS_ILLUMIAN]: sec: 1648391220, nanosec: 0.
[INFO] [1648391220.221855623] [TS_PRESSURE]: sec: 1648391220, nanosec: 0.
# …
---
```

使用大约对齐的时间同步策略的方法和上面相似，其策略名为 ApproximateTime。它基于一套自适应算法，会在队列中寻找最近时间戳的若干个数据进行同步，并且保证每个消息仅使用一次。具体的原理可以自行了解⊖。实现上，仅需将原时间同步器的内容修改为代码 7-24 中的内容即可，其中注释的代码即是需要替换的内容。在时间扰动上，可以去除对纳秒的归零，因为时间戳不统一不再是时间同步的阻碍。运行结果如代码 7-25 所示。

代码 7-24　大约对齐的时间同步策略

```cpp
// message_filters::TimeSynchronizer<
  //   sensor_msgs::msg::Illuminance,
```

⊖ 参见 ROS Wiki 的文章 "ApproximateTime"，地址为 http://wiki.ros.org/message_filters/ApproximateTime。

```
//    sensor_msgs::msg::FluidPressure> time_sync(100);
// time_sync.connectInput(sub_i, sub_p);
// time_sync.registerCallback(ts_cb);

typedef message_filters::sync_policies::ApproximateTime<sensor_msgs::msg::Illuminance,
    sensor_msgs::msg::FluidPressure> ApproximatedT;
ApproximatedT policy(10);
message_filters::Synchronizer<ApproximatedT> app_sync(policy);
app_sync.connectInput(sub_i, sub_p);
app_sync.registerCallback(ts_cb);
```

代码 7-25　大约对齐的同步结果

```
$ ros2 run ch7_msgfltr_cpp selfilter
---
[INFO] [1648392203.480323616] [ILLUMIAN_CB]: sec: 1648392204, nanosec: 480151295.
[INFO] [1648392203.480571569] [PRESSURE_CB]: sec: 1648392203, nanosec: 480151295.
[INFO] [1648392203.980311603] [ILLUMIAN_CB]: sec: 1648392204, nanosec: 980170675.
[INFO] [1648392203.980465243] [PRESSURE_CB]: sec: 1648392203, nanosec: 980170675.
[INFO] [1648392204.480253068] [ILLUMIAN_CB]: sec: 1648392205, nanosec: 480119505.
[INFO] [1648392204.480420491] [PRESSURE_CB]: sec: 1648392204, nanosec: 480119505.
[INFO] [1648392204.980306925] [ILLUMIAN_CB]: sec: 1648392205, nanosec: 980183947.
[INFO] [1648392204.980486657] [PRESSURE_CB]: sec: 1648392204, nanosec: 980183947.
[INFO] [1648392204.980582544] [TS_ILLUMIAN]: sec: 1648392204, nanosec: 480151295.
[INFO] [1648392204.980635891] [TS_PRESSURE]: sec: 1648392204, nanosec: 480119505.
[INFO] [1648392204.980705176] [TS_ILLUMIAN]: sec: 1648392204, nanosec: 980170675.
[INFO] [1648392204.980717703] [TS_PRESSURE]: sec: 1648392204, nanosec: 980183947.
...
```

使用 ApproximateTime 可以有效地同步变频的消息和不等频的消息，并且不会将不同帧的消息进行交叉同步，即对于消息集合 S 和 T，若约定 $S_i <= T_i$，则不存在 $S_j > T_j$，其中 S 和 T 集合均是需要同步的消息数据。

7.4　实现软硬件诊断系统

诊断系统是自 ROS 时代便具备的系统，仓库是 ros/diagnostics，ROS 2 时代也是基于此仓库进行开发和版本发布。该仓库基于 common_interfaces 中的诊断消息提供了一系列用于诊断硬件和软件的功能，有助于开发和测试过程中的调试和异常记录，以便追溯和分析问题。REP 107 中详细描述了运行在 ROS 体系中的诊断系统的规范与定义，读者可结合本节和 REP 107 共同学习。

common_interfaces 中的 diagnostic_msgs 中提供了名为 DiagnosticStatus 的消息定义，如代码 7-26 所示，其中的 KeyValue 如代码 7-27 所示。

代码 7-26　DiagnosticStatus.msg

```
# This message holds the status of an individual component of the robot.

# Possible levels of operations.
```

```
byte OK=0
byte WARN=1
byte ERROR=2
byte STALE=3

# Level of operation enumerated above.
byte level
# A description of the test/component reporting.
string name
# A description of the status.
string message
# A hardware unique string.
string hardware_id
# An array of values associated with the status.
KeyValue[ ] values
```

代码 7-27　KeyValue.msg

```
# What to label this value when viewing.
string key
# A value to track over time.
string value  .
```

　　从消息定义可以看出，诊断系统的机制并不是为了任何几种或几类设备设计的，而是面向所有种类的软硬件模块设计的。DiagnosticStatus 的 "level" 字段可以是其中宏定义四者之一，"name" 字段可以是被诊断组件的 topic 名字，"message" 字段可以是任意状态消息，"hardware_id" 可以是唯一编码，"values" 字段可以包含重要的模块数值，以便于事后分析数据和复盘现场。

　　完整的诊断系统分为 3 部分，在 ros/diagnostics 仓库中，也按照这几个重要的部分分为不同的功能包。

- diagnostic_updater：用于持续更新诊断消息。该功能包提供了一系列头文件，并在其中实现了完善的诊断消息更新方法和策略。不同的节点或进程均可以调用该功能包实现自己的诊断消息更新，所有的诊断消息都会被发布至名为 "diagnostics" 的 topic 上，频率是 1Hz。
- diagnostic_aggregator：用于收集诊断消息。默认会订阅名为 "/diagnostics" 的 topic，汇总后会将打包好的消息也发送至同类型的 topic，但 topic 名为 "/diagnostics_agg"，频率是 1Hz。
- diagnostic_analysis：用于诊断结果的分析，该功能包中仅提供了将诊断数据从 bag 中导入，并按照一定格式生成为 CSV（Comma-Separated Values，一种表格文件格式）文件的方法。而实际的分析方式可以有很多可能，基于收集器（上条）可以实现不同种类和功能的分析器，这些将在 7.4.2 节中介绍。

　　在 ros-visualization 组织中有一个名为 rqt_robot_monitor 的仓库提供了基于 RQt 实现的一个可视化插件。通过该插件可以实时地通过图形化窗口查看当前环境中运行的诊断系统的消息，并可按照时间线和窗口查看历史中的状态。

▶▶ 7.4.1　更新诊断数据

diagnostic_updater 可被称为诊断更新器，它以纯头文件的方式提供了有关更新和发布诊断数据的工具类。主要功能有两个。

- 提供设计更新任意模块的状态数据的方法。
- 统计特定 topic 的发布频率是否合规。

使用诊断更新器更新数据的方法总共分为三步。

1）创建更新器，并绑定节点。一个节点只能绑定一个更新器，因为更新器的内部是基于其绑定的节点构建的参数体系，如果一个节点绑定了两个更新器，那么参数便会声明两次，会引发参数初始化异常。更新器支持普通的节点，也支持扩展的节点，如生命周期节点。

2）为更新器设置唯一 ID。设置 ID 不是必需的，不设置会导致警告，并且会为后期调试和收集数据带来麻烦。ID 以字符串的方式输入即可。

3）向更新器添加任务，任务可以是多个。任务有很多配置方法，但核心都是产出更新器中的消息。任务可以是一个独立的函数，也可以是一个继承 "DiagnosticTask" 的类。

代码 7-28 展示了一个简单的使用案例，所有更新任务的参数中都必须有 "DiagnosticStatusWrapper" 类型的参数，DiagnosticStatusWrapper 是继承自代码 7-26 消息定义的子类，并封装了一套消息装填的方法，其中 "add" 方法用于添加消息中的 "value" 值，并支持设置模板参数；"summary" 方法用于添加 "level" 和 "message" 的值，同类型的方法还有支持格式化的 summaryf，支持合并消息的 mergesummary 和 mergesummaryf 等。在主函数中，Updater 的实例化对象可以通过 "add" 添加任务及任务名称，任务名称十分重要，它会影响到使用诊断收集器（aggregator）时，收集器的行为和结果。

代码 7-28　一个简单的 Updater 使用案例

```cpp
#include <memory>
#include <string>
#include <random>

#include "rclcpp/rclcpp.hpp"
#include "diagnostic_updater/diagnostic_updater.hpp"

std::shared_ptr<double> temp_sensor_a;

void temp_sensor(diagnostic_updater::DiagnosticStatusWrapper & stat)
{
  auto sensor_value = *temp_sensor_a;
  stat.add<double>("temperature", sensor_value);
  if (sensor_value >= 100){
    stat.summary(diagnostic_msgs::msg::DiagnosticStatus::ERROR, "so hot");
  } else if (sensor_value > 50 && sensor_value < 100){
    stat.summary(diagnostic_msgs::msg::DiagnosticStatus::WARN, "a little hot, but tolerable");
```

```
    } else {
      stat.summary(diagnostic_msgs::msg::DiagnosticStatus::OK, "cool");
    }
}


int main(int argc, char ** argv)
{
  rclcpp::init(argc, argv);
  auto node_n = rclcpp::Node::make_shared("n_node");
  auto exec = std::make_unique<rclcpp::executors::StaticSingleThreadedExecutor>();
  std::default_random_engine generator;
  std::uniform_real_distribution<double> distribution(0, 150);

  diagnostic_updater::Updater updater_n(node_n);
  temp_sensor_a = std::make_shared<double>(0.0);

  updater_n.setHardwareID("normal");
  updater_n.add("/standalone/temp_1", temp_sensor);

  exec->add_node(node_n);
  rclcpp::Rate r(30);
  while (rclcpp::ok()){
    *temp_sensor_a = distribution(generator);
    exec->spin_some();
    r.sleep();
  }
  rclcpp::shutdown();
  return 0;
}
```

在任务函数中，除了使用 DiagnosticStatusWrapper 实例化对象直接操作消息外，还可以声明消息，将消息内容配置完毕后再通过"summary"类的方法添加，如代码 7-29 所示。

代码 7-29　另一种装填消息的方法

```
void temp_sensor(diagnostic_updater::DiagnosticStatusWrapper & stat)
{
  auto sensor_value = *temp_sensor_a;
  diagnostic_msgs::msg::DiagnosticStatus status;

  if (sensor_value >= 100){
    status.level = diagnostic_msgs::msg::DiagnosticStatus::ERROR;
    status.message = "so hot";
} else if (sensor_value > 50 && sensor_value < 100){
    status.level = diagnostic_msgs::msg::DiagnosticStatus::WARN;
    status.message = "a little hot, but tolerable";
  } else {
    status.level = diagnostic_msgs::msg::DiagnosticStatus::OK;
    status.message = "cool";
```

```
  }
  stat.add<double>("temperature", sensor_value);
  stat.summary(status);
}
```

另外一种任务是类中任务，代码 7-30 展示了这种方法，只需要将设计的任务类继承"Diagnostic-Task"，并提供名为 run 的函数即可。在 run 函数中，也需要使用"DiagnosticStatusWrapper"作为函数参数。使用类定义任务的方法如代码 7-31 所示。

代码 7-30　定义类任务

```
class TempSensor: public diagnostic_updater::DiagnosticTask
{
public:
  TempSensor(const std::string & task_name, const std::weak_ptr<double> sensor_ptr)
  : DiagnosticTask(task_name),
    sensor_ptr_(sensor_ptr.lock()){}
  void run(diagnostic_updater::DiagnosticStatusWrapper & stat)
  {
    diagnostic_msgs::msg::DiagnosticStatus status;
    std::string name("temp sensor B");
    auto sensor_value = *sensor_ptr_;
    if (sensor_value >= 100){
      status.level = diagnostic_msgs::msg::DiagnosticStatus::ERROR;
      status.message = "so hot";
    } else if (sensor_value > 50 && sensor_value < 100){
      status.level = diagnostic_msgs::msg::DiagnosticStatus::WARN;
      status.message = "a little hot, but tolerable";
    } else {
      status.level = diagnostic_msgs::msg::DiagnosticStatus::OK;
      status.message = "cool";
    }
    stat.add<double>("temperature", sensor_value);
    stat.summary(status);
  }

private:
  std::shared_ptr<double> sensor_ptr_;
};
```

代码 7-31　使用类任务

```
int main(int argc, char ** argv)
{
  // …
  TempSensor sensor_11("/class/temp_1", temp_sensor_a);
  updater_n.add(sensor_11);
  // …
}
```

无论使用哪一种方法，都需要添加"rclcpp"和"diagnostic_updater"的依赖。保存后运行，可以通过 ros2topic 发现并获取消息内容，也可通过 Hz 来分析频率，如果不在 Updater 实例化对象定义时修改周期，则默认为 1Hz。

一个更新器可以支持添加若干个任务，所有的任务消息都会按照特定频率统一发布到名为"/diagnostics"的 topic。需要明确，该 topic 前面是有"/"符号的，该符号代表其不会受到命名空间设置的影响，与 tf2 的"/tf"和"/tf_static"同理。即使节点处于其他命名空间，该 topic 也不会受到影响。这样设计是为了便于收集系统中的所有诊断信息，负责收集和分析诊断数据的阶段不需要经过烦琐的配置和操作，创建若干个订阅不同 topic 的订阅器，以汇总消息，而只需添加一个订阅器即可达成收集的目的。

在许多 ROS 的设备驱动中都有诊断更新器的使用，如在 RealSense 的 ROS Wrapper 中，使用诊断更新器更新相机的温度状态，如代码 7-32 所示。

代码 7-32   realsense-ros 中诊断更新器的使用

```
void BaseRealSenseNode::startMonitoring()
{
    std::string serial_no = _dev.get_info(RS2_CAMERA_INFO_SERIAL_NUMBER);
    ROS_INFO_STREAM("Device Serial No: " << serial_no);
    if (_diagnostics_period > 0)
    {
        ROS_INFO_STREAM("Publish diagnostics every " << _diagnostics_period << " seconds.");
        _temperature_updater = std::make_unique<diagnostic_updater::Updater>(&_node, _diagnos-
tics_period);

        _temperature_updater->setHardwareID(serial_no);
        rs2::options base_sensor(_sensors[_base_stream]);

        _temperature_updater->add("Temperatures", [this](diagnostic_updater::DiagnosticStatusWrapper&
status)
        {
            rs2::options base_sensor(_sensors[_base_stream]);
            for (rs2_option option: _monitor_options)
            {
                if (base_sensor.supports(option))
                {
                    status.add(rs2_option_to_string(option), base_sensor.get_option(option));
                }
            }
            status.summary(0, "OK");
        });
    }
}
```

在更新器的功能包中，除了诊断数据的更新器，还有帮助检测 topic 发布频率异常的模块 DiagnosedPublisher、TopicDiagnostic 和 HeaderlessTopicDiagnostic。

- DiagnosedPublisher：继承自 TopicDiagnostic，需要与 topic 发布器绑定，使用该发布器发布消息的同时，该发布器会对消息的频率作检测，并以 1Hz 的频率将检测结果上报至 "/diagnostics"。DiagnosedPublisher 要求消息必须带有 Header，并在构造函数中配置了静态断言，如果消息类型中没有标准 Header，则无法编译成功。

- TopicDiagnostic：继承自 HeaderlessTopicDiagnostic，该统计工具在检查消息频率时，还会检查消息中的时间戳偏移量是否在合规的范围内。

- HeaderlessTopicDiagnostic：不包含 Header 时间戳检测的最简单的频率统计工具。它甚至可被用于检测任意定频的功能。

使用频率检测的方法分为三或四步。

1）创建更新器，与前面介绍的相同，但无需使用更新器添加任何任务。

2）创建检测器，三者之一均可，但有所差异。

- DiagnosedPublisher：在创建该实例前，需要创建带有 Header 子类型的消息的发布器，频率约束变量（FrequencyStatusParam）和时间戳约束变量（TimeStampStatusParam）。

- TopicDiagnostic：在创建该实例前，需要创建频率约束变量（FrequencyStatusParam）和时间戳约束变量（TimeStampStatusParam）。

- HeaderlessTopicDiagnostic：直接创建即可。

3）创建任务（可选项），该任务和更新器中的任务同理，即会以 1Hz 的频率发送其中的 DiagnosticStatus 消息到 "/diagnostics"。

4）将 tick 方法或 publish 方法嵌入需要检测的频率模块中。publish 方法只有 DiagnosedPublisher 提供，在其 publish 函数中会自动运行一次 tick。每一次 tick 会记录一次时间戳，进而计算窗口期内的平均频率是否符合预期。

其中频率约束变量 FrequencyStatusParam 需要输入 4 个变量，分别是两个必填选项：最小频率（min_freq）的变量指针和最大频率的变量指针（max_freq）；两个选填选项：允许相对误差（toleratnce_，默认为 0.1）和窗口大小（window_size_，默认为 5）。频率允许误差的计算方法如式（7-1）所示。其中 TimeStampStatusParam 包含最小和最大的可承受误差，最小的经常为负值（默认为 -1.0），最大的经常为正值（默认为 5.0），数据类型为双精度浮点，单位为 s。

$$\left\{ \begin{array}{l} value >= min\_freq * (1 - tolerance\_), \\ value <= max\_freq * (1 + tolerance\_). \end{array} \right. \quad 0 <= tolerance\_ <= 1, \quad (7\text{-}1)$$

基于上述描述，可以实现基于 HeaderlessTopicDiagnostic 检测运行频率的程序，如代码 7-33 所示。需要注意的是，tick 函数仅用于检测频率，并不用于输出诊断信息，诊断信息仍然由更新器输出，也就是说，即使不调用 tick 函数，诊断信息仍然正常输出。

代码 7-33　使用 **HeaderlessTopicDiagnostic** 检测运行频率

```
#include <memory>
#include <string>
```

```
#include "rclcpp/rclcpp.hpp"
#include "diagnostic_updater/diagnostic_updater.hpp"
#include "diagnostic_updater/publisher.hpp"
#include "diagnostic_updater/update_functions.hpp"

void tick_freq(diagnostic_updater::DiagnosticStatusWrapper & stat)
{
  stat.summary(diagnostic_msgs::msg::DiagnosticStatus::OK, "Tick tick");
}

int main(int argc, char ** argv)
{
  rclcpp::init(argc, argv);
  auto node_n = rclcpp::Node::make_shared("n_node");
  auto exec = std::make_unique<rclcpp::executors::StaticSingleThreadedExecutor>();

  diagnostic_updater::Updater updater_n(node_n);
  updater_n.setHardwareID("normal");
  double min_freq(29.0);
  double max_freq(31.0);
  diagnostic_updater::HeaderlessTopicDiagnostic hdls_freq_checker(
    "rate_freq_1", updater_n,
    diagnostic_updater::FrequencyStatusParam(&min_freq, &max_freq, 0.1, 10));
  diagnostic_updater::FunctionDiagnosticTask freq_task(
    "Tick frequncy checker task", std::bind(&tick_freq, std::placeholders::_1));
  hdls_freq_checker.addTask(&freq_task);

  exec->add_node(node_n);
  rclcpp::Rate r(30);
  while (rclcpp::ok()){
    exec->spin_some();
    hdls_freq_checker.tick();
    r.sleep();
  }
  rclcpp::shutdown();
  return 0;
}
```

TopicDiagnostic 和 DiagnosedPublisher 的使用方法如代码 7-34 所示，相关细节已经讲解过，不再赘述。

代码 7-34 使用 TopicDiagnostic 和 DiagnosedPublisher 检测运行频率

```
#include <memory>
#include <string>


#include "rclcpp/rclcpp.hpp"
```

```cpp
#include "diagnostic_updater/diagnostic_updater.hpp"
#include "diagnostic_updater/publisher.hpp"
#include "diagnostic_updater/update_functions.hpp"
#include "sensor_msgs/msg/range.hpp"

int main(int argc, char ** argv)
{
  rclcpp::init(argc, argv);
  auto node_n = rclcpp::Node::make_shared("n_node");
  auto exec = std::make_unique<rclcpp::executors::StaticSingleThreadedExecutor>();

  diagnostic_updater::Updater updater_n(node_n);
  updater_n.setHardwareID("normal");
  double min_freq(29.0);
  double max_freq(31.0);

  diagnostic_updater::FrequencyStatusParam freq_param(&min_freq, &max_freq);
  diagnostic_updater::TimeStampStatusParam ts_param(-1.0, 3.0);
  diagnostic_updater::TopicDiagnostic freq_checker("rate_freq_2", updater_n, freq_param, ts_
param);

  auto range_pub =
    node_n->create_publisher<sensor_msgs::msg::Range>("range", rclcpp::SystemDefaultsQoS
());
  diagnostic_updater::DiagnosedPublisher<sensor_msgs::msg::Range> diag_pub(range_pub,
updater_n,
    freq_param, ts_param);
  sensor_msgs::msg::Range range;

  exec->add_node(node_n);
  rclcpp::Rate r(30);
  while (rclcpp::ok()){
    exec->spin_some();
    range.header.stamp = node_n->get_clock()->now();
    freq_checker.tick(range.header.stamp);
    diag_pub.publish(range);
    r.sleep();
  }
  rclcpp::shutdown();
  return 0;
}
```

▶▶ 7.4.2　分析诊断数据

　　如果只考虑简单汇总，那么分析诊断数据不需要用户自行编写复杂的程序，只需要编写需要收集数据的配置文件，并结合 diagnostics 功能包中的收集器（aggregator）使用即可。如果考虑到复杂的汇总内容，或定制化的汇总和分析算法，则需要继承 "diagnostic_aggregator::Analyzer" 并基于它开发插件。

但无论使用哪种插件,汇总和分析的可执行程序都不需要用户去写,只需要按照规则运行即可,运行方法如代码 7-35 所示。在运行的过程中,收集器会运行一个以"analyzers"为名的节点,并在节点内维护两个发布汇总信息的 topic 发布器。该节点支持命名空间的重映射,但两个 topic 不支持,其原因与前文所述相同。收集器会根据配置文件将诊断消息分类,并将没有分类的诊断消息归在"Other"分类中。并按照下述描述将消息汇总和发布。

- /diagnostics_agg:每次发送一个完整的诊断信息汇总。消息内容由所使用的插件决定。
- /diagnostics_toplevel_state:每次发送一条诊断信息,描述整体的诊断信息,该诊断级别取所有诊断信息的最严重的级别,最高级别为 2,即"ERROR",最小级别为 0,即"OK"。

代码 7-35　运行收集器的方法

```
$ ros2 run diagnostic_aggregator aggregator_node --ros-args --params-file <path_to_yaml>
```

所谓配置文件,实际上就是节点的参数配置文件,代码 7-36 是 diagnostics 仓库提供的一个示例配置文件。在收集器节点中有着一套参数解析规则,如下所示。其中"AnalyzerGroup"是一个比较特别的类,它既是在收集器内部使用的模块,又可以作为插件介入,由于这个模块的存在,使得代码 7-36 中可轻易实现拓扑关系的配置,如识别名为"/arms/left/motor"的诊断信息。

代码 7-36　示例配置文件

```
analyzers:
  ros__parameters:
    path: Analysis
    arms:
      type: diagnostic_aggregator/GenericAnalyzer
      path: Arms
      startswith: [ '/arms' ]
    legs:
      type: diagnostic_aggregator/GenericAnalyzer
      path: Legs
      startswith: [ '/legs' ]
    sensors:
      type: diagnostic_aggregator/GenericAnalyzer
      path: Motors
      startswith: [ '/sensors' ]
    motors:
      type: diagnostic_aggregator/GenericAnalyzer
      path: Motors
      contains: [ '/motor' ]
    topology:
      type: 'diagnostic_aggregator/AnalyzerGroup'
      path: Topology
      analyzers:
        left:
          type: diagnostic_aggregator/GenericAnalyzer
```

```
    path: Left
    contains: ['/left']
  right:
    type: diagnostic_aggregator/GenericAnalyzer
    path: Right
    contains: ['/right']
```

收集器（aggregator）的参数如下。

- pub_rate：/diagnostics_agg 的发布频率，类型为双精度浮点。
- path：收集器的路径名称，用于建立诊断信息组。
- other_as_errors：将其他诊断信息识别为错误。
- history_depth：消息历史深度。

AnalyzerGroup 的参数如下。

- path：诊断信息的路径名称，用于建立诊断信息组。
- type：所使用的分析器插件名称，默认在 diagnostic_aggregator 功能包中提供了 GenericAnalyzer、DiscardAnalyzer、IgnoreAnalyzer 和 AnalyzerGroup 共 4 种分析器插件。并且支持用户根据需求定制化插件。

GenericAnalyzer 的参数如下。

- path：诊断信息的路径名称，用于建立诊断信息组。
- startswith：识别前缀，筛选以该值起始的诊断信息名称。
- remove_prefix：在收集器发布的消息中，移除上一条识别的前缀。
- find_and_remove_prefix：前面两条的合体。
- contains：识别包含该值的诊断信息名称。
- expected：识别准确与该值相同的诊断信息名称。
- regex：使用正则表达式描述诊断信息名称。
- timeout：未接收到诊断信息的超时时间，双精度浮点类型。
- num_items：描述该类型诊断信息的数目，正整数类型。
- discard_stale：丢弃超时的内容，包括消息等级为"STALE"和因为超过时间要求的消息等。

结合基于 7.4.1 节提供的更新器代码改进后，如代码 7-37 所示，在一个更新器中同时维护 3 个任务，令该可执行文件名为"simple_updater"。并编写参数配置文件，如代码 7-38 所示，令该配置文件名为"updater.yaml"，并通过 CMake 安装至 share 目录的相关功能包的 param 路径下。

代码 7-37   维护三个任务的更新器

```
int main(int argc, char ** argv)
{
  rclcpp::init(argc, argv);
  auto node_n = rclcpp::Node::make_shared("n_node");
```

```
auto exec = std::make_unique<rclcpp::executors::StaticSingleThreadedExecutor>();
std::default_random_engine generator;
std::uniform_real_distribution<double> distribution(0, 150);

diagnostic_updater::Updater updater_n(node_n);
temp_sensor_a = std::make_shared<double>(0.0);
temp_sensor_b = std::make_shared<double>(0.0);
temp_sensor_c = std::make_shared<double>(0.0);

updater_n.setHardwareID("normal");
updater_n.add("/standalone/temp_1", temp_sensor);

TempSensor sensor_2("/class/temp_2", temp_sensor_b);
TempSensor sensor_11("/class/temp_1", temp_sensor_a);
updater_n.add(sensor_2);
updater_n.add(sensor_11);

exec->add_node(node_n);
rclcpp::Rate r(30);
while (rclcpp::ok()){
  *temp_sensor_a = distribution(generator);
  *temp_sensor_b = distribution(generator);
  *temp_sensor_c = distribution(generator);
  exec->spin_some();
  r.sleep();
}
rclcpp::shutdown();
return 0;
}
```

代码 7-38　配置三个任务的参数文件

```
analyzers:
  ros__parameters:
    path: TemperatureSensor
    pub_rate: 2.0
    other_as_errors: false
    standalone_sensors:
      type: diagnostic_aggregator/GenericAnalyzer
      path: SensorStandalone
      contains: [ '/standalone' ]
      num_items: 1
    in_class_sensors:
      type: diagnostic_aggregator/GenericAnalyzer
      path: SensorInClass
      contains: [ '/class' ]
      num_items: 2
```

当然，使用 launch 文件同时运行更新器和收集器是最好的方法，代码 7-39 给出了编写方式，读者可参考该实例定制设计自己的程序。该脚本的运行结果如代码 7-40 所示，请注意阅读日志内容，包括每一个在参数配置文件中的 path 之间的关联，这与最后需要分析的消息有着密切的关系。

代码 7-39　同时运行更新器和收集器的 launch 文件

```
import os

from ament_index_python.packages import get_package_share_directory

import launch
import launch_ros.actions

prj_dir = get_package_share_directory('ch7_diagnostics_cpp')

def generate_launch_description():
    aggregator = launch_ros.actions.Node(
        package='diagnostic_aggregator',
        executable='aggregator_node',
        output='screen',
        parameters=[os.path.join(
            prj_dir, 'param',
            'updater.yaml')])
    temp_updater = launch_ros.actions.Node(
        package='ch7_diagnostics_cpp',
        executable='simple_updater')
    return launch.LaunchDescription([
        aggregator,
        temp_updater,
        launch.actions.RegisterEventHandler(
            event_handler=launch.event_handlers.OnProcessExit(
                target_action=aggregator,
                on_exit=[launch.actions.EmitEvent(
                    event=launch.events.Shutdown())],
            )),
    ])
```

代码 7-40 中的日志包含了收集器启动的所有普通级别的日志，首先收集器会通过 AnalyzerGroup 收集参数，AnalyzerGroup 通过参数"path"建立诊断信息组及其子组，并通过"type"参数加载相应插件，插件再利用其他参数信息进行初始化，并开始收集和分析。

代码 7-40　launch 文件的运行日志

```
$ ros2 launch ch7_diagnostics_cpp temp_analysis.launch.py
---
[INFO] [launch]: All log files can be found below /home/homalozoa/.ros/log/2022-03-29-17-06-34-
    521819-TARDIS-13031
[INFO] [launch]: Default logging verbosity is set to INFO
[INFO] [aggregator_node-1]: process started with pid [13033]
[INFO] [simple_updater-2]: process started with pid [13035]
[aggregator_node-1] [INFO] [1648544794.622124117] [AnalyzerGroup]: Retrieved 16 parameter(s)
    for analyzer group with prefix ".
```

```
[aggregator_node-1] [INFO] [1648544794.622186468] [AnalyzerGroup]: Group '/TemperatureSensor
    ', creating diagnostic_aggregator/GenericAnalyzer 'SensorInClass' (breadcrumb: in_class_
    sensors)…
[aggregator_node-1] [INFO] [1648544794.622550674] [GenericAnalyzerBase]: Initialized
    analyzer 'SensorInClass' with path '/TemperatureSensor/SensorInClass' and breadcrumb 'in_
    class_sensors'.
[aggregator_node-1] [INFO] [1648544794.622560859] [AnalyzerGroup]: Adding analyzer 'SensorIn-
    Class' to group '/TemperatureSensor'.
[aggregator_node-1] [INFO] [1648544794.622568662] [AnalyzerGroup]: Group 'TemperatureSensor',
    creating diagnostic_aggregator/GenericAnalyzer 'SensorStandalone' (breadcrumb: standalone
    _sensors)...
[aggregator_node-1] [INFO] [1648544794.622579267] [GenericAnalyzerBase]: Initialized
    analyzer 'SensorStandalone' with path '/TemperatureSensor/SensorStandalone' and breadcrumb '
    standalone_sensors'.
[aggregator_node-1] [INFO] [1648544794.622581925] [AnalyzerGroup]: Adding analyzer 'Sen-
    sorStandalone' to group 'TemperatureSensor'.
[aggregator_node-1] [INFO] [1648544794.622584243] [AnalyzerGroup]: Initialized analyzer group
    'TemperatureSensor' with path '/TemperatureSensor' and breadcrumb ''.
[aggregator_node-1] [INFO] [1648544794.622588781] [GenericAnalyzerBase]: Initialized
    analyzer 'Other' with path '/TemperatureSensor/Other' and breadcrumb ''.
[aggregator_node-1] [INFO] [1648544795.622252496] [GenericAnalyzer]: Analyzer 'SensorStanda-
    lone' matches 'n_node: /standalone/temp_1'.
[aggregator_node-1] [INFO] [1648544795.622299602] [AnalyzerGroup]: Group 'TemperatureSensor'
    has a match with my analyzer 'SensorStandalone'.
[aggregator_node-1] [INFO] [1648544795.622345991] [GenericAnalyzer]: Analyzer 'SensorInClass'
    matches 'n_node: /class/temp_2'.
[aggregator_node-1] [INFO] [1648544795.622351079] [AnalyzerGroup]: Group 'TemperatureSensor'
    has a match with my analyzer 'SensorInClass'.
[aggregator_node-1] [INFO] [1648544795.622355734] [GenericAnalyzer]: Analyzer 'SensorInClass'
    matches 'n_node: /class/temp_1'.
[aggregator_node-1] [INFO] [1648544795.622357635] [AnalyzerGroup]: Group 'TemperatureSensor'
    has a match with my analyzer 'SensorInClass'.
---
```

GenericAnalyzer 的分析逻辑很简单，它会按照总-分-总的方式，将数组中每个子组中的诊断信息汇总，后面跟着子组内每个成员的内容，最后是大组的综合汇总。所谓汇总，便是将最严重的级别作为汇总级别。以一帧的 topic 为例，如代码 7-41 所示。

代码 7-41　/diagnostics_agg 汇总后的一帧

```
$ ros2 topic echo /diagnostics_agg
---
header:
  stamp:
    sec: 1648544822
    nanosec: 623454002
  frame_id: "
status:
- level: "\x01"
```

```
name: /TemperatureSensor/SensorInClass
message: Warning
hardware_id: "
values:
 - key: 'n_node: /class/temp_1'
   value: a little hot, but tolerable
 - key: 'n_node: /class/temp_2'
   value: cool
- level: "\x01"
  name: '/TemperatureSensor/SensorInClass/n_node: class temp_1'
  message: a little hot, but tolerable
  hardware_id: normal
  values:
  - key: temperature
  value: '76.4168'
- level: "\0"
  name: '/TemperatureSensor/SensorInClass/n_node: class temp_2'
  message: cool
  hardware_id: normal
  values:
  - key: temperature
    value: '11.7021'
- level: "\x01"
  name: /TemperatureSensor/SensorStandalone
  message: Warning
  hardware_id: "
  values:
- key: 'n_node: /standalone/temp_1'
  value: a little hot, but tolerable
- level: "\x01"
  name: '/TemperatureSensor/SensorStandalone/n_node: standalone temp_1'
  message: a little hot, but tolerable
  hardware_id: normal
  values:
  - key: temperature
    value: '76.4168'
- level: "\x01"
  name: /TemperatureSensor
  message: Warning
  hardware_id: "
  values:
  - key: SensorInClass
    value: Warning
  - key: SensorStandalone
    value: Warning

---
```

除了使用 ros2topic 观察数据外，使用 RQt 工具观察诊断信息和结果也是值得推荐的方法。直接在命令行输入"rqt"，再从"Plugins"找到"Diagnostic Viewer"即可。

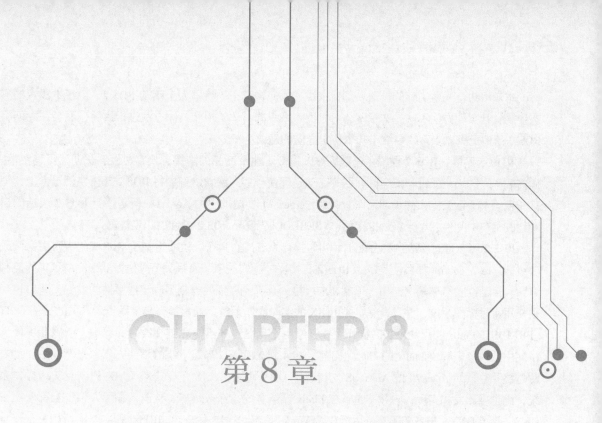

第 8 章

ROS 2的产品落地指导

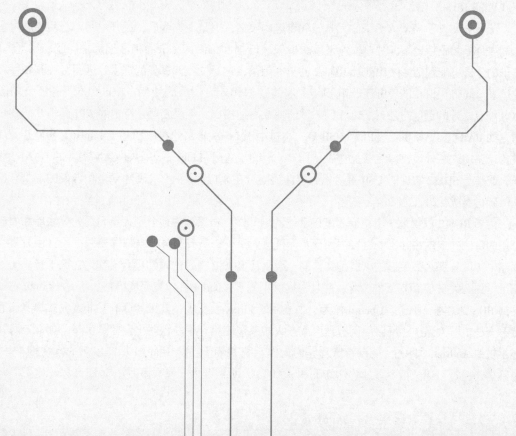

　　本章将结合一些实际的机器人项目来讲述如何在真正的机器人上落地 ROS 2。由于机器人的形态各异，且实现方法不一，本章不会对机器人系统的具体实现和具体方法进行讲解，而会在如何将 ROS 2 落地于机器人系统中给出几个特定方向的建议。

　　和 ROS 不同，ROS 2 摆脱了一系列难以直接落地于产品的困扰，如实时性、长期运行稳定性、通信效率、初始化配置和安全的问题等。这也促使一些厂商尝试直接将 ROS 2 部署在机器人上，令其长期运作于系统上，并长期工作。例如，Apex.AI 公司推出的 Apex OS 便是基于 ROS 2 改造的自动驾驶汽车中间件；小米集团推出的 CYBERDOG 是基于 ROS 2 设计的四足机器人。

　　ROS 2 可以通过修改内存分配器和实时操作系统配合运行，这使得基于 ROS 2 的实时性操作成为可能。ros2_control 项目便是基于 ROS 2 直接操控旋转关节和直线关节等执行器来完成预想的控制方案。自动驾驶汽车领域，由于车规要求严格，且不允许任何一刻不确定性事件的发生，所以也必须使用实时操作系统，并且最好是类 UNIX 的实时操作系统。通常最容易使用也最常见的是基于 RT_PREEMPT Linux 实现的软实时操作系统，但由于其性能并不能达到硬实时的标准，所以业界便尝试使用微内核来解决 Linux 的实时性问题，seL4 和 Xenomai 都是不错的解决方案。当然，另一种方法是绕它，如 Apex.AI 的 Apex OS 支持基于 QNX 使用，QNX 是一个类 UNIX 的商业实时操作系统，由黑莓开发和实现，它并不是一个 Linux 操作系统，许多汽车、机器人和无人系统上都使用了 QNX。除了 QNX，ROS 2 还支持运行在 VxWorks 等实时操作系统上。ROS 2 的实时支持相关工作是由 ROS 2 Real-Time Working Group 完成的，其成员包括 Apex.AI、博世（Bosch）、Open Robotics、风河（Wind River）等。

　　部署 ROS 2 到机器人系统固然是一件有趣的事情，但是在部署前，最好对所部署系统进行合理的需求分析和硬件选型，并对软件整体的框架进行剖析和设计，进而精准地解决问题和实现方案。需求的分析可能包括系统中涉及 ROS 2 的功能范围，这牵扯到计算量的需求，进而影响到硬件平台的选型。同时，该功能范围还影响到传感器的选型和外设资源的使用，ROS 2 本身并不支持除了 ROS 消息之外的通信方法，所以任何一种低速或高速接口，都需要通过特定的 API 调用才能实现通信，如 UART、CAN Bus、SPI 和 USB 等，不过由于 Linux 丰富的接口和基于 Linux 的各类开源库的支持，调用这些外设接口完成操作并不困难。例如，基于 Linux 的 Socket CAN 实现的 CAN 总线操作，或基于 SDL 2 实现的 USB 键盘输入事件捕捉。在 8.1 节中，有关硬件平台和外设的选型，以及软件架构层次化设计的内容会被逐一介绍。

　　由于 ROS 2 仅仅是一个机器人基础功能的中间件，虽然其中包含了大量可用的算法库和看起来可用的示例，但这些并不能直接被用于实际机器人系统，所有业务内容都需要根据设计由软件工程师逐一实现。那么最关键的事情是要借助一个支持 ROS 2 良好的软件平台实现。在第 1 章中曾经介绍了一些有关安装 ROS 2 的内容，并且也提供了基于 Ubuntu 打包发行的方法，但是 Ubuntu 并不是支持 ROS 2 的唯一平台。Ubuntu 作为一个通用的 Linux 发行版，其设计标的并非嵌入式设备，也自然不会是机器人系统。所以面向机器人或嵌入式系统使用专用的软件平台才是良策，如面向移动智能手机的 Android 和 iOS。面向特定功能的操作系统并不需要像 Ubuntu 那样复杂的软件维护体系，也不需要随时可通过指令管理软件的工具（APT），所需要的只有体积小、效率高和稳定即可。这便需要设计者根据需求挑选适合自己的组件，并将其拼装成一个 DIY 的操作系统。8.2 节中将会对此给出建议。

在实现 ROS 2 的应用程序后，集成和交付便成为最后也是最关键的事情。集成一般会发生在任何一个阶段，可能发生在工程师编写程序后调试的过程中，也可能发生在每次提交代码后，还有可能发生在每天固定构建测试时（Nightly Building）。通常在代码版本管理平台都会配置有关持续集成（CI）的任务，如 GitHub 的 Action 或 GitLab 的 Pipelines 等。根据配置 CI 的脚本，服务器会定时触发构建任务，完成构建。但是有时由于工程师在编写代码时的习惯问题，其软件并不能在一个新环境上顺利构建，这可能是因为功能包引入了未声明或未正确声明的依赖库，也可能是因为功能包支持的编译器版本与执行构建的环境不同。所以保证代码环境的可重复部署是十分重要的。8.3 节中会对此着重介绍。

8.1 架构设计与硬件选型

机器人是 robot 的中文译名，是指一类具有一定自主能力的机电系统的总称，而并非只代表长得像"人"的机器。它们首先需要具备实体，即真实环境下的机器，其次需要具备一定自主能力，即能够独立完成一些既定任务。

但现阶段的机器人都是面向特定场景设计的，也就是说其功能在设计之初就是面向特定的环境和工作任务而实现的。例如，面向工厂码垛搬运的工业机械臂或面向家庭环境清扫的扫地机器人。不同场景下的需求对传感和执行的选型，乃至所有架构的设计和选型工作都起着决定性的作用。8.1.1 小节将围绕机器人的设计需求，介绍如何进行硬件平台与外设选型。除了硬件的架构设计外，软件的层次化设计也非常重要，适当的层次化可帮助工程师、开发者维护或进行二次开发的工作，但过于冗杂的层次化设计可能会导致系统的性能下降，响应延时过高等问题，其中的取舍将在 8.1.2 小节中讲解。

▶▶ 8.1.1 硬件平台与外设的选型

不同的产品需求会对软件的设计产生极大的影响，同时也对硬件的设计、计算平台的选型，以及传感器的选型有着决定性的建议。当工程师在讨论一款机器人要完成哪些事情时，便会随着讨论引出 4 个问题。当然，并不是所有的机器人都需要解决这 4 个问题，有一些可能仅需要 1 个或 2 个问题即可。

1）机器人需要运动吗？靠什么运动？如何控制？

2）机器人需要感知环境吗？靠什么感知？

3）机器人需要定位吗？靠什么定位？

4）机器人需要规划和决策吗？

如果能回答这 4 个问题，那么便可基于答案进行计算平台、传感器和外设的选型了。

以市场现有的产品为例，一台扫地机器人的核心诉求是自主移动并清扫地面。自主移动牵扯到问题 1、问题 3，问题 2 和问题 4 是可选项。因为清扫地面的功能可以是主动清扫，即通过相机等传感器获取到脏污表面的位置后有目的性地清扫，通常这种扫地机会具备几种不同的清扫模式，如针对地毯、地砖和地板的清扫模式和吸力模式；也可以是无限制清扫，即不考虑地面是否有污渍或灰尘，对所有地面都使用同样的清扫方法完成清扫，这类扫地机器人一般都较前者便宜许多。

扫地机器人的移动通常基于双轮差速模型，即两个同轴同尺寸的主动轮（一左一右）和一个被动的万向轮（在前或者后），共同形成一个三角形的稳定结构，并通过两个主动轮的转速和转向控制机器人移动的速度和方向。除了移动的执行器外，扫地机器人还会有清扫用的执行器，如吸尘器的高速电机，或清扫地面的毛刷电机等。这些电机一般都会由一个单片机（Microcontroller Unit，MCU）控制，包括电机单体的速度闭环控制和位置闭环控制，以及机器人本体的速度闭环控制等。单片机的硬件和软件除了要为电机的控制和传感信号留出接口外，还需要为更高层控制留出接口。为高层封装的接口可以是串口（UART）、SPI 或 CAN 总线等。

扫地机器人的定位传感器包括红外测距传感器、超声波测距传感器、激光雷达和相机等。现阶段一部分扫地机器人都会使用激光雷达作为主要的定位传感器，并借助超声波、红外测距传感器检测下落边缘和前后向的小型障碍物；另一部分扫地机器人会使用视觉传感器，即相机作为主要的定位传感器，并借助红外和超声等测距传感器检测其他视觉看不到的部分；还有一部分较为高端的扫地机器人会同时使用激光雷达和相机，基于二者共同完成定位，再借助其他测距传感器补全盲区场景。现阶段无论是基于激光的定位还是基于视觉的定位，都需要一颗性能较好的 CPU 才能满足算力需求，一般这类 CPU 上会运行着一个较完善的操作系统，它可能是 Linux 或 BSD 等分时操作系统，也可能是 QNX 或 NuttX 等实时操作系统。

扫地机器人的感知、规划和决策是基于定位的结果和运动能力完成计算的。现阶段有一些扫地机器人加入了特别的感知功能，如识别地面上是否有线状物体、是否有宠物的排泄物、地面的材质是地毯还是地板等。这些功能可能需要基于视觉传感器（相机）和听觉传感器（麦克风）等来实现，并且由于牵扯到目标识别和语义分割等图像计算，所以需要消耗较高的算力才能完成任务。规划和决策通常是基于定位、感知和人类指令来完成的，现阶段大部分扫地机器人都可以基于当前的地图或正在建立的地图自主完成整个屋子的清扫工作，这只牵扯到自主探索和导航的功能；而另一部分较为高端的扫地机器人则可以基于感知和人类指令完成规划和决策，如人类通过某些方式（如语音对话）向扫地机器人发出指令："清扫客厅沙发附近的地面"，那么扫地机器人应该会根据指令先分析语义，并按照客厅在地图中的位置进行 AB 点导航，再进入客厅后通过目标识别找到沙发的方向，移动到附近后开始清扫，并在一定清扫覆盖率后完成清扫任务。这些功能也需要在一颗性能较好的 CPU 上完成计算。

除此之外，扫地机器人还需要和环境或人类用户完成一系列的交互工作，如自主充电、地图的存储、地图的载入和上传、固件的升级、网络连接和重置、地图的语义定制化、扫地机器人内部垃圾盒的剩余空间提醒，甚至语音控制和语音交互等功能。这些功能都需要在 CPU 上运行的操作系统中实现。

当然，由于扫地机器人的运动模型十分简单，其控制程序由性能较弱的单片机运行也可以达到一个较好的控制效果，一般单片机的架构都是 ARM M 系列，或是 RISC-V 系列，主频在几十 MHz 到几百 MHz 不等。如果机器人的控制模型较为复杂，如足式机器人，则需要一款性能稍强一些的 CPU 来完成计算。例如，在 MIT Cheetah Software 上使用的控制芯片是 Intel 的低功耗 CPU，架构是 x86；在小米 CYBERDOG 上使用的控制芯片是全志的 MR813，架构是 ARM A 系列。这类处理器的主频一般都在 1GHz 以上，并且架构较单片机的要强很多。

本书所介绍的 ROS 2 是基于 Linux 这类运行在 CPU 上的框架，它并不能直接部署于单片机这种平台上，不过有一种 ROS 2 的变体（名为 micro-ROS），是可以部署在单片机上的实时系统中的。所以从理论上和工程上，使用 ROS 2 一系列软件工程框架制作一台扫地机器人是完全不成问题的。CPU 的选型通常也需要根据机器人上实际运行的算法来选择，算法优化的效果足够好，便可以在 CPU 性能上稍微做一些妥协，如果算法的性能很难优化，则需要在选择时为性能预留部分空间。不过，虽然 CPU 听起来可以完成大部分复杂工作，但还是有一些芯片比 CPU 更适合于某些专用场景。例如，DSP（Digital Signal Processor）、GPU（Graphics Processing Unit）和 ASIC（Application-Specific Integrated Circuit）等，这些处理器也可能会起其他的名字，它们通常会被设计成专门处理某种信号或算法的芯片，如专注处理视觉程序的图像处理芯片、专门处理神经网络的神经网络计算芯片，专门处理语音信息的音频处理芯片等。当然，也有一些厂商研发能力很强，将这些芯片的 IP（Intellectual Property）汇集在一颗芯片上。例如，著名的 NVIDIA 的 Jetson 系列芯片，便包含了 CPU、GPU、内存、NVDLA（NVIDIA Deep Learning Accelerator）、SPE（Sensor Processing Engine）和 PLA（Programmable Vision Accelerator）等组件，这类芯片会被称为 SoC（System on a Chip）。还有一些厂商会将单片机和 CPU 或 SoC 组合在一颗芯片上，如意法半导体的 STM32MP1 系列芯片，其组合了 Cortex M4 的单片机和 Cortex-A7 的 SoC 在一颗芯片上，使其可以同时完成实时的基础控制和高效的复杂控制，以及丰富的上层应用、GPU 计算和图形化显示的功能。

▶▶ 8.1.2 软件架构的层次化

软件的层次化与硬件的层次化相似，但又不完全相同。硬件的层次化是基于外设的分类和计算平台来进行层次化堆叠的，而软件的层次化除了基于这些硬性的限制外，还可以基于抽象的模型进行划分。

抛开单片机层面不谈（这不是本书的重点），在大部分机器人乃至现代消费类和行业类的电子产品中，CPU 或 SoC 上运行的通常都是以 Linux 为内核的操作系统发行版，少数会运行 VxWorks 或 QNX 等商用的非 Linux 内核但支持可移植操作系统接口（Portable Operating System Interface，POSIX）的操作系统。除此之外，还有极少部分设备使用了 Fuchsia 或 BSD 等操作系统。操作系统是一台计算设备上运行的必要软件，它包括管理、配置 CPU 和内存的资源，负责抽象所有的输入、输出设备，也需要管理和控制网络和文件系统，同时它还需要提供与用户的交互能力。操作系统通常可分为两层，一层是内核，一层是应用。内核是直接与硬件做交互的软件，它会将所有的硬件资源抽象为软件的实体，并根据一定规则为应用层分配资源。所谓 Linux 操作系统，实际上并不是操作系统的名字里有 Linux，而是这类操作系统的内核是 Linux。前面提到的 ROS 2 对实时性的支持，是需要建立在操作系统对实时性支持的基础之上的。而一个操作系统的实时性支持，核心在于内核对实时性的支持。Linux 作为面向分时设计的操作系统内核，其本身并不支持实时操作，如果强行让 Linux 支持实时操作，通常有两种办法：一是使用 RT PREEMPT 的补丁，使其支持抢占；二是添加一个实时的微内核，使一个操作系统上同时运行两个内核，如使用 Xenomai。由于前者的实时性并不够彻底，所以人们常称前者为软实时内核，后者为硬实时的内核，故实时操作系统也常分为软实时操作系统和硬实时操作系统。

对于一个嵌入式系统，选择一个合适的内核是十分必要的。如果该系统对实时性要求很高，即需要确定性地约束某些操作必须在某些时刻前完成，如每 1ms 需要发送一次电机指令，不能漏发或者多发，那么就需要选择一个支持实时操作的内核。对于一个直接做控制的嵌入式系统，如电机控制器或机械臂控制器，通常需要一个实时的内核来完成确定性的操作。如果该系统对实时性要求不高，如只做一些定时计算或与人类交互的工作，消耗的时间上下抖动不会对输出结果造成影响，那么可选择非实时的内核，如普通的 Linux 即可。

操作系统除了包含内核外，还会提供一系列通用的基础应用层软件，如许多嵌入式系统中使用的指令工具集 BusyBox、提供音频操作接口的 ALSA（Advanced Linux Sound Architecture）和提供网络编程接口的 Asio 等。这些软件通过一系列的依赖链被联结在一个操作系统中，作为应用软件或其他应用软件的依赖存在着。这些依赖软件包括 ROS 2 所有的依赖。厘清这些依赖有助于了解哪些代码是必要的，需要保留以保证系统运作，哪些代码是非必要的，可以删除以节约系统空间。除了确定依赖软件的内容外，确定其版本号也是一件重要的事情。这些软件虽然各司其职，各提供着不同的功能，但既然是软件便一定会有 bug 或漏洞，何况很多依赖库还是开源软件。清晰地了解软件的版本号有助于在出现问题时快速定位问题，这些问题包含但不限于以下内容。

- 构建问题：不同版本的软件依赖库可能会导致同一份代码在构建时的不同表征结果，如高版本对低版本的 API 进行了升级，高版本删除了部分 API 等，如果代码中调用了这部分 API，则会导致构建错误或警告。
- 运行问题：有时不同版本的依赖库在构建阶段并不会报错，但可能在运行时报错，这类问题一般会出现在 ABI（Application Binary Interface）兼容问题的库中。
- 功能问题：新版本有时会将旧版本的功能移除，导致调用旧版本软件的代码无法使用。
- 性能问题：有些软件的新版本和旧版本在某些功能上的性能会有差异，甚至可能因为工程人员的不当操作导致性能回退。
- 安全问题：旧版本的已知安全性问题通常会在之后的版本中修复。

除了普通的操作系统基础应用层软件外，一些平台还会随着芯片附带一些平台特有功能的 SDK（Software Development Kit），如 NVIDIA 的统一计算架构（Compute Unified Device Architecture，CU-DA），是面向 NVIDIA 的 GPU 编程设计的 SDK。许多芯片厂在芯片上提供特别功能的电路时，都会额外提供 SDK，以方便用户直接使用该电路的功能。这些 SDK 可被称为平台依赖库。平台依赖库有着平台的专用性，是与硬件强绑定的软件，脱离了特定的硬件，它的功能便会失效，甚至无法运行。

如图 8-1 所示，ROS 2 中的不同功能包基于不同的基础依赖库和平台依赖库，并且按照其自身的依赖关系形成了良好的层级关系。但由于 ROS 2 又是基于模块化设计实现的，其中的每一个功能包或每一组功能包都可以拿出来单独使用，所以即使不完全按照 ROS 2 原生的层级关系使用 ROS 2 也是完全可以的。甚至可以基于需要用到的功能包自身的依赖关系，按照需求自己设计一套新的层级结构，以便精简整体框架。这就回到了 1.4 节中的实战案例，基于不同的 ROS 2 源码.repos 文件，可以构建出不同功能的 ROS 2 中间件。例如，不同的 RCL 实现，其需要的依赖功能包并不多（如 ros2_rust、ros2_dotnet），这些仓库在 GitHub 都可以搜索得到。

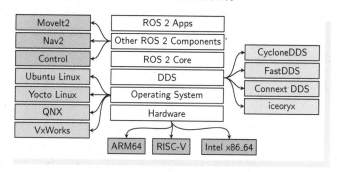

●图 8-1　ROS 2 的各层在机器人软件中的关系

除了将 ROS 2 本身进行层次化构建外，业务所涉及的 ROS 2 应用功能包也需要进行层次化设计。通常，应用层的设计会将同一类功能安排在同一个层级上，如同一类型的硬件设备或硬件外设，按照一定的抽象方式和规则进行抽象化设计。ros2_control 是个非常好的例子，在其中除了抽象的硬件接口外，不存在与硬件直接交互的内容，所有其他的功能包如果要与硬件交互，都通过这些抽象的接口完成操作，而抽象的接口也需要按照固定的类进行继承，并按照插件的方式设计，这在 3.4.3 小节曾介绍过。在一般机器人项目中，抽象硬件的设计十分常见，因为不可能所有需要使用硬件或外设时，每个功能包都重复地去编写调用驱动或原始接口的代码。如果同时有多个线程甚至进程同时操作一个设备，那么极可能会发生竞争，进而导致该设备无法正常使用。所以有两种办法：一是将设备抽象后，通过一个进程或线程完成真正的操作，而其他需要操作硬件的进程或线程需要对该线程进行申请，获取权限后进行操作，操作完毕或超时后归还，交由其他进程或线程操作；二是将该设备作为一个节点，通过 ROS 消息完成交互。现阶段很多 ROS 和 ROS 2 的设备驱动都是这样做的。前者的好处是资源消耗会相对少，且效率高，但设计难度和与之带来的漏洞风险也随之增加，后者则相反。

除了对硬件抽象外，对接口抽象也是一件十分关键的事情，由于 ROS 2 可基于不同类型的中间件实现运作，所以根据不同需求选择合适的中间件很重要。例如，4.1.5 小节中介绍的 iceoryx，是专门面向高带宽低延时设计的，如果有较大负担的传感器信息需要在设备内传输，则需要使用这类共享内存甚至零拷贝的中间件完成。如果使用 ROS 消息传输的消息带宽较小，则使用原生的 UDP 模式即可满足需求。不同的中间件可能会对消息接口的定制有不同的要求，如 iceoryx 禁止使用动态类型，String、未定长数组等都不在允许的类型中。要知道这些类型在 ROS 2 的标准 Header 中是作为坐标系 ID 存在的，如果不允许使用这些类型，则大部分的传感器消息定义和坐标系的定义都无法直接使用。这将需要用户对 ROS 2 的这部分代码进行大量修改才能够适配该中间件。当然，另一个办法是仅在需要高带宽的场景使用共享内存中间件，而在其他场景中继续使用基于 UDP 的中间件，这样仅需要按照传感器的类型新建几个特定的消息接口即可，两全其美。

对通用算法和通用功能进行独立设计也是一个不错的选择，由于许多算法和功能是可以独立于业务代码存在的，所以将这些独立编写为单独的功能包，并生成为动态运行库是个不错的设计。例如，ros/angles 是一个帮助用户快速完成角度和弧度相互转换的算法库，属于一种非常通用的算法功能包；RainerKuemmerle/g2o 是一个通用的图优化算法库，方便许多 SLAM 功能包调用。当然，在实际设计中很可能会根据需求，将算法作为插件实现，如在 5.4 节中介绍的 Nav2 框架，其中的所有算法相关实现均基于插件设计，使用时动态加载即可。除了算法外，通用功能也需要独立作为库实现，如在 CYBERDOG 项目中，所有的节点都是基于生命周期节点，并且基于 4.3 节中介绍的设计，基于级联的方式实现的。

除了对内抽象，对外抽象也可能是需要做的事情。由于有一部分机器人对外的数据交换不再希望仍基于 ROS 消息，而是希望基于其他消息传递的方式，如 gRPC。那么便需要按照对外的数据交换格式重新定义和设计消息的类型和接口，并按照消息的传递规则一步步实现。

完成几项模块化的抽象后，便可以将有关业务的代码按照抽象的接口一一实现了，这点需要具体情况具体分析，此处不再展开。当然，这里介绍的方法并不是绝对正确的，很多时候还需要根据项目的具体情况和要求进行适配和随机应变。

8.2 软件实现的注意事项

实现软件的过程并不是拿到需求和设计后，直接开展代码工作。在编写代码的前中后，都需要根据情况做仔细考量，以确保知道自己在做什么。在实现前，需要了解编写的代码将会在哪些软件平台上运行，这些软件平台是否能够支持代码的构建和运行、是否适合这些代码的构建和运行。在实现时，需要了解是否要根据不同的需求适配不同的编码规则和构建方式，以及是否需要对代码的内容进行安全性考量。在实现后，还需要考虑代码将以何种姿态运行，是靠自动化脚本、手动开启，还是通过操作系统的进程管理器操作。

本节不会讲述如何实现这些代码，而是会给出一定的建议。

▶▶ 8.2.1 支持 ROS 2 的软件平台

ROS 2 的社区中，直接进行二进制发行的平台仅有屈指可数的几个，如 Ubuntu、RHEL、macOS 和 Windows。这些操作系统中适合用在嵌入式平台的，基本上只有 Ubuntu 了。但如本书的开篇所述，ROS 2 所支持的平台不止这么几个，因为代码是开源的，基于 Linux 内核的发行版理论上均可适配 ROS 2 的运行。

　　常见的 Linux 操作系统有 Debian、Arch Linux、Gentoo、Fedora 和 openSUSE 等，这些操作系统常被作为桌面操作系统使用，也常被作为服务器的操作系统使用。由于 Linux 操作系统本身具有非常好的可定制化能力，所以在不同的应用场合，工程师会根据不同的需求对操作系统进行精细化的定制。尤其是基于 Arch Linux 和 Gentoo 这两个发行版的定制化的结果，更是数不胜数。这两个发行版可定制所有的内容，包括内核。

　　所有桌面系统都具备一个特点，那就是包管理器。Debian 的包管理器是 APT，Arch Linux 的包管理器是 pacman，Fedora 的包管理器是 dnf，Gentoo 的包管理器的 Portage。除了 Arch Linux 和 Gentoo 外，其他发行版都不具备基于源码构建软件并进行持续维护的能力。在许多网络上的"教程"中都会给出一个错误的引导，即通过 make install 将软件构建后进行安装，在 Linux 的目录结构中，许多库会通过这个指令被安装到/usr/local 目录中。虽然可以成功安装，并且可被正常使用，但其维护将会非常困难。例如，需要升级、删除、或者修改时，无法通过像包管理器这样的捷径快速完成。在除了 Gentoo 外的发行版中，需要通过源码安装的都是官方的包管理器源中没有直接维护的库，在 Arch Linux 中有一个不错的解决方法是通过 AUR 体系，AUR 体系提供了和 pacman 相同级别的安装方式，只不过是通过源码构建后才能够完成安装。相比之下，Gentoo 的 Portage 工具则会要求用户通过 emerge 指令构建所有需要安装的内容，这样的优点是可以最大程度上定制化操作系统，其定制的不仅仅是操作系统中软件的内容，更可以定制到每个软件的构建选项和构建内容。Arch Linux 和 Gentoo 可以保证任何不在官方源中的内容都可以通过其包管理器进行安装，那么对于其他发行版，最好的办法便是构建其适合的安装包，如在 Debian 和 Ubuntu 中构建 APT 安装包、在 Fedora 中构建 RPM 安装包。虽然费时、费力，但是将会为未来的维护工作带来意想不到的便利。

　　除了桌面操作系统外，还有一些适用于嵌入式的发行版制作工具，如 Yocto Project、Buildroot 都是不错的嵌入式系统定制化工具。这些工具提供了非常强大的定制能力，包括软件的类型和版本的定制能力。它可以根据任意需求定制任意规格和任意大小的发行版，并可以支持升级。可以说，在 Yocto 和 Buildroot 的项目中，一千个人的定制化将有一千个不同的发行版。在这些发行版中通常不会附带包管理器，当然，如果在定制发行版时将包管理器加入其中，则发行版将支持该包管理器进行软件的管理。这里有一个小问题需要读者思考，是否可以创建一个既支持 APT 和 RPM，也支持 pacman 管理的发行版呢？

　　由于 Yocto 和 Buildroot 是面向嵌入式系统设计的，所以这两种工具常用来构建仅供运行的操作系统环境。所谓仅供运行，指的是其中并不包含任何构建和编译的功能，所有的包都是为了运行而生。由于编译和构建的工具链包含了大量不同类型的文件，非常占用资源，这在空间有限的嵌入式设备上并不适合。例如，在 Yocto 的 ROS 层设计上，默认并不会在目标机的系统中生成 ament 系列用于构建的工具包。

　　除了上述的内容外，NixOS 也是一种选择。NixOS 是基于 Nix 完成包管理的 Linux 发行版。和一般的包管理器不同，Nix 是一种既管理软件内容又管理软件版本的包管理器。一般的包管理器只会同时维护一个或几个版本，并不会将软件所有的版本都维护在内。一般的包管理器也只允许同一个名称下只能安装软件的一个版本。Nix 则不同，通过 Nix 可以任意选择软件的版本进行安装和配置，并且可以同时安装多个版本的软件在一个名字下。它的维护方式和其他包管理器不同，一般的包管理器会将软件安装到/usr 或/opt 的目录下，而 Nix 则会将所有软件安装到/nix 目录下，并且按照特定规律生成一个独一无二的哈希值作为文件夹的名称，用于存放被安装的软件。这就保证了不同版本的同一软件可以存放在不同的目录，并且包管理器 Nix 可以给出这些目录的位置，以确保依赖关系可以如期保持。Nix 可以作为包管理器被单独安装，如和 Yocto 共同使用、和 Ubuntu 共同使用等。除此之外，相似的工具还有 GNU Guix 和基于其构建的 GNU Guix System。

在机器人项目的实现上，工程师们通常会使用那些通用的发行版作为原型机的操作系统。例如，树莓派的官方系统便是基于 Debian 改造的 Raspberry Pi OS，NVIDIA 的 Jetson 系列开发板的官方系统是 Ubuntu。这些系统可以为原型搭建提供非常便利的条件，如依赖的快速引入、编译环境的快速配置、机载软件的即时调试和机载的直接开发等条件。

而如果做产品，则最好不要使用这些通用发行版，而是使用 Yocto 和 Buildroot 这类专门构建嵌入式系统的工具对发行版进行生成。这样可以确保产品的空间可被合理利用，并且不引入没有必要的模块到发行版的文件系统中。

▶▶ 8.2.2　原型环境与交付环境

在上一小节的最后提到了原型机和产品在操作系统选择上的建议。虽然原型环境可以提供非常完善的开发体验，但其并不适合直接落地于产品上（虽然有些公司这样做了）。

在原型环境中（如 Ubuntu），编写代码的工作通常是在目标机上的原生环境中进行，而后通过 colcon 进行构建，并直接本地白盒测试。在测试完毕确定功能无误后，可通过规范的 CI/CD 流程，在服务器上按照约定构建出对应的 DEB 等基于原型环境包管理器的安装包（如通过 bloom），再将安装包安装至被测机器人，进行完整的黑盒测试，如图 8-2 所示。

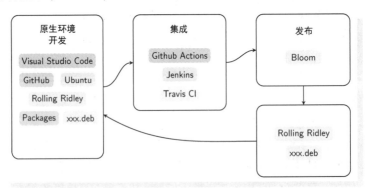

● 图 8-2　原型环境中的打包和测试流程

很多公司由于人力有限、技术积淀不足或不重视产品的规范性，还是会选择在产品的交付环境中继续使用原型机的软件环境。原型环境的优势有很多，如可以提供丰富的软件功能扩展、方便工程师快速完成原型机功能的设计和实现、试错成本低，也不需要为操作系统或工程环境本身做过多地考虑和修缮。因为无论是哪个 Linux 发行版，其本身的维护工作都是在芯片厂商或是发行版厂商就做好了的。这也意味着原型机的环境与日常中使用的环境差别不大，大部分在日常 PC 中开发和测试的代码也可以直接拿到原型环境中进行测试。除非这些代码有对 CPU 架构的强依赖。此外，绝大多数 ROS 2 软件的原型开发，也都是基于 Ubuntu 来完成的，使用 Ubuntu 作为产品的原型环境也可以拥有强大的社区资源支持。

但原型环境也会带来很多困扰和缺陷。

首先是资源的合理利用问题。由于类似 Ubuntu 的原型环境都是基于桌面系统改造的，设计这些发行版的工程师为了易用性和兼容性，会在文件系统中提供很多便利的工具，这就造成了文件系统过于庞大。实际上需要长期运行的程序并不需要这些工具，这些工具在产品的交付环境中只会造成"体积"的浪费。过大的文件系统除了会造成机载磁盘（如 SSD 或 TF 卡）的空间浪费外，还会影响产品在工厂的生产效率，因为刷写 1GB 内容和刷写 10GB 内容的时间必然不同。

其次是资源的精简问题。在桌面环境中，虽然可以通过包管理器维护整体的软件组成，但通过包管理器裁剪功能将非常困难：第一，包管理器所管理的内容都是统一构建完毕的二进制安装包，其内容已经确定，通过包管理器工具安装和卸载并不能修改其中的内容，如果仅需要该软件的一个文件，则必须安装该软件的所有内容；第二，包管理器可以便于操作所有已制作的安装包，但对于零散的定制化修改则无能为力，如修改某一个系统配置或添加某一个自启动程序，这些零散的修改都需要单独或统一制作安装包，并在适当时安装至系统中，这也给维护带来了极大的困扰；第三，包管理器本身的资源占用在某些平台上可能也是个问题，所以并不适合在嵌入式系统中直接应用。

第三是产品的性能调优问题。基于原型环境完成性能调优是一件较为复杂且困难的事情。原型环境的兼容性和通用性与产品需要的专用性和高效率本身就是一对矛盾，鱼与熊掌不可得兼，要提高效率就很难保持良好的兼容性和通用性。系统的性能调优包括很多项，如开机时间（boot up time）、TCP/IP 参数、UDP 参数、功耗调节、处理器的亲和性、专用计算电路的分配、文件系统的碎片优化、虚拟内存的参数和关机时间等。通常这些都会通过一系列参数配置通过脚本指令完成部署。这些参数可基于类似 systemd 这种系统服务管理器部署和维护，也可通过直接编辑/etc 目录下的相关配置文件完成部署和维护。

产品交付环境的使用便是为了解决这三个主要问题。以 Yocto 为例，Yocto 是 Yocto Project 的简称，是一个庞大的开源项目，旨在提供一系列标准化的模板、工具和方法帮助开发者快速创造和构建适用于自己的 Linux 定制发行版系统。它支持许多不同的硬件架构，如 x86、ARM、RISC-V、MIPS 和 PPC 等。和 ROS 2 相似，Yocto 并不是一个软件，而是一系列软件的集合，它提供了包括 Bitbake、Poky 和 OpenEmbedded-Core 等多个工具用于帮助开发人员快速定制 Linux 操作系统。Yocto 中通过 layer（层）的概念，将不同类型的概念一层一层叠在一起，并通过 recipe（配方）贯穿所有层，从中挑选目标系统所需的内容，并进行组装。Yocto 中所有的 layers 都会使用统一的命名方法，即以"meta-"开头，如 ros/meta-ros 是维护 ROS 和 ROS 2 的 Yocto layers 的仓库。

基于 Yocto 可以开发任意高度定制系统中的内容，并且可以拥有一系列商业公司的直接支持。

许多嵌入式平台的硬件都会面向 Yocto 设计开源的 layer 项目，如 Intel 为 RealSense 设计的 meta-intel-realsense、OE4T（OpenEmbedded for Tegra）为 Jetson 系列设计的 meta-tegra。Yocto 的构建是基于交叉编译模式的，即通过宿主机（Host Machine）的交叉编译器来构建目标机（Target Machine）的操作系统镜像。交叉编译器也可以通过 Yocto 的配置文件进行设置，不同的编译器可应对不同的场景，统一编译器的版本也有助于统一所有软件库的运行环境。通过 Yocto，工程人员可以定制包括操作系统的启动器（bootloader）、内核（kernel）、文件系统（filesystm）和分区（partition），以及整个系统的 OTA（Over-The-Air）升级、上电自启动程序、性能调校、内存管理和功耗控制等。有关 Yocto 的使用方法，可以参考 *Mastering Embedded Linux Programming* 这本书。

有关集成 ROS 2 到 Yocto 的项目已经开源在 cyber-zoo/meta-saha 中，感兴趣的读者可以参考和了解。

▶▶ 8.2.3 自启动与下电保护

无论基于哪种环境，都需要通过服务管理器来管理系统服务。常见的通用系统服务器管理器有 init、Initng、OpenRC、runit 和 s6 等。systemd 是只面向 Linux 平台的系统服务管理器，同样类型的还有 Upstart。在 macOS 中的专用管理器是 launchd 和 SystemStarter。这些管理器的功能都很相似，即提供一系列的进程启动序列，以确保操作系统的所有功能如期启动，并确保一些进程以守护进程（daemon）的方式运作。现阶段许多操作系统中都使用 systemd 作为系统服务器的管理器。

一个基于 Linux 的嵌入式系统从上电到应用程序启动需要经过一系列的流程，包括但不限于芯片的初级启动器启动、平台的启动器启动、内核加载、第一个进程启动和其他系统必要进程启动，最后才启动嵌入式系统业务实际相关的应用程序。在机器人系统的启动过程中，最理想的情况是在接通电源后系统立刻进入运行状态。所谓立刻是一个主观的描述，在不同的容忍场景下，立刻可以是 1s，也可以是 10s。虽然容忍条件不同，但工程人员都希望是确定性的结果，即设计 1s 启动，则每一次都是 1s 启动成功。优化启动流程是一个较为繁杂的过程，会涉及优化启动器，如 Das U-Boot 和 UEFI（Unified Extensible Firmware Interface）等；会涉及 Linux 内核的裁剪；还会涉及 systemd 的服务删改。需要不断尝试和测试才能够达到一个满意的结果。

如果自启动的程序是 ROS 2 的进程，则需要编写一个 systemd 的启动程序。用户定义的启动程序都可以存放在/etc/systemd/system 中，并通过指令或配置开启自启动的初始化配置。有关 systemd 的例子可以参考代码 8-1 和代码 8-2，前者是基于 Ubuntu 系统的实现，后者是基于 Yocto 系统的实现。在 Ubuntu 中，由于 ROS 2 会被安装到/opt 路径下，所以涉及运行环境的变量配置都会被指向到/opt 下的一些路径。而在 Yocto 中，默认配置会将所有 ROS 2 的程序安装到/usr 路径下，和其他可执行程序相同，所以不需要额外配置链接路径（LD）和 Python 的路径，只需要配置 AMENT 的前缀路径，方便 ros2 进程查找功能包位置即可。

代码 8-1　Ubuntu 中的 ROS 2 systemd service 写法

```
[Unit]
Description=ROS 2 systemd service in Ubuntu
```

```
Before=xx.service
After=xxx.service
Requires=x.service
Wants=xxxx.service

[Service]
Type=idle
User=replace_to_your_name__or__delete_it_as_default_root
Environment="ROS_DOMAIN_ID=0"
Environment="LD_LIBRARY_PATH=/opt/ros/your_prj_path/lib:/opt/ros/foxy/lib"
Environment="PYTHONPATH=/opt/ros/your_prj_path/lib/python3.8/site-packages:/opt/ros/foxy/
    lib/python3.8/site-packages/"
Environment="AMENT_PREFIX_PATH=/opt/ros/your_prj_path:/opt/ros/foxy"
ExecStart=/opt/ros/foxy/bin/ros2 launch prj_name launch_file_name
Restart=on-failure

[Install]
WantedBy=multi-user.target
```

代码 8-2　Yocto 中的 ROS 2 systemd service 写法

```
[Unit]
Description=ROS 2 systemd service in Yocto
Before=xx.service
After=xxx.service
Requires=x.service
Wants=xxxx.service

[Service]
Type=idle
User=replace_to_your_name__or__delete_it_as_default_root
Environment="ROS_DOMAIN_ID=0"
Environment="AMENT_PREFIX_PATH=/usr"
ExecStart=/usr/bin/ros2 launch prj_name launch_file_name
Restart=on-failure

[Install]
WantedBy=multi-user.target
```

完整的 systemd service 包含三个区块，分别是 Unit、Service 和 Install。

Unit 用于配置服务的基本信息，以及启动的顺序和依赖关系，其中可以添加 Before、After、Wants 和 Requires 等字段。Before 和 After 只涉及启动顺序，不涉及依赖关系。依赖关系指的是被依赖的服务必须在运行才能保证当前服务正常运行。Wants 和 Requires 涉及依赖关系，Wants 是弱依赖，其中填写的 service 如果启动失败，并不会影响当前服务的启动；Requires 是强依赖，其中填写的 service 如果启动失败，会导致当前服务的启动失败。

Service 中会定义当前 service 的启动行为和启动环境。其中必须包含 ExecStart，它定义了 service 将启动什么内容。除了 ExecStart 外，还可以提供如 ExecReload（重启服务时执行的命令）、

ExecStop（停止服务时执行的命令）、ExecStartPre（启动服务前执行的命令）、ExecStartPost（启动服务后执行的命令）和 ExecStopPost（停止服务后执行的命令）等。Type、User 和 Environment，以及 Restart 都是补充内容。Type 定义了 service 的具体类型，类型包括 simple、forking、oneshot、dbus、notify 和 idle。Restart 是定义重启行为的字段，包括 on-failure、on-success、on-abort 和 always 等类型。

Install 是定义如何安装 service 的区块，它将决定 service 的安装位置。multi-user 是 systemd 设定的启动等级 2 的单元。完整的等级设计包括下述内容。multi-user 代表 service 会被安装到/etc/systemd/system 的 multi-user.target.wants 目录下。

- 等级 0：包括 runlevel0.target 和 poweroff.target。
- 等级 1：包括 runlevel1.target 和 rescue.target。
- 等级 2、3、4：包括 runlevel［2/3/4］.target 和 multi-user.target。
- 等级 5：包括 runlevel5.target 和 graphical.target。
- 等级 6：包括 runlevel6.target 和 reboot.target。

有关 systemd 的内容描述，读者可以参考网上的介绍教程和官方文档，此处不再赘述。使用 systemd service 的方法十分简单，通过指令 systemctl 即可。运行一个 service 可以通过代码 8-3 完成。相似的，也可以执行停止、重启、查看状态和重载等操作，如代码 8-4 所示。

代码 8-3　启动一个 service

```
$ sudo systemctl start xxx.service
```

代码 8-4　systemd 的一些其他操作

```
$ sudo systemctl stop xxx.service
$ sudo systemctl status xxx.service
$ sudo systemctl restart xxx.service
$ sudo systemctl daemon-reload
```

设置和取消 service 开机自启动可通过 enable 和 disable 完成，如代码 8-5 所示。实际上 enable 和 disable 是创建和删除软链接的过程，即从 service 源文件的地址到 WantedBy 中的 target 目录中。读者可以通过实际测试来强化对此的认知。

代码 8-5　设置和取消开机自启

```
$ sudo systemctl start xxx.service
```

除了启动配置外，一个完善的机器人系统还需要定制化配置下电的流程。下电并不是直接关掉电源就可以了，而是需要按照系统关闭的顺序依次关闭和下电，否则可能会导致数据的丢失甚至文件系统的损坏。但是下电流程和上电流程不同，下电流程可能通过不同输入源触发，也可能通过不同的方式触发。下电可能发生在正常的关机请求过程中，也可能会发生在意外断电的过程中。如果是意外断电的情况，正常的下电流程通常无法完整执行，除非硬件系统中设计了备用电源或超级电容等电能缓存设备。所以通常的下电流程都是应对正常关闭设备的场景。

例如，下电信号可以由开关触发，当用户按下电源开关后，关机的信号会发送至每个子系统中，子系统可以按照预先设置的通信规则，彼此监听下电的心跳包，如果心跳中断则说明下电完毕，当每个子系统均下电完毕后，则可以关闭总电源。

除了下电流程外，机器人系统中还可以设计休眠模式、低功耗模式和睡眠模式等不同的电源策略，以提高产品的设计完成度。有关这些内容，读者可以自行参考相关学习资料。

8.3 集成与交付

完成操作系统和应用程序的定制化并不是产品交付的终点，一个硬件产品从原型到最终交付要经历多个阶段，如从概念验证（Proof Of Concept，POC）、工程验证测试（Engineering Validation Test，EVT）、设计验证测试（Design Validation Test，DVT）、产品验证测试（Production Validation Test，PVT）到量产（Mass production，MP）多个阶段。软件虽然最后只作为一个或若干个用于烧录的固件或镜像，直接使用某一台设备构建并输出即可，但正规的流程仍然是通过一个标准化的生产环境，每次从无到有开始构建。从无到有意味着，这个环境并不是预先配置好的，包括构建的环境和需要构建的代码，都需要在生产的过程中从头开始配置和构建。这个生产过程的解决方案被称为持续集成和持续交付，英文简写是 CI/CD。

CI/CD 广泛应用于各类软件项目和硬件项目，它可以帮助团队快速了解当前项目的状态和进度，并可以快速交付当前项目的产物，以供测试或生产。

CI 是持续集成的简写，所谓集成，是将多个项目的代码集成在一起的说法。通常 CI 会发生于代码被修改后，即每次代码被合入关键分支，所以在一天中，CI 可能会发生很多次。CI 也可通过手动触发。CI 的流程和本地的构建流程很相似，不同的是，CI 会按照一定的流程重新配置代码环境，以确保每次构建不会因为历史文件或缓存等内容影响构建流程和结果。这意味着所有的依赖软件都可能通过包管理器重新安装，且需要构建的代码也会通过版本管理软件单独下载。

CD 是持续交付的简写，所谓交付，是将集成后的产物交付到预发布或预生产的环境中。通常，基于 ROS 2 的软件产物可能是基于包管理器的安装包，也有可能是完整的操作系统镜像，这取决于整个工程中对于交付的需求和定义。

除了 CI/CD 外，还有一个 CD，是 Continuous Deployment 的缩写，译为持续部署。持续部署指的是持续集成后的结果，直接部署到生产或预生产环境中。在许多博客类的网站上常见到类似的功能，如博客的源码在一个 Git 的仓库维护，该 Git 仓库具备 CI/CD 的能力，在构建完毕后，通过脚本将产物，也就是网页的前端内容，直接部署到另一个 Git 仓库上，另一个仓库上直接托管了网页的内容，则这个流程就相当于完成了持续部署。在硬件项目中，持续部署的案例比较少，因为牵扯到硬件的测试都需要人为主动参与，单靠硬件和软件自身完成测试会比较困难，所以持续部署并不常用于硬件项目，尤其是机器人项目中。

▶▶ 8.3.1 构建环境的可重复部署

在对软件构建 CI/CD 的平台前，需要确保所编写的软件的构建环境具备可重复部署的能力。所谓可重复部署，指的是所部署的内容具备可重复性，可以通过某一个固定流程在任意的相同基础之上进行复现。

通常执行 CI 和 CD 的平台都是一台或几台性能还不错的服务器，并通过服务器的虚拟化进行资源动态分配，以满足多个 CI 或 CD 任务的同时进行不会相互影响。目前最通用，也是最流行的办法是基于 Docker 容器。Docker 是一个开源的应用容器引擎，它主要基于 Go 语言实现，并遵从 Apache 2.0 协议进行开源。Docker 主机可以是一个物理主机或一个虚拟主机，Docker 的服务端作为一个守护进程运行在其中，并为所有的 Docker 客户端提供接口。Docker 通过镜像和容器完成虚拟化的工作，镜像相当于一个操作系统的打包文件，而容器相当于一个实例化操作系统的实体，如同类和实例对象，如图 8-3 所示。Docker 镜像可以通过 Dockerfile 生成，也可以通过类似 Git 的 Docker 仓库进行标签管理（但不是版本管理），还可以通过被压缩后的镜像解压生成。

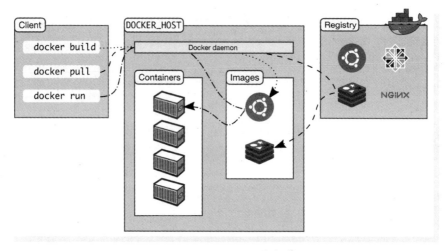

● 图 8-3　Docker 的架构

每一个 Docker 镜像都可作为独立的操作系统运行，这使得 Docker 成为 CI/CD 的绝佳选择。用于 CI/CD 的环境可以是通过 Dockerfile 临时构建，也可以通过托管 Docker 的平台临时拉取。如果使用前者，则需要保证构建的流程标准统一和准确无误，并必须保证网络的畅通。如果使用后者，则需要考虑镜像的大小是否适合这样做，以及网络的带宽和流量是否允许这样做。在本书对应的开源项目中有 Dockerfile 相应的示例文件，读者可阅读参考，并进行测试。有关 Docker 的操作教程，读者可直接阅读 Docker 的官方文档学习。

ROS 2 应用程序的构建流程既需要 colcon 和一系列 ROS 2 基础软件的参与，又需要一系列其他依赖软件的参与，colcon 和 ROS 2 通常可通过包管理器进行安装，但依赖软件有时则不方便通过包管理器安装。因为通过源码直接 make install 安装的弊端在 8.2.1 小节已经有所介绍，所以无论因为什么都不要使用该方法部署环境，而应该选用 7.2 节中介绍的方法嵌入依赖库，将依赖库整合为 ROS 2 的 vendor 功能包实现。这样所有的依赖库将会通过 colcon 随着 ROS 2 应用程序构建的流程共同完成编译，也会随着 ROS 2 应用程序的交付和部署，作为应用程序的一部分被安装到指定目录。即使需要增改删除，也会随着 ROS 2 应用程序的功能包或实体一同被修改。

设计 vendor 功能包并不是一件容易的事情，虽然在 7.2 节有过些许介绍，但快速辨识功能包的构建流程并构建一个可用的功能包仍然是一件较为挑战的事情。如果读者需要尝试做这件事，最好进行充足的测试后再提交到 CI 中进行。充足的测试包括但不限于：

- 使用 symlink 选项进行构建测试。
- 使用 merge 选项进行构建测试。
- 构建时清空历史环境，重新部署 ROS 2 后进行构建测试。

▶▶ 8.3.2　持续集成与持续交付

基于 Docker 进行持续集成与持续交付（CI/CD）的方法，除了构建 Docker 外，还需要编写 CI 和 CD 的脚本。和前面介绍的一样，CI/CD 的脚本也区分于原型环境和交付环境。

面向原型环境的 CI/CD 脚本，其目的主要是生成符合包管理器规格的安装包，整体的构建流程速度快，安装包体积小，并支持原生编译和交叉编译两种方式。

所谓原生编译，即宿主机和目标机的 CPU 架构一致，如 x86 机器上构建 x86 机器的程序，ARM64 机器上构建 ARM64 机器的程序，一般情况下在移动机器人上使用的都是基于 ARM 或 RISC-V 这类的低功耗处理器，以降低处理器产生的功耗；而在一些固定场合的工业机器人上会使用基于 x86 的处理器，因为这些场合对用电量没有那么敏感，并且优先考虑计算性能和计算效率。

所谓交叉编译，即宿主机和目标机的 CPU 架构不同，如在 x86 机器上构建 ARM64 机器的程序，或在 ARM64 的机器上构建 x86 机器的程序（这是有可能发生的，因为 Apple 公司的 M1 系列 SoC 已经在很多指标上超过了同功耗级别的 x86 架构芯片）。交叉编译需要交叉编译器的支持，并且需要合理的配置交叉编译的环境，所以通常所见的交叉编译场景，都是面向单片机项目、启动器项目和操作系统内核项目设计的。单片机项目由于架构简单，大部分程序仅需编译器及其基本运行库的支持即可，即使有动态链接和静态链接的需求，其库的构造也很纯粹，不会发生嵌套几层甚至几十层的动态链接关系；启动器项目和内核项目更是这样，由于启动器和内核都是直接操作硬件的软件，并不存在基于其他抽象或封装操作硬件的情况，所以编译环境也相对纯粹。但是相比启动器和内核这些软件，ROS 2 相关的应用程序在构建过程中牵扯到大量的操作系统基础功能的依赖，涉及几十甚至上百个软件库，如果想要顺利通过交叉编译构建，需要搭建一套完善的环境。该环节需要确保构建过程中宿主机提供的动态链接库和编译器版本，和运行过程中目标机的动态链接库和编译器运行库版本是一致或完全兼容的。当然还有一个办法，即通过虚拟机打造一个虚拟的原生编译环境，如基于 QEMU（Quick EMUlator）和 Docker 的方式，在 x86 的计算机上运行 ARM 的 Docker 镜像。但是因为这种方式是基于虚拟机实现的，构建效率不如原生的效率高。当然，效率这件事情也和虚拟机的实现方式有关。

相比之下，面向交付环境的 CI/CD 脚本简单许多。由于交付环境是基于 Yocto 设计的，而 Yocto 的构建流程就是基于交叉编译实现的，所以 Yocto 的 CI/CD 脚本从实现上与 Yocto 的构建脚本没什么区别。只需确保运行 CI/CD 脚本的环境能够支持 Bitbake 运行即可。在 Yocto 的构建流程中所构建的所有内容都会通过交叉编译器依次构建，这样就不存在宿主机已有环境的任何干扰和影响，所有产物都是从无到有，基于目标机的环境构建出来的。所有 Yocto 的产物都是通过该流程依次产出，在 Yocto 构建的最后，通常会生成一个包含所有内容的打包镜像，方便用户直接将其刷入硬件的存储设备中。当然，如果仅需要某一个中间产物，也可通过 Bitbake 的指令进行操作，但它依然会从无到有，将该中间产物所需的所有依赖都从头依次构建一遍。

面向原型环境的 CI/CD 脚本，优势是速度快，产物体积小；缺点是构建交叉编译环境会较为麻烦，如果采用较为简单的虚拟环境模式则可能会有效率问题，不过这些问题未来都会通过日益完善的技术解决，如高性能的 ARM64 架构服务器，或高效率的 ARM64 虚拟环境等。面向交付环境的 CI/CD 脚本，虽然简单容易操作，且无需担心交叉编译的配置问题，但是缺点也很明显，即它的构建流程较为冗长，许多软件都需要从无到有遍历构建，进而会耗费大量时间。如果单纯从 CI 的验证角度，这些重复构建是毫无意义的，因为 CI 关注的问题仅仅是当前项目的构建情况，并非整个项目甚至整个环境的改动对这个项目造成的影响，况且环境改动的可能性微乎其微。而 CD 的角度可以从两方面考虑，如果 CD 在这里代表的是一个项目的产物输出，则重复构建中间产物也是收效甚微的；但如果 CD 在这里代表的是整个项目的产物输出，则重复构建是意义重大的，因为任何一个微小的改动都可能导致一个曾经顺利的构建流程出错和失败。

在 Git 项目中，CI/CD 脚本通常会被放置在服务器、单独的 CI/CD 项目中，或当前项目目录中。为了便于版本管理，放置在单独的 CI/CD 项目中的案例较为常见。例如，在 GitHub 的 ros-tooling 组织中，setup-ros 和 action-ros-ci 都是面向 GitHub 项目开放的 CI 脚本库。基于这些脚本库可以快速设计 GitHub 项目的 CI，使原本冗长的构建脚本变得简短易懂。

脚本是 CI/CD 实际运行的内容，运行脚本的是后台的服务器，在许多 CI/CD 任务运作时，还有一个角色是管理和监控工具，它提供了网站前端的内容，方便工程师们快速查看当前 CI/CD 的进度，还提供了完善的接口，方便集成各类 CI/CD 的任务脚本，便于任务的输入和产物的输出。现阶段较为著名的 CI/CD 管理工具有 Jenkins、CircleCI 和 Travis CI 等。

由于 CircleCI 和 Travis CI 商用收费，且价格高昂，许多不想在 CI/CD 软件上花钱的公司会选择在自己的服务器上搭建 Jenkins 服务。Jenkins 是一个基于 Java 实现的开源的 CI/CD 工具，它提供了软件开发过程中的 CI/CD 服务，并支持一系列版本管理工具，如 Git、SVN、CVS 等，它提供了完善的插件系统，便于集成各类的软件 CI/CD 项目。例如，ci.ros2.org 便是 ROS 2 的 Jenkins 服务的网址，在这个平台上会持续不断构建 ROS 2 的各个项目的任务。基于 Jenkins 这类 CI/CD 工具，工程人员可以快速配置定时任务，以确保系统每天都会按时将产物打包并输出，很多开源项目的所谓 Nightly 版本便是这样做出来的。

▶▶ 8.3.3　开放平台中的 CI/CD

编写 CI/CD 脚本是一件繁重的事情，它需要编写人员反复进行测试，并且每次测试都会耗费大量的等待时间。那么如果将 ROS 2 应用程序的 CI 流程标准化将会如何呢？GitHub 上确实有该问题的解法，如前面提到的 setup-ros 和 action-ros-ci，以及 industrial_ci。

setup-ros 和 action-ros-ci 是托管在 ros-tooling 组织下的项目，它们面向所有还在维护周期的 ROS 和 ROS 2 发行版，提供自动化 CI 的脚本模板。任意一个在 GitHub 上托管的 ROS 或 ROS 2 项目，都可通过调用这两项目的脚本完成 CI 的部署。在 GitHub 上，CI 被称为 action，GitHub 的 action 默认是在 GitHub 提供的服务器上运行的，并且对于公开开源的项目是完全免费的。

setup-ros 提供了一系列安装和部署 ROS 和 ROS 2 基本功能包的工具脚本，它可帮助使用者快速部署 ROS 和 ROS 2 到 CI 的环境中，并提供多个软件平台的支持，包括 Linux、macOS 和 Windows 等，并且支持不同的操作系统版本。

action-ros-ci 提供了一系列构建 ROS 和 ROS 2 功能包的工具脚本，通过配置可以选择构建当前仓库中的功能包或是通过.repos 文件获取构建源码。

在 GitHub 的项目中配置 CI 十分简单，只需在项目根目录的.github 目录创建 workflows 子目录，再在其中创建.yml 扩展名的文件即可。.yml 是用于描述 GitHub action 的文件，详细的介绍可以参考 GitHub 的官方文档，代码 8-6 给出了一个使用 setup-ros 和 action-ros-ci 的例子。

代码 8-6　Galactic 版本的 ROS 2 项目 CI 配置

```
on:
  pull_request:
  push:

jobs:
  build-and-test:
    runs-on: ${{ matrix.os }}
    strategy:
      matrix:
        os: [ubuntu-20.04]
      fail-fast: false
    steps:
      - name: Setup ROS 2
        uses: ros-tooling/setup-ros@v0.2
        with:
          required-ros-distributions: galactic
      - name: build and test
        uses: ros-tooling/action-ros-ci@v0.2
        with:
          target-ros2-distro: galactic
```

和前面介绍的不同，industrial_ci 是托管在 ros-industrial 组织的项目。该项目提供了一系列标准的构建脚本，而非单独面向 GitHub action 的构建脚本集合。基于该工具可以快速在任何代码托管的网站或 CI 工具网站中集成 ROS 2 项目的 CI，如 GitHub、GitLab、Bitbucket、Travis CI 和 Google Cloud 等。详细使用方法读者可参考其项目的 README。

ROS 2 作为一个新一代的机器人软件中间件，集成了大量便于工程师快速搭建原型的工具和算法库，也提供了大量可直接落地于产品的基础架构软件。所谓基础架构软件，指的是其只提供了机器人软件所必需的基础功能，而非真正的解决方案。如果想通过 ROS 2 实现一个完整的机器人软件，需要花费大量的时间和精力去解决各种各样的宏观问题和微观问题，还需要与各类软硬件的 bug 做斗争。

随之而来的，是本书最后一个，也是最深刻的问题：ROS 2 能做什么？不能做什么？

当然，这个问题最好由读者，也需要由读者来回答。